PIPING DESIGN

「配管設計」実用ノート
図と例題で読み解く

西野悠司 著
Nishino Yuji

日刊工業新聞社

― はじめに ―

本書の特徴

本書は、つぎのような特徴をもっていると考えます。

❶執筆にあたり、読者が配管技術に対して、より深い理解が得られるよう、また、より深く愛着がもてるようにと考え、本書では結論や結果だけでなく、なぜそのような結果になるのか、その道筋を示し、また、得た知識を実際に使えるものとするため、従来になく、実践的な例題を多く取り込みました。最後の13章では、設計の最初から最後の段階まで、実際的な事例で個々の課題の処理の仕方を追っています。

❷入門書で扱う範囲に加え、本書は、初級はもちろん、中級程度の領域にまで踏み込み、類書が触れていないところまで解説しました。

❸次頁の「エンジニアが習慣にしたい10項目」に触れたとおり、技術者は「事象」あるいは「与えられた課題」を「直感的」に捉えることが大事です。「直感」で捉えることは、「イメージ」で捉えることで、その最も直接的な方法は、事象や式を図や絵にしてみることです。無味乾燥に見える工学上の式も直感的に捉えられるよう、「摸式図」にしてみました。

❹3頁の"配管技術の樹"にも示したとおり、配管技術者は、配管技術そのものの知識だけでなく、関係する「腐食・防食」、「振動」に関する知識、また、上流部門が発行する図書や、屋内・外の空間を走る配管が関係する、関連機器・装置、土木・建築、電気・計装、空調設備などに関する広い知識が求められます。本書では、紙面の許すかぎり、配管技術者、設計者が知っておいてほしい事柄を、間口を広げて取り込みました。

本書の骨組み

本書は、例えば、第1章第1節は本文中において、"1.1"のように表し、各節を原則、見開きの2頁で構成するのを原則としました(一部原則に則らないものもあります)。

各節のテーマのすぐ下の"このシートの要旨"では、3行以下で、、読者の方にもっとも知ってもらいたいことを書きました。

各節本文は、大きな項目から、小さな項目へ、順に、■、❶、①の見出し番号を付けています。①は結果的に箇条書きの順番にも使用しています。

配管技術の将来

さて、われわれが携わる配管技術は非常に長い歴史を持ち、近年、配管の技術革新も加速しつつありますが、なお、悠然たるあゆみといっていいと思われます。しかし、他の産業分野のように、産業技術が他の技術によって、とって変えられるかというと、配管技術の場合、設計技術、材料、製造技術の個々の技術では新陳代謝が行われても、配管技術そのものは、存続していくことでしょ

う。なぜなら、流体をいかに効率よく、確実に、安全に、輸送するか、という理想を追求していくことが、配管技術だからであり、配管技術の将来性は当分の間約束されていると言っていいでしょう。

　読者の皆様は、こつこつとご自身の配管技術の道を歩み、配管技術のレベルアップに貢献して頂きたいと思います。そして、本書により、諸兄の「配管設計」、「配管技術」に関する理解が一層深まることを願ってやみません。

　最後に、本書の執筆の機会を与えていただいた日刊工業新聞社の奥村功出版局長、また、企画段階からアドバイス、ご支援をいただいたエム編集事務所の飯嶋光雄氏に心からお礼申し上げます。そして、本書執筆にご協力いただいた多くの方々に感謝申し上げます。

2017年3月　　　　　　　　　　　　　　　　　　　　　　　　　　　　　　　　　西野 悠司

「エンジニアが習慣にしたい10項目」

　筆者長年の経験から、エンジニアが日ごろから習慣づけ、涵養に努めていくことが望ましいと考える10の習慣を挙げてみました。

1	好奇心をもつ	好奇心は知識を増やす原動力である。
2	想像力を働かせる	これがこうなったらどうなるか、想像してみる。それにより、トラブルを予見でき、防止できることもある。
3	イメージ化する	文字や数式での理解は間接的である。イメージにより、直感的に理解する。なんでも図に描いてみる。
4	図面を読む	これはなぜこの形でなければならないか、寸法、形状のバランスはよいか。図面は読むように見る。
5	現場を見る	図面からのイメージには限界がある。現物を知ることが大事。配管の現物は現場にある。
6	文献を集める	文献、インターネット、などにより、将来役立ちそうなものは、日ごろより集め、保管しておく。
7	4力学基礎の理解	水力、材力、機械力学、熱力学、の基礎を理解していないと応用がきかない。これらの座右の本を持つ。
8	自頭力（じあたまりょく）を鍛える	直面する課題に対する知識がなくとも、自分のいま持っているもので、何とか答えに迫る根性が必要。
9	語学力をつける	これは言わずもがな。海外での仕事もあるし、海外の文献を読む必要もある。
10	苦境はレジリエンスで	どんな失敗、労苦も耐え抜けば、時間が再生してくれる。それらの経験が次のステップの踏み台となる。

配管技術の樹

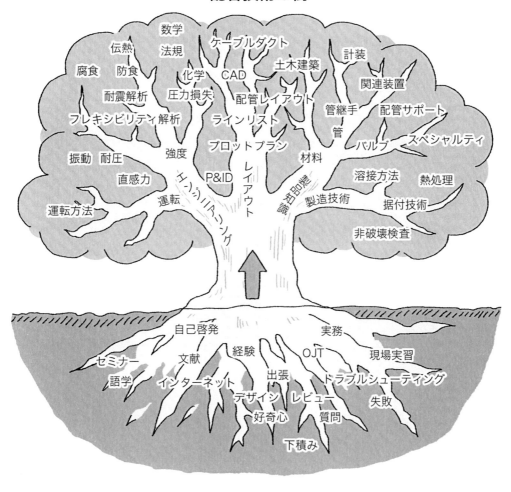

目 次

はじめに ……………………………………………………………………………… 1

第1章　配管材料を選択する

1.1	配管材料／炭素鋼系鋼管 …………………………………………… 10
1.2	オーステナイト系ステンレス鋼管 ………………………………… 12
1.3	プラスチック管 ……………………………………………………… 13
1.4	バルク材としての管、管継手 ……………………………………… 14
1.5	配管クラス …………………………………………………………… 16
1.6	材料ファミリーリスト ……………………………………………… 18

第2章　水力学的に管路を設計する

2.1	流れを支配する法則 ………………………………………………… 22
2.2	水力勾配線の活用 …………………………………………………… 24
2.3	レイノルズ数と層流・乱流 ………………………………………… 25
2.4	損失水頭の計算 ……………………………………………………… 27
2.5	管摩擦係数を求める ………………………………………………… 28
2.6	流れやすい断面形状 ………………………………………………… 30
2.7	管継手、バルブなどの損失計算 …………………………………… 32
2.8	経験式を使って損失計算 …………………………………………… 34
2.9	配管サイズの決定 …………………………………………………… 35
2.10	調節弁差圧と系全体の差圧 ………………………………………… 36
2.11	圧縮性流体の流量を計算する ……………………………………… 37
2.12	背圧が流れを阻害する ……………………………………………… 39
2.13	流れと配管のアップ、ダウン ……………………………………… 41
2.14	スムースな流れにするベント ……………………………………… 43

第3章 ポンプ-管路系を設計する

3.1	ポンプの特性を知る	46
3.2	ポンプ-配管系の運転	48
3.3	複数のポンプと抵抗がある配管系	50
3.4	直列と並列、両方の抵抗がある配管系	52
3.5	ポンプNPSHと配管	54
3.6	ポンプ配管系のサージング	56
3.7	配管に対するポンプ許容荷重	58

第4章 配管をレイアウトする

4.1	配管レイアウトの基本	60
4.2	配管レイアウトのポイント	62
4.3	機器ノズルのオリエンテーション	65
4.4	ポンプまわりの配管レイアウト	66
4.5	熱交換器・ドラムまわりの配管レイアウト	68
4.6	タワーまわりの配管レイアウト	70
4.7	ラック配管のレイアウト	72

第5章 管・管継手の強度を評価する

5.1	管・管継手に生じる力と応力	76
5.2	面積補償で行う強度評価方法	78
5.3	実際に使われる直管の計算式	79
5.4	管継手の強度計算式	80
5.5	管台のある穴の補強	83
5.6	例題による穴の補強計算	86
5.7	配管コンポーネントの圧力クラスとスケジュール番号制	88
5.8	バルブ、フランジの圧力-温度基準	90

第6章 適切に配管フレキシビリティをとる

- 6.1 負荷応力と変位応力 ······ 94
- 6.2 配管フレキシビリティ ······ 96
- 6.3 熱膨張応力範囲に対する許容応力範囲 ······ 99
- 6.4 コールドスプリングと配管反力 ······ 102

第7章 材力で配管支持構造を設計する

- 7.1 ベクトルと力の平衡式を使って、支持点荷重などを計算する ······ 106
- 7.2 梁のせん断力図（SFD）と曲げモーメント図（BMD） ······ 108
- 7.3 梁の強度、断面二次モーメント ······ 110
- 7.4 複合的な応力がある場合の強度評価 ······ 112
- 7.5 サポート部材の強度 ······ 114
- 7.6 鋼構造設計基準による設計 ······ 115

第8章 配管振動に対処する

- 8.1 どんな配管振動があるか ······ 124
- 8.2 機械振動と棒の固有振動数 ······ 126
- 8.3 圧力波と気柱振動数 ······ 128
- 8.4 励振源により起こる強制振動 ······ 130
- 8.5 自励振動と流体励起振動 ······ 132
- 8.6 流速の急変で起こるウォータハンマ ······ 135
- 8.7 振動による疲労破壊 ······ 137

第9章 腐食・侵食に対処する

- 9.1 腐食の多くは電気化学的に起こる ······ 140
- 9.2 分極で腐食・電気防食を考える ······ 142
- 9.3 電気絶縁して防食する ······ 144
- 9.4 典型的な電気化学的腐食 ······ 146

9.5	流れが関与する流れ加速腐食（FAC）	148
9.6	物理作用により起こるエロージョン	150
9.7	保温材下で起こる配管外部腐食（CUI）	151

第10章　バルブを「適材適所」で使う

10.1	バルブのエッセンス	154
10.2	仕切弁のエッセンス	156
10.3	玉形弁のエッセンス	158
10.4	ボール弁のエッセンス	160
10.5	バタフライ弁のエッセンス	162
10.6	逆止弁のエッセンス	164
10.7	電動弁のエッセンス	166
10.8	調節弁のエッセンス	168
10.9	安全弁・逃し弁のエッセンス	170
10.10	バルブに起こる異常昇圧	174

第11章　特殊任務を果たすスペシャルティ

11.1	伸縮管継手の種類	176
11.2	伸縮管継手に生じる推力とその処置方法	178
11.3	伸縮管継手とサポートの配置方法	182
11.4	ベローズ形伸縮管継手に関するその他、必要な知識	184
11.5	フレキシブルメタルホースのエッセンス	186
11.6	スチームトラップのエッセンス	188

第12章　配管支持装置を選択し配置する

12.1	サポート計画	194
12.2	サポート位置決めと形式選定	196
12.3	リジットハンガのエッセンス	198
12.4	スプリングハンガのエッセンス	200

| 12.5 | コンスタントハンガのエッセンス 201
| 12.6 | ばね式防振器のエッセンス 202
| 12.7 | 油圧防振器のエッセンス 203
| 12.8 | メカニカル防振器のエッセンス 204
| 12.9 | レストレイントのエッセンス 205

第13章　ポンプ - 配管系を実際に設計する

| 13 | 実　習 208

【付表1】主要サイズの鋼管諸元表 20
【付表2】よく使われる物性値 74
【付表3】よく使われる単位 92
【付表4】梁の内力とたわみの計算式 120
【付表5】主な断面の断面性能計算式 121
【付表6】主な形鋼の断面性能計算式 122
【付表7】よく使われる基準・規格 192
【付表8】よく使われる略号 206

参考/引用文献 228
図表掲載頁一覧 229
索引 236

第1章
配管材料を選択する

　配管・装置はさまざまな圧力、温度、性状、の流体と接触する。そのため、使用する材料は、接する流体に応じて、高温あるいは低温に対する強度、靭性、耐食性（CorrosionとErosion）、などが要求される。
　そして、配管材料には、金属材料（炭素鋼、低合金鋼、ステンレス鋼、ほか）、プラスチック、有機、無機のライニングなどがあり、それぞれに流体条件に対し得手、不得手があり、コスト的にも大きな開きがある。
　流体の種類、使用条件、などに応じて、適切な、そしてコストパフォーマンスのよい材料を選ぶことは、配管設計の最初の重要な仕事のひとつである。

1. 配管材料を選択する

1.1 配管材料／炭素鋼系鋼管

このシートの要旨　配管材料を選択するポイントと、最もよく使われる炭素鋼系鋼管の特徴を知る。管の材料が決まれば、それに準じて、芋づる式に、管継手、バルブ、スペシャルティの耐圧部材料も決まる。配管材料の基本的知識と炭素鋼系鋼管の基礎知識を学ぶ。

1 多様な流体種類と使用条件

配管材料に入る前に、本書がこれから扱う配管がどのような運転条件、またどのような流体を扱うのかを、明らかにしておく必要がある。

配管はあらゆる産業に使われており、配管が使用される圧力、温度など、運転条件の最大包絡線は、温度は－270～＋630℃程度で、将来は800℃程度（火力発電）までいくと考えられ、圧力はほぼ真空に近い－0.1 MPaから＋31 MPaゲージ程度と非常に幅がある。

図1.1.1に、高温から低温までの温度域で、どのような鋼種が使えるかを示す。最も多く使われるのはコストの最も低い炭素鋼である。

ステンレス鋼は温度的に高温から低温まで使え、耐食的にも優れているので、高価であるが、炭素鋼に次いで使われている。

図1.1.2に主にステンレス鋼材の脱不働態化pHを示す。脱不働態化pHとは、それ以上pHが小さくなると（酸性になると）、安定した耐食性を示せない限界のpHである。

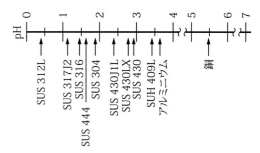

図1.1.2　酸性溶液に使える材料の脱不働態化pH
（出典：小野山ら　「防食技術」28巻 p.522、1979）

耐食性配管材料としては、ステンレス鋼のほかに、銅合金、ニッケル合金、チタンなどが、流体、温度、環境に応じて使われる。

2 管の材料

鋼管には、鋼塊から継目なく作る継目なし鋼管（シームレス管ともいう）、と鋼板を巻き、長手継手を溶接して作る溶接鋼管（シーム管ともいう）がある。

鋼管以外の金属管では、銅、銅合金（黄銅、丹銅、キュプロニッケルなど）、およびアルミニウム、アルミニウム合金管などがある。

また、非金属管では、硬質塩化ビニル管、一般用ポリエチレン管、ポリブデン管、遷移強化プラスチック管、などがある（1.3節参照）。

3 水・蒸気系の配管材料

もっとも一般的な水・蒸気系の配管材料選択例を図1.1.3に示す。STPT、SB材は450℃まで使えることになっているが、427℃以上で長時間使用すると、黒鉛化により、もろくなる性質がある。

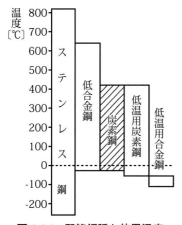

図1.1.1　配管鋼種と使用温度

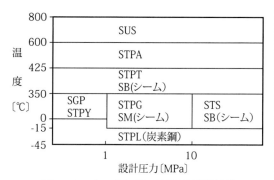

図 1.1.3 水・蒸気系の配管材料選択例

● 主な炭素鋼鋼管

配管に使われる主な炭素鋼鋼管に次のような種類がある。

SGP：配管用炭素鋼鋼管 低圧の水、油、ガスおよび空気などに使用。継目のない管はない。亜鉛めっきした白管としない黒管がある。

STPY：配管用アーク溶接炭素鋼鋼管 SS400の板を巻いて作るSTPY400一種類のみ。ストレートシームとスパイラルシームがある。

STPG：圧力配管用炭素鋼鋼管 STPG370、410、480がある。数字は最小引張強さ〔MPa〕を示している。SGPの適用範囲を超えるところに使用される。継目なしと電気抵抗溶接管がある。

STPT：高温配管用炭素鋼鋼管 STPT370、410、480がある。Siキルド鋼（粗粒組織）を用いて継目なく製造するか、または電気抵抗溶接によって製造する。ただし、STPT480は継目なく製造する。

350℃を超える温度で使用する配管に用いる。427℃以上で長時間使用の場合は、黒鉛化による脆化に注意する。

STS：高圧配管用炭素鋼鋼管 STS370、410、480がある。Si-Alキルド鋼（整細粒組織）から継目なく製造される。350℃以下で使用圧力が高い配管に用いる。

STPL：低温配管用鋼管 STPL380（炭素鋼）、450（3.5Ni鋼）、690（9Ni鋼）がある。LNG用など、さらに低い温度用にはオーステナイトステンレス鋼が使われる。

なお、STPGの使用範囲で500A以上のパイプが必要な場合は、SM400、SM490の板を巻き、長手継手のある溶接管を使用する。また、STS、STPTの使用範囲で500A以上のパイプが必要な場合は、SB410、SB450、SB480の板を巻き、長手継手のある溶接管を使用する。

これらの溶接鋼管は製造、試験、寸法公差などを定めたJISがないので、JPI規格の管を使うか、JPI、ASTMなどを参考に、製造仕様書を独自に作成して発注する必要がある。

溶接管の長手継手は、完全溶込み溶接にして100％放射線透過試験に合格すれば、溶接効率1とし、強度的に継目なし鋼管と同等となる。

● 主な低合金鋼鋼管

合金鋼管は、耐食性や高温強度を高めるため合金元素Cr、Mo、Niなどを1種類以上添加した鋼で、低合金鋼は0.5％～9％のCr、0.5％～1％のMoを含んでいる。Crは耐食性、耐酸化性（高温で耐酸化性が高まれば、高温強度が上がる）を高め、Moも微量で高温強度を増す。配管用の主なクロムモリブデン鋼を**表1.1.1**に示す。

表 1.1.1 配管用の主なクロムモリブデン鋼

種類記号	合金成分（％の中心値で示す）	主な用途
STPA12	0.5Mo	やや高温用
STPA22	1Cr-0.5Mo	高温用
STPA23	1.25Cr-0.5Mo	高温、耐食
STPA24	2.25Cr-1Mo	高温、耐食
STPA25	5Cr-0.5Mo	耐食用
STPA26	9Cr-1Mo	耐食用
火STPA28	9Cr-1Mo Nb、V	高温用
火STPA29	9Cr-1.8W、Nb、V	高温用

〔備考〕火STPA28はSTPA26（9Cr-1Mo）の改良材で少量のNb、Vが添加されている。
火STPA29は9Cr-1.8Wに少量のNb、Vが添加されている。いずれも、火力発電プラントの特に高温の主蒸気管などに使用される。

1. 配管材料を選択する

1.2 オーステナイト系ステンレス鋼管

このシートの要旨

18％Cr、8％Niの合金、いわゆる18-8ステンレスに代表される、オーステナイト系ステンレス鋼は、耐食性に優れていることから、配管によく使われる鋼種である。しかし、弱点も持っているので、ステンレス各鋼種の特徴を理解する。

❶ ステンレス鋼管の特長

ステンレス鋼（略号で表すときは"SUS"）は錆びにくい合金鋼である。それはCr（クロム）を主体にNi（ニッケル）、Mo（モリブデン）などが加えられているからである。鉄にCrを添加すると、表面に非常に薄い不働態被膜をつくり、周辺の環境と反応し難くなる。

ステンレス鋼には、オーステナイト系、オーステナイト・フェライト系（二相系）、フェライト系、マルテンサイト系がある。配管にもっともよく使われるのはオーステナイト系である。

● オーステナイト系
〔代表的合金成分〕18 Cr-8 Ni（18％Cr、8％Ni）
〔代表鋼種〕SUS304系、SUS316系
〔特徴〕磁石がつかない。比較的耐食性に優れ、配管類にもっとも多く使われているが、応力腐食割れや海水による孔食を起こす。

● オーステナイト・フェライト系（二相系）
〔代表的合金成分〕25 Cr-4.5 Ni-2.5 Mo
〔代表鋼種〕SUS329J1
〔特徴〕オーステナイト鋼とフェライト鋼系との中間の物理的性質を示す。Cr含有量がもっとも多い。耐海水性、耐応力腐食割れ性に優れる。

● フェライト系
〔代表的合金成分〕17 Cr
〔代表鋼種〕SUS430系
〔特徴〕磁石がつく。耐食性はオーステナイト系に劣る。塩化物応力腐食割れは発生しない。

● マルテンサイト系
〔代表的合金成分〕13 Cr
〔代表鋼種〕SUS420系
〔特徴〕硬いのが特徴。バルブの弁棒や弁座に使われる。

❷ オーステナイト系ステンレス鋼管

配管用管、管継手にもっともよく使われるオーステナイト系ステンレス鋼管の代表的な鋼種を表1.2.1に示す。

18 Cr-8 NiのSUS304TPは、その中の代表格である。SUS316TPはさらにNiを増やし、Moを加えたもので、耐孔食性を改善したものであるが、克服はしていない。

SUS312LTBはさらに、Cr、Ni、Moを増量したものでスーパーステンレスとも呼ばれ、耐塩化物応力腐食割れや耐孔食性を改善している。

表 1.2.1 配管によく使われるオーステナイト系ステンレス鋼管

鋼種	化学成分の特徴	特徴・用途
SUS304TP	18Cr-8Ni	オーステナイト鋼の基本材料
SUS316TP	16Cr-10Ni-2Mo	耐孔食性材料（10.4節参照、p.160）
SUS304LTP	18Cr-9Ni- 低C	耐粒界腐食割れ（10.4節参照、p.160）
SUS316LTP	16Cr-12Ni-2Mo- 低C	冷間加工性と耐粒界腐食割れ
SUS312LTB	20Cr-18Ni 6Mo-0.7Cu-0.2V　低C	スーパーステンレス、耐海水用
SUS317TB	18Cr-12Ni-3.5Mo	耐孔食性材料
SUS317LTB	18Cr-12Ni-3.5Mo、低C	耐粒界腐食性材料

1.3 プラスチック管

>
> プラスチック管は、近年めざましく各産業分野に普及してきている。鋼管に比べ、安価、工事が簡単などのメリットがあるが、鋼管とは著しく物性値が異なるので、プラスチックの特性をよく理解したうえで、使用する。

1 プラスチック管の特徴

プラスチック管は、金属管に比べ一般に耐熱性、耐圧性に劣るが、軽量、弾性に富み、施工が簡単、コストが安いことなどから、建築設備、上水道、都市ガスなどの配管用に多量に使用されている。

プラスチック管の一般的特徴を鋼管と比較した場合、表 1.3.1 のようになる。

2 代表的なプラスチック管

代表的なプラスチック管と特徴を説明する。

ポリ塩化ビニル管（PVC）　「塩ビ管」の名で親しまれている。使用限界温度は 60℃で、他の汎用プラスチックに比べ引張強さが大きい。管の接続方法は接着接合かゴム輪接合であるが、内圧のかかる管は、ゴム輪接合だと内圧により脱け出す可能性があるので、推力防護処置（11.2 節参照、p.178）を使う必要がある。

塩素化ポリ塩化ビニル管（CPVC）　塩化ビニル樹脂の水素の一部を塩素に置換したもので、PVC に比べ軟化する温度が高くなり、限界使用温度は 85℃となる。高温特性を生かし給湯管に使用される。

ポリエチレン管　ポリエチレン管は柔軟なたわみ性により地震に強いことが証明され、水道管、都市ガス管で近年多量に使われている。ポリエチレンの密度によって、高密度ポリエチレン（HDPE）と低密度ポリエチレン（LDPE）とがある。

一般に密度が高くなると剛性、強度が高くなり、密度が低くなると柔軟性、伸びが大きくなる。HDPE は都市ガス、上水道、下水道に、LDPE は都市ガス、下水道に使われる。

主に水道用に制定された JIS K 6761 一般水道用ポリエチレン管の 1 種管（PE50）は LDPE、2 種管（PE80）は HPDE にほぼ該当する。

繊維強化プラスチック管（GRP 管）　ガラス繊維（炭素繊維も可）に、エポキシ樹脂をコーティングしながら筒状に巻き上げたもので、軽く、強度と柔軟性に富んでいる。外国で大径管の埋設管によく使われている。

3 プラスチック管の強度の特徴

プラスチック管の強度で気をつけなければいけないのは常温近くの温度の違いによっても強度が大きく変わるということと、常温近くでも時間とともに引張強度が下がっていくクリープという現象があることである。

プラスチック管は、ある温度におけるクリープ試験を行い、延性が失われる時間とそのときの応力から、寿命と許容応力を決める。

表 1.3.1　鋼管と比較したプラスチック管の物性

項　目	プラスチック管は鋼管と比較して
重さ	軽い
強度	弱い
クリープ	常温でクリープする
ヤング率	1/100 ～ 3/100 程度
耐熱性	使用限界 60 ～ 90℃
絶縁抵抗	大きい
線膨張率	5 ～ 10 倍、あるいはそれ以上
熱伝導率	小、保温効果あり
発錆	さびない
耐薬品性	耐酸、耐アルカリなど
耐紫外線	弱い
コスト	安い

1. 配管材料を選択する

1.4 バルク材としての管、管継手

> **このシートの要旨**
> どの産業、どの事業所、どのプラントにおいても、配管設備において、もっとも多く使用される配管材料は、管、管継手、バルブであろう。これらを材料管理の面から、バルク材と称する。バルク材についての基礎知識を習得する。

1 バルク材とは

プラントで使用される配管部材はバルク材とスペシャルティ（特殊品）に分類される。

バルク材は、使用可能な配管クラス（1.5 節参照）であれば、どこに使用しても差し支えない部材のことであり、管、管継手、フランジ、一般弁、ガスケット、ボルト・ナットなどである。

ここではバルク材としての管、管継手、ガスケットについて、説明する。

2 管

継目なし管は600Aまでできるが（ステンレス鋼管は200Aまで）、コストを考え、500A前後以上は溶接鋼管が使われることが多い。

鋼管メーカより納入されるときの管端部（エンド）形状として、プレン加工（スクエア カットともいう）、ベベル加工、およびねじ加工がある（図1.4.1）。

プレンエンドの管は、口径が小さい50A、または65A以下の差し込み溶接（ソケット溶接ともいう）用と、突合せ溶接用でも、自社標準の開先をとる場合などに指定される。ベベルエンドは突合せ用溶接用の管である。低圧の水用の亜鉛めっき管で、小口径（100Aないし150A以下）の管には、ねじ込接続が使われる。

突き合わせ溶接で、溶接後の放射線透過試験が行われる場合は、開先合わせしたとき、開先ルート部の内径に段差があると、合否判定ができなくなるので、表1.4.1に示すような、定められた内径 C まで削り込む。その C 寸法は、次の3通りが考えられるが、いずれも一長一短がある。好ましくない、起こり得るケースを図1.4.2に示す。このようなことが起こった場合の対処法を決めておくのがよい。通常、②または③の C 寸法が採用される。

3 継手、管継手

継手（Joints）とは、管と管、管と管継手、

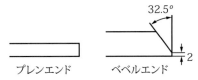

図 1.4.1　入荷時の管端部の形状

表 1.4.1　C 寸法とその長所・短所

	加工内径 C の式	長所	短所
① 最大径基準	$C = OD_{max} - 2t_{min} - 0.25$ 注：t_{min} は製造公差を考えた最小厚さ	内径が常に削れるので、内径の不一致が発生しない。	外径が－公差のとき、加工後の厚さが t_{min} を割り込む可能性。
② 呼び径基準	$C = OD_{nom} - 2t_{min} - 0.25$	①と③の双方の短所が起こる可能性があるが、起こる確率は小さくなる。	
③ 最小径基準	$C = OD_{min} - 2t_{min} - 0.25$	加工後、常に t_{min} が確保される。	外径が＋公差、肉厚が－公差のとき、内径が削れない可能性。

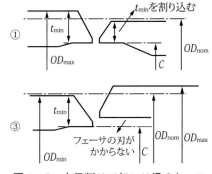

図 1.4.2　内径削りで起こり得るケース

1.4 バルク材としての管、管継手

管と機器ノズルを接合するものをいう。

溶接継手には、突合せ溶接、差込み溶接。

フランジ継手には、ウェルディングネック、スリップオン、ラップジョイント、板（ASMEにはない）、など（図1.4.3）。ねじ継手には管用テーパねじ、ユニオン、ニップル、カップリングなど。

合成樹脂管では、融着、接着などもある。

管継手（Fittings）とは、管路の①方向を変える、②分岐・合流する、③口径を変える、④閉止する、そして⑤接続する、などを行うもの。

①方向を変えるものには、エルボ（ロング、ショート、90°、45°など）、マイタベンド、スムースベンド、などがある（図1.4.4）。

②分岐・合流するものには、T（同径、異径）、クロス、ラテラル、管台、アウトレットなど（図1.4.5）。

③口径を変えるものには、レジューサ（同心、偏心）、レジューサインサート（小径用）、ブッシング（小径用）など（図1.4.6）。

④閉止するものには、キャップ、閉止板、閉止フランジ、眼鏡フランジ、プラグなど。

チューブ継手（Tube Fittings）は、①小径のチューブの接続、②曲げる、分岐・合流する、③口径を変える、ことをするものである。

チューブ継手には、ユニオン、フレア式、食込み式（スリーブ使用）などがある（図1.4.7）。

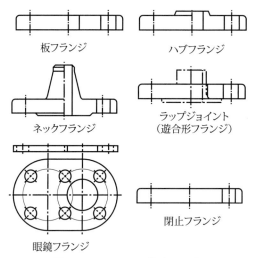

図1.4.3　フランジ継手の形式

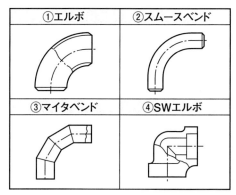

図1.4.4　方向を変える管継手

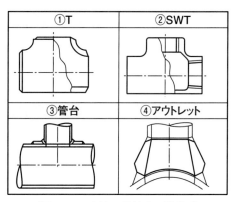

図1.4.5　合流・分岐する管継手

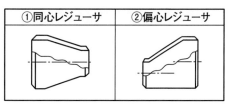

図1.4.6　口径を変える管継手

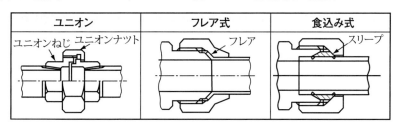

図1.4.7　チューブ継手

1. 配管材料を選択する

配管クラス

このシートの要旨 プラントの設計、調達、製造、据付けにおいて、膨大な種類と数量の配管コンポーネント（構成要素）を扱う合理的な管理方式として、「配管クラス」がある。「配管クラス」の仕組みを理解する。

1 配管クラスとはなにか

「配管クラス」とは、運転圧力、温度の範囲、流体の種類、使用材質のグレード（等級）などの条件を限定し、その条件下で使用できるバルク材の個々の材質、厚さ、圧力クラス（5.8節参照、p.90）などを規定したもので、通常、1つのクラスをA4判用紙1枚程度にまとめたリストである。

ある配管ラインの「配管クラス」がわかれば、その配管クラスのリストにより、そのラインのバルク材の仕様のすべてがわかる。

「配管クラス」というシステムが使われるのは次のような理由によるものである。

石油化学、石油精製のプラントでは、扱う流体が、水、蒸気、油、空気、二相流、スラリー、酸性液、アルカリ液など多岐にわたり、材料も炭素鋼、低合金鋼、高合金鋼、ダクタイル鉄管、非鉄金属、合成樹脂と多種にわたり、さらに運転条件である圧力は真空から数十MPa、温度は零下数百度から500℃程度までであり、種類、条件の幅がきわめて広い。

そして、使用する管、管継手、バルブ、ボルト、ナット、ガスケットなどの種類、口径、厚さの種類がきわめて多く、扱う量にしても管の総延長、数百キロメートル、管継手の数量、数十万個、扱うバルブ総数、数万個などと膨大なものとなる。

このような状況下では、適切な管理システムがないと、さらに膨らむであろう種類と統一性のない材質、厚さ、圧力クラスなどの選択、運用において、設計、調達、製造、据付けが混乱し、プラント建設の遂行そのものがおぼつかなくなる可能性がある。

これらの種類と数量を効率よく管理していく管理手法の1つが、配管ラインの属性である、流体、圧力・温度基準、材質、温度、腐れ代、を基準にして分類し、グループ化する「配管クラス」である。

グループ化する対象の配管コンポーネントは、バルク材（1.4節参照）である。

いちど作成された、各配管クラスは、異なるプラントに共通して、あるいは一部修正して使うことができる。

新たなプラント建設のスタートにあたり、そのプラントのための「配管クラス」を整備する仕事は、そのプラントで使用する配管クラスを、あるものは既存のものから選択し、あるものは既存のものを修正し、またあるものは新たに作成し、そのプラントに必要な配管クラスを揃えることである。

配管クラスは、新たにプラントをこなすごとに、配管クラスの種類が増え、配管クラスシステムが整備されていく。

石油化学、石油精製に限らず、ある程度以上の規模のプラント建設には「配管クラス」の構築、整備は価値あることと考えられる。

2 配管クラスの構成

配管コンポーネント（プラント配管を構成するすべての要素）は、バルク材とスペシャルティに分別される。

バルク材の本来の意味はセメントやパイプ材のようにまとめても、分割しても、性質が変わらずに使えるもの、また、スペシャルティの本来の意味は特別の役割、機能を持った装置、という意味だが、「配管クラス」におけるバルク

1.5 配管クラス

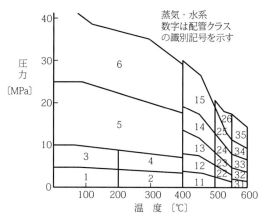

図 1.5.1 蒸気 - 水系配管クラス区分の考え方

表 1.5.1 配管クラスの例 （抜粋）

圧力クラス A11A		STPG370　圧力クラス 150	
流体		低圧／油	
圧力クラス		ASME　150#　RF	
代表材質		STPG370	
最高使用温度		350℃	
管	2B 以下	STPG370　Sch. 80	継目なし
	3B～12B	STPG370　Sch. 40	継目なし
	14B 以上	SB410B　9t	ストレートシーム
エルボ	2B 以下	S28C	
	3B～14B	P1370	ロングエルボ
仕切弁	2B 以下	S28C	
	3B～14B	SCPH480	トリム 13Cr
玉形弁	2B 以下	S28C	
	3B～14B	SCPH480	トリム 13Cr
ガスケット		JIS B 2404 非石綿ジョイントシート T#1995 厚さ 3mm	
フランジ用ボルト		ボルト JIS B 1180 呼び径六角ボルト SNB ナット JIC B 1181 六角ナットスタイル 1 S45C	
管溶接		50A 以下 全層 TIG 溶接 JIS Z 3316 YGT50 65A 以上 1 層目 TIG 溶接 JIS Z 3316 YGT50 2 層目以降アーク溶接 JIS Z 3211 D4301	

材は「同じ配管クラスならどこに使ってもよいもの」、スペシャルティは「使用箇所が P&ID 上で、あるいは配管図上で定められていて、図面とものを 1 対 1 で対応させるため、tag No. がついて管理されるもの」をいう。そして、配管クラスで規定される材料はバルク材に限定される。

ただ、バルブは本来スペシャルティに属するが、数量が多く、管理上の面から特殊なものを除きバルク材扱いとし、配管クラスに取り込む。

❸ 配管クラスの分類と管厚さ等の決定

配管クラスは、流体の種類、圧力クラス（最高使用圧力）、最高使用温度、腐食代、溶接後熱処理の有無などの範囲や組合せを変えて、そのプラントのすべての配管ラインが、いずれかの配管クラスに該当するように配管クラスを構築し、すべてのバルク材が、いずれかの配管クラスに入るように配管クラスの種類を準備する（図 1.5.1）。

各配管クラスの材質は、管の材質を決定すれば、1.6 節の「材料ファミリーリスト」（表 1.6.1、p.18）を使い、管継手やバルブの材質もおのずと決まる。配管クラスの各コンポーネントの材質が決まったら、その配管クラスに適用される圧力クラスのもっとも厳しい条件に耐えられる厚さ（スケジュール No.）、バルブやフランジの圧力クラスを決める。ただし、このような決

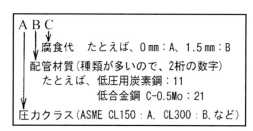

図 1.5.2 配管クラスの識別記号の例

め方にむだが多くなりすぎる場合は、その配管クラスに適用される各ラインの中のもっとも高い圧力で強度を決めるようにする。

その配管クラスを適用するラインの中には、一段下の Sch.No や圧力クラスで問題ない場合も出てきて、コストアップになるようにも見えるが、コンポーネントの種類が大幅に削減されるため、管理しやすく互換性がふえ、大量買いによるコスト低減等のメリットの方が大きい。「配管クラス」の例（抜粋）を表 1.5.1 に示す。

配管クラスの識別記号（配管サービスクラスインデックスと呼ぶことがある）は 3～6 桁程度で構成される。図 1.5.2 に 4 桁の例を示す。配管材質の記号は、種類が少なければ 1 桁でもよい。

1. 配管材料を選択する

1.6 材料ファミリーリスト

材料は同じ化学成分でも、鋼管材料、管継手材料、鍛鋼、鋳鋼、鋼板など、それぞれ、JISの「種類の記号」が異なり、覚えるのが大変である。そこで、鋼管材質をキーワードとし、同じ化学成分の材種を子とした「ファミリーリスト」を作り、系統的にして覚えよう。

❶ 製造法は異なる同じ成分の材料

配管装置は、パイプ、管継手、バルブ、その他さまざまな配管コンポーネントから構成され、そしてそれらの製品は、素材から、圧延、溶接、鍛造、鋳造など諸々の製法によって作り出される。

ある配管ラインはさまざまな配管コンポーネントの集合体であるが、そこを流れる流体の圧

表 1.6.1 JIS 材料のファミリーリストの例

分 類	管	管継手	小物鍛造	鍛造品	鋳造品
炭素鋼① SGP 系	SGPW	FSGP	PS370	SFVC2A	SCPH2
	SGPB				
	STPY400	PY400			
炭素鋼② STPG 系	STPG370	PG370			
炭素鋼③ STS 系	STS370	PG370 または STS410*			
	JPI-2-SM400B	PG370W			
炭素鋼④ STPT 系	STPT370	PT370	PT370		
	JPI-2-SM400B	PT370W			
	JPI-2-SB410B	PT370W			
低温用鋼	STPL380	PL380	PL380	SFL2	SCPL1
	JPI-2-SLA-325A	PL380W			
1.25Cr-0.5Mo 鋼	STPA23	PA23	PA23	SFVAF11A	SCPH21
	JPI-2-SCMV-3	PA23W			
2.25Cr-1Mo 鋼	STPA24	PA24	PA24	SFVAF12A	SCPH32
	JPI-2-SCMV-4	PA24W			
SUS304 系鋼	SUS304TP	SUS304	SUS304	SUSF304	SCS13A
	SUS304TPY	SUS304W			
SUS316 系鋼	SUS316TP	SUS316	SUS316	SUSF316	SCS14A
	SUS316TPY	SUS316W			

〔注〕① STS、STPG、STPTについては代表鋼種で示す。
② 頭にJPIの付くパイプは、日本石油学会規格 JPI-7S-14 石油工業配管用アーク溶接鋼管 に定めるパイプである。
③ ②以外のパイプは、JIS B 3442、JIS B 3452、JIS B 3454 ～ 3459、JIS B 3468 のいずれかで定められている。
④ 管継手の材料は JIS B 2311、JIS B 2312、JIS B 2313 のいずれかで定められている。
⑤ 小物鍛造は、JIS B 2316 配管用鋼製差込み溶接式管継手を指す。
＊ STS370という管継手材料はないので、PG370またはSTS410のいずれか適切なほうを使う。

1.6 材料ファミリーリスト

力、温度は共通であるため、その耐圧部に使われる材料は、一般に強度や成分が同じである同系の材料が使われる。

実際、圧延材である鋼管材質とほぼ等しい成分を持った鋳造品、鍛造品が日本ではJISに、アメリカではASTMに規定されている。

たとえると、圧延材の鋼管材料を家長とし、それとほぼ同じ成分の管継手、バルブ、スペシャルティなどの鍛造材、鋳造材が1つのファミリーを構成していると考えることができ、家長である鋼管材質を決めれば、そのファミリーである配管コンポーネントの耐圧部品に使用する各種材質がほぼ自動的に決められる。

2 材料ファミリーのリスト

表1.6.1は配管装置に使われるJIS材料の「材料ファミリーリスト」(この呼び方が普及しているわけではない)ともいえるもので、左端の圧延材であるパイプの材質が決まれば、エルボ、T、レジューサ、キャップなどの管継手、ユニオン、フルカプリング、ブッシング、ニップル、レジューサインサートなどの小径管継手、バルブの弁箱、弁体、スチームトラップ本体、等々の材質も同時に決められる。

1.5節の「配管クラス」は、この「材料ファミリー」の考え方を使って、プラントの圧力・温度、流体のクラスごとに、管、管継手、バルブ、さらにボルト・ナット、ガスケット、その他の配管用部材の材質を決めたものである。

表1.6.2には、アメリカのASTM材のファミリーリストを示す。

表1.6.2 アメリカのASTM材料のファミリーリストの例

分類		管	管継手	鍛造品	鋳造品
炭素鋼		A53 Gr.B	A234 Gr.WPB	A105	A216Gr.WCB
		A106 Gr.B	A234 Gr.WPB W		A216Gr.WCC
		A672 Gr.60 Cl.11			
低温用炭素鋼		A333 Gr.6	A420 Gr.WPL6	A350 Gr.LF2 Cl.1	A352 Gr.LCB
		A671 Gr.CC60	A420 Gr.WPL6W		A352 Gr.LCC
低合金鋼	1.25Cr-0.5Mo	A335 Gr.P11	A234 Gr.WP11 Cl.1	A182 Gr.F11 Cl.2	A217 Gr.WC6
		A691 Gr.1 1/4CR	A234 Gr.WP11 W Cl.1		
	2.25Cr-1Mo	A335 Gr.P22	A234 Gr.WP22 Cl.1	A182 Gr.F22 Cl.2	A217 Gr.WC9
		A691 Gr.2 1/4CR	A234 Gr.WP22 W Cl.1		
SUS	SS304	A312 Gr.TP304	A403 Gr.WP304	A182 Gr.F304	A351 Gr.CF8
		A358 Gr.304Cl.1	A403 Gr.WP304 W		
	SS316	A312 Gr.TP316	A403 Gr.WP316	A182 Gr.F316	A351 Gr.CF8M
		A358 Gr.316Cl.1	A403 Gr.WP316 W		

〔備考〕Gr.:Grade.(材質強度の等級を表す)
Cl:Class(課せられる熱処理の種類、放射線透過試験の要否、耐圧テストの要否をクラスで表す)
SUS:ステンレス鋼を意味する。

付表1　主要サイズの鋼管諸元表

管の呼び方 A	B	Sch. No	外径 [mm]	厚さ [mm]	断面二次モーメント [mm⁴]	断面係数 [mm³]	管重量 [N/m]	水重量 [N/m]
40	1 ½	40	48.6	3.7	1.324×10^5	5.449×10^3	40	13
		80		5.1	1.671×10^5	6.877×10^3	54	11
		160		7.1	2.051×10^5	8.442×10^3	71	9
50	2	40	60.5	3.9	2.790×10^5	9.224×10^3	53	21
		80		5.5	3.629×10^5	1.200×10^4	73	19
		160		8.7	4.883×10^5	1.614×10^4	109	14
65	2 ½	40	76.3	5.2	7.379×10^5	1.934×10^4	89	33
		80		7.0	9.242×10^5	2.423×10^4	117	30
		160		9.5	1.135×10^6	2.974×10^4	153	25
80	3	40	89.1	5.5	1.267×10^6	2.845×10^4	111	47
		80		7.62	1.630×10^6	3.658×10^4	150	42
		160		11.1	2.110×10^6	4.737×10^4	209	34
100	4	40	114.3	6.0	3.002×10^6	5.253×10^4	157	81
		80		8.6	4.015×10^6	7.025×10^4	220	73
		160		13.5	5.527×10^6	9.671×10^4	329	59
150	6	40	165.2	7.1	1.104×10^7	1.337×10^5	271	176
		80		11.0	1.592×10^7	1.927×10^5	410	158
		160		18.2	2.305×10^7	2.79×10^5	647	128
200	8	40	216.3	8.2	2.907×10^7	2.687×10^5	413	308
		80		12.7	4.226×10^7	3.907×10^5	625	281
		160		23.0	6.616×10^7	6.117×10^5	1075	223
250	10	40	267.4	9.3	6.287×10^7	4.703×10^5	581	477
		80		15.1	9.557×10^7	7.148×10^5	921	433
		160		28.6	15.51×10^7	11.60×10^5	1651	340
300	12	STD	318.5	9.5	1.102×10^8	6.918×10^5	710	691
		40		10.3	1.185×10^8	7.444×10^5	768	684
		80		17.4	1.872×10^8	1.175×10^6	1267	620
		160		33.3	3.075×10^8	1.931×10^6	2297	489
350	14	STD	355.6	9.5	1.548×10^8	8.705×10^5	795	873
		40		11.1	1.784×10^8	1.003×10^6	925	856
		80		19.0	2.855×10^8	1.175×10^6	1243	816
		160		35.7	4.647×10^8	2.613×10^6	2761	622

第 2 章

水力学的に管路を設計する

　管路に与えられる使命は「要求される流量を確実、安全に目標の場所まで輸送する」ことである。
　それには、与えられた差圧で、要求される流量を過不足なく流すことができること、あるいは与えられた流量を、与えられた一次側圧力で、要求される二次側圧力が確保できるように流せることが必要である。そのためには、圧力損失（損失水頭）を適確に評価できなければならない。
　また、液体、気体、二相流、という流体の相の違いにより、流れが閉塞（チョーク）したり、不安定な流れにならないために流路設計上の留意すべき内容が異なってくる。これらについて学ぶ。

2. 水力学的に管路を設計する

2.1 流れを支配する法則

> このシートの要旨
>
> 流れを支配する法則は、流れのエネルギー保存則ともいえるベルヌーイの定理である。この法則を必要に応じ、円滑に利用できるように、熟知しておこう。

1 流れを支配するベルヌーイの定理

流れにはいろいろな種類がある。たとえば、

- 理想流体の流れ / 実在の流体の流れ
- 非圧縮性流れ / 圧縮性流れ
- 水面のある流れ / 水面のない流れ
- 高さの差による流れ / 圧力の差による流れ
- 単相流 / 二相流
- ニュートン流れ / 非ニュートン流れ

これらすべての種類の流れに適用はできないが、われわれがよく扱う流れを支配している法則がベルヌーイの定理である。

ベルヌーイの定理は、流体のエネルギー保存則である。ニュートンのエネルギー保存則は、損失がなければ、運動エネルギーと位置のエネルギーの和は変わらないというものだが、流体のエネルギー保存則のほうは、さらに圧力のエネルギーを加えたものが変わらないというものである。

ベルヌーイの定理は本来、圧力損失も圧縮性もない理想流体に適用する法則であるが、実際の流体に必ず存在する「損失水頭（圧力損失）」を式に導入することで、非圧縮性の実際の流体に対し、式(2.1.1)のように書くことができる。

この式は流れの1本の流線（図2.1.1 管内の破線）上において適用できる。

$$z + \frac{p}{\rho g} + \frac{V^2}{2g} + h_L = H_0 \qquad 式(2.1.1)$$

ここに、

- H_0：全水頭 〔m〕
- p：圧力 〔kg/m・s² = N/m²〕
- ρ：密度 〔kg/m³〕, V：平均流速 〔m/s〕
- g：重力の加速度 〔m/s²〕
- z：基準線からの高さ 〔m〕
  　＝位置の水頭 〔m〕
- $V^2/2g$：速度水頭 〔m〕
- $p/\rho g$：圧力水頭 〔m〕
- h_L：損失水頭 〔m〕

位置エネルギーはもちろん、速度エネルギー、圧力エネルギー、損失エネルギー、すべてを「高さ」で表し、これを「水頭」（または「ヘッド」）と呼ぶ。液体の場合、圧力よりも、液柱の高さのほうが、その大きさをイメージしやすいからである。

式(2.1.1)各項の単位は、見るとおりすべて

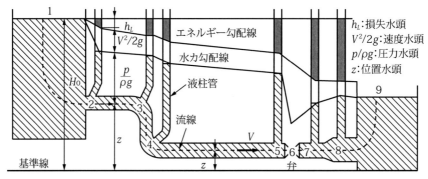

図2.1.1　ベルヌーイの式の意味と水力勾配線

[m]である。流れの計算では、流体が液体で、位置エネルギーの差だけで流れる場合、全水頭とは、上流側水槽の水面が持っている位置水頭で、基準面からの高さ（速度、圧力、損失水頭は0）に等しい。また、ポンプ・配管系では、ポンプの吐出口で持っているすべての水頭の総和である。

ベルヌーイの式は次のようにも書ける。

$$z_1 + \frac{p_1}{\rho g} + \frac{V_1^2}{2g} = z_2 + \frac{p_2}{\rho g} + \frac{V_2^2}{2g} + h_L$$

添字1, 2は一流線上の任意の2点であり、h_Lは2点間の損失水頭である。

ベルヌーイの式を視覚的に表したのが、図2.1.1である。図2.1.1において、

1から2への変化は、全水頭の一部が、槽から管へ出るときの損失水頭に、そして位置水頭が圧力水頭に、変換されている。

2から3へは、圧力水頭の一部が1〜2間で生じた損失水頭に加わっている。

3から4へは、管が下がった分、位置水頭が圧力水頭に変換、また垂直管の損失水頭で圧力水頭が若干消える。

4から5は、2から3に準じる。

5から6は、バルブの絞りによる変化である。バルブのポートで流体が絞られるため、流速と圧力損失が大幅に増え、それらの水頭は、圧力水頭を取り崩してもたらされる。

6から7は、絞られた流れが再び管路いっぱいに広がるので、流速が元へ戻る、すなわち、損失水頭は熱として消費されてしまったので、回復できないが、増大した速度水頭は圧力水頭に戻るので、圧力は若干回復する。

7から8は、レジューサで口径が拡大するので、速度水頭が減り、その分、圧力水頭が増え、損失水頭は若干増える。

8から9で流体は下流の水槽に入る。このとき流速は0になるが、これは熱に代わるので、損失となる。流線の最下流の下流側水槽の水面では位置エネルギーがあるだけで、他の水頭は損失水頭として消えたことを示している。

流線上の（位置水頭＋圧力水頭）を加えたも

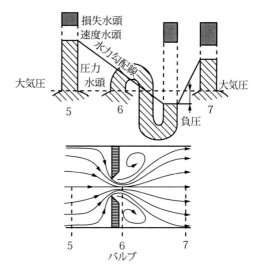

図 2.1.2　管内圧力が負圧になる

のを水力勾配線という（動水勾配線ともいう）。水力勾配線は、図2.1.1では、液柱管の水面を連ねた線、自由水面のある開水路では自由水面に相当する。水力勾配線に速度水頭を加えた線をエネルギー勾配線という。水力勾配線は実務において、しばしば利用される。

図2.1.2のように、バルブの絞りによる速度水頭と損失水頭が大きくて、圧力水頭を減らし、0を超えてマイナスになると、すなわち水力勾配線が流線の下へくると、管内が負圧となり、いろんな障害が出る。

図2.1.1に示されている、エネルギーの交換の状況をみると、損失水頭が生じると、その分圧力水頭が減っている。これが圧力損失の起源であるが、速度水頭も位置水頭も管路の口径と高さが固定されたものなので、流量が一定であれば、変えようがない。したがって、変われる圧力水頭が犠牲を払うと考えてもよい。

2 連続の式

流量が一定の場合、流路のどこにおいても体積流量が一定であるから、次の式が成り立つ。

$$\left(\frac{\pi}{4}\right)D_1^2 V_1 = \left(\frac{\pi}{4}\right)D_2^2 V_2 = Q \qquad 式(2.1.2)$$

ここに、Dは管内径、Qは流量で、添字1, 2は流路の任意の2点である。

2. 水力学的に管路を設計する

2.2 水力勾配線の活用

> このシートの要旨：水力勾配線は、管路に立てた液柱の高さを連ねた線で、負圧となる範囲を知ることができるなど、いろいろと役にたつので、与えられた管路の水力勾配線を描けるようにしたい。

1 水力勾配線からわかること

水力勾配線と流線の高さの差は、その流線上の圧力（静圧）水頭を示している（この静圧がゲージ圧）。したがって、水力勾配線が流線の下へ入ると、その流線のところは負圧であることを示す。管内が負圧になるということは、大気圧では水に溶解していた空気が気泡となり、もしもその部分の配管ルートが凸状の形をしていれば、その部分に空気がたまり、流れを閉塞させるトラブを起こす。

水力勾配線を書いてみれば、配管ルート各所の静圧を予想できるので、事前に対策をとることができる。

図 2.2.1 で、ある簡易水道の上方の貯水池から下方の配水池への導水管において、配水池への水の出が悪くなった。そこで、導水管の水力勾配線を書いてみると、計画水量で貯水池の水位が低くなったとき、管路が凸状の部分で、勾配線が管路の下になることがわかった。その部分で管路内が負圧となり、気泡が発生、滞留し、流路が狭められて流れ難くなったことがわかった。

また、貯水池が高水位であれば計画流量で問題なく、また低水位でもバルブで流量をある程度絞れば問題ないこともわかった。

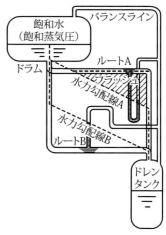

図 2.2.2 飽和水の移送ライン

図 2.2.2 はドラム内の飽和水を下方にあるドレンタンクに移送する配管ルートに関するものである。

ルート A はドラムを出てすぐ水平配管となり、ドレンタンクの上で垂直に下す案である。ルート A の水力勾配線を書くと、水平管で増加する損失水頭のため、水平に移って間もなく勾配線が管の下側へ来ることがわかる。水力勾配線が管の高さと一致したとき、管内の静圧は飽和蒸気圧になり、フラッシュを開始することを意味する。

ルート A はフラッシュにより、激しい振動と騒音を伴う配管となろう。

ルート B はドラムを出て曲げずに、垂直に下せるだけ下して、水平に移る配管である。

この場合、垂直管で生じる損失水頭よりも高さの減少でかせぐ圧力水頭が上回り、その"貯金"を使って、次にくる水平管を飽和蒸気圧にならずに通過できることを、水力勾配線 B が示している。

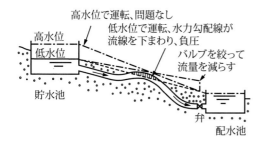

図 2.2.1 ある簡易水道の場合

2.3 レイノルズ数と層流・乱流

> **このシートの要旨** レイノルズ数は流れを支配する、もっともポピュラーな無次元数であり、流れを理解するのに、欠かすこのできない数である。レイノルズ数の意味するところをよく理解しておこう。

1 レイノルズ数とはなにか

「流れの相似」に関係した数で、流れの現象や問題を扱うときに出てくる。2つの流れのレイノルズ数が一致するとき、流れが相似となる。相似の流れとは、規模の異なる（たとえば、サイズの大小）2つの流れがあるとき、流線が相似になるようなことをいう（図2.3.1参照）。

レイノルズ数（以後、Re 数と略記する）は次のように表される。

$$Re \text{ 数} = \frac{DV\rho}{\mu} = \frac{DV}{\nu} \qquad 式(2.3.1)$$

Re 数は無次元数である。

ここに、D：管内径 〔m〕
V：平均流速 〔m/sec〕
ρ：流体密度 〔kg/m³〕
μ：粘性係数 〔kg/(m・sec)〕
$\nu = \mu/\rho$：動粘性係数 〔m²/sec〕

Re 数が慣性力と粘性力の比を表すパラメータであることが、次のようにしてわかる。

$$\frac{慣性力}{粘性力} \propto \frac{質量 \times 加速度}{粘性によるせん断力 \times せん断面積} \qquad 式(2.3.2)$$

と表すことができ、長さを L、時間を T として、上式を書き直すと、

$$\propto \frac{\rho L^3 \times (L/T^2)}{\mu(V/L) \times L^2} = \frac{\rho L^2 V^2}{\mu L V} = \frac{\rho V L}{\mu} = Re \text{ 数}$$

ここに、L は代表長さで、円管の場合、内径 D になるので、Re 数 $= \rho VD/\mu$ となる。

表2.3.1 層流と乱流の性質の違い

	2つの流れ	
Re 数 = 慣性力/粘性力	小さい流れ	大きい流れ
慣性力	小さい	大きい
粘性力	大きい	小さい
したがって流れの性質としては	抑制が利き乱れ難い	自由奔放に流れる
したがって流れの様子は		
流速分布は		
流れの名称	層流という	乱流という

2 レイノルズ数の意味

式(2.3.2)の慣性力、粘性力の観点から、流れに対して Re 数の意味するところを考えてみる。

表2.3.1によれば、Re 数が小さいと層流に、大きいと乱流になることがわかる。

3 層流と乱流

流れの状態は Re 数によって決まる。Re 数がある値より小さい場合は層流、大きい場合は乱流となる。この境界のレイノルズ数を臨界 Re 数といい、一般に2,300である。しかしこの Re 数付近の流れは、わずかの刺激で層流から乱流になったりするので、Re 数が2,000以

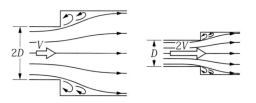

図2.3.1 流れの相似（動粘性係数は同一）

2. 水力学的に管路を設計する

下を層流、4,000以上を乱流とし、この間は不安定な遷移的な流れとするのが実務的である。

層流は粘性が支配的で、慣性力の影響の少ない流れで、流体の粒子に着目すると、速度成分が流れ方向だけの流れである。管壁に沿う流れは、粘性の影響でひたすら壁の凹凸に沿って流れ、剥離や渦を起こさない。この壁との粘着性が流れの抵抗となり、圧力損失の素となる（図2.3.2）。

一方、乱流は慣性力が支配的で、粘性力の影響は二義的となり、流体粒子は流れ方向の速度成分のみならず、その直角方向の成分も持つ。管壁に沿う流れは、壁の凹凸によって流線を乱され、剥離、渦の生成を起こす。この流れの乱れによりエネルギー損失を生じ、圧力損失となる。

4 損失水頭と Re 数、管の表面粗さ

流れの損失水頭の原因は2つある。

① 壁と流れの接する面、そして、層と層の間の、流速の差と粘性によるせん断力（抵抗力）が熱となって消失する損失。

② 流れの乱れ・剥離、渦により発生する熱によって失われる損失。

乱流で生じる損失は、一言で乱流といっても、乱流に3つのパターンがあり、原因はそのパターンによって若干異なる。その差異を支配するものは、管表面粗さの高さと粘性底層（層流底層ともいう）の厚さの関係である。

粘性底層というのは、乱流であっても、壁際に必ず存在するきわめて薄い層流の層をいい、流れの Re 数が5以下という文献もある。

管表面粗さの高さも、粘性底層の厚さもともに以下の1/10 mmのオーダーである。

管の表面の粗さ高さ；ε が、粘性底層高さ；δ の上にどのくらい出ているかという微妙なところで、乱流のどのパターンになるかが決まる。

図2.3.3の②-1は、表面粗さが粘性底層の下にもぐっている流れで、損失水頭の原因は前述の①に相当し、層流と同様に、損失は Re 数のみに関係し、管表面粗さが影響しないので、「水力学的に滑らかな管」という。

②-3は、表面粗さの大部分が粘性底層の上に出ている流れで、「完全乱流」の流れとなり、損失水頭の原因は前述の②である。この流れの損失水頭は管表面の粗さのみで決まり、Re 数の影響を全く受けず、「粗い管」ともいう。

②-2は、②-1と②-3の間に入る流れで、「中間域」の流れとなり、損失水頭の原因は①と②の両方、すなわち、管表面粗さと Re 数、双方の影響を受ける流れとなる。

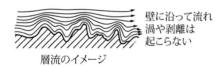
壁に沿って流れ
渦や剥離は
起こらない
層流のイメージ

壁の凸凹により
渦や剥離が
起こり、乱れた流れ
となる
乱流のイメージ

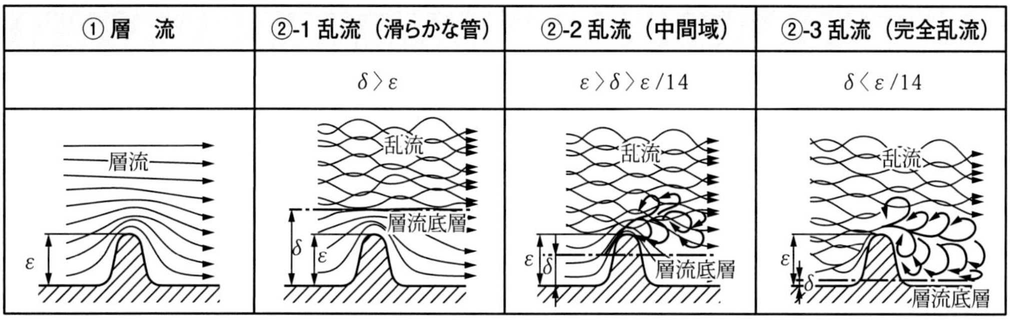

図2.3.2 層流と乱流の壁際の流れ

① 層 流	②-1 乱流（滑らかな管）	②-2 乱流（中間域）	②-3 乱流（完全乱流）
	$\delta > \varepsilon$	$\varepsilon > \delta > \varepsilon/14$	$\delta < \varepsilon/14$

〔注〕 δ：粘性底層の厚さ、 ε：管の表面粗さの高さ

図2.3.3 乱流、3つの様式の境界

2.4 損失水頭の計算

> 理論と実験から導かれた損失計算式が、ダルシー・ワイスバッハの式であり、もっともよく使われる式である。直管の損失水頭は管摩擦係数を読み違えなければ、かなり精度よい答えを得られるだろう。といっても、確かなところは有効数字2桁程度である。

1 損失水頭の把握が必要な理由

プラントの計画・設計において、必要な流量を適正に輸送する技術は、その中核をなすものである。

ポンプの仕様、必要な落差（高低差）、管のサイズ、などの決定は損失水頭の評価・把握によって行うことができる。

図2.4.1のような、高低差のある2つの水槽の一方から他方へ水を送る場合を考えてみる。

❶ 上の水槽から下の水槽へ、双方の水面の高さの差、Hを利用して必要水量Qを送る配管サイズを決める場合、この管路に生じる損失水頭h_Lは、Hに等しくなる。

つまり、損失水頭がHとなるような水量（あるいは流速）で流れるということである（後述するが、損失水頭はほかの変数が一定ならば、流量、または流速のほぼ2乗に比例する）。

この場合、損失水頭h_LがHとなる流速を求め、流量と流速から口径を求める。

❷ 下の水槽から上の水槽へ、水面の差Hをくみ上げる場合（この場合、Hを実揚程と呼ぶ）、標準流速から口径を先に決めてあるとする。必要流量と管口径から流速を出し、その流速の、ポンプ入口管、出口管を合わせた損失水頭h_Lを計算し、これに実揚程Hを加えたものが、ポンプに要求される全揚程（一定流量を一定高さ汲み上げる能力）となる。

このように、流路の仕様決定に損失水頭の算出は不可欠のものである。

2 損失水頭の計算式

損失水頭の計算方法には、実験・理論から求められた「ダルシー・ワイスバッハの式」と、もっぱら経験から求められた「経験式」がある。

前者は、プラントをはじめ広い分野で使われ、後者は特定の業界で使用されているもので、ある条件下の流れに使われている。

ここでは、「ダルシー・ワイスバッハの式」（以下、「ダルシーの式」と略称）を説明する。

ダルシーの式は、図2.4.2でわかるように、損失水頭が、流速の2乗に比例し（$V^2/2g$は損失水頭が速度水頭の形をしていることを示している）、管の長さに比例（これは当然）、管摩擦係数に比例し、管の内径に反比例することを示している。

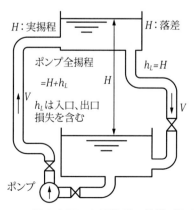

図2.4.1 損失水頭から配管系の仕様が決まる

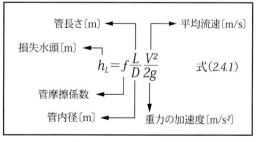

$$h_L = f \frac{L}{D} \frac{V^2}{2g} \quad 式(2.4.1)$$

図2.4.2 ダルシーの式

2. 水力学的に管路を設計する

2.5 管摩擦係数を求める

> **このシートの要旨**
> 管摩擦係数は、手計算で求める場合、ムーディ線図によりレイノルズ数と管表面の相対粗さを使って求めるが、正しいのは有効数字2桁程度であろう。ムーディ線図をじっくり見れば、流れに関するいろんなことがわかってくる。

1 管摩擦係数 f の式、

2.4節式(2.4.1)の f は管摩擦係数。この f なしに損失水頭を計算することはできない。2.3節で、流れの様式により、損失水頭の原因が異なると述べたが、それにより f が影響を受ける因子が異なる。管摩擦係数 f が何によって決まるかを表2.5.1に示す。

以下に、ムーディ線図の基となった具体的な f の計算式を流れの様式ごとに掲げる。

層流: $f = 64/Re$ 式(2.5.1)

乱流:
滑らかな管
$$\frac{1}{\sqrt{f}} = 2 \log \left(\frac{Re\sqrt{f}}{2.51} \right) \quad 式(2.5.2)$$

中間の流れ
$$\frac{1}{\sqrt{f}} = -2 \log \left(\frac{\varepsilon/d}{3.7} + \frac{2.51}{Re\sqrt{f}} \right) \quad 式(2.5.3)$$

この式はコールブルックの式と呼ばれる。
完全乱流
$$\frac{1}{\sqrt{f}} = 2 \log \left(\frac{3.7}{\varepsilon/d} \right) \quad 式(2.5.4)$$

ここで、ε は管の表面粗さ〔mm〕で、それを内径 d〔mm〕で除した ε/d は相対粗さという。

式(2.5.3)において、$\varepsilon/d = 0$、すなわち表面が滑らかとすると、式(2.5.2)が導かれ、式(2.5.3)において、Re 数を無限大にすると、Re 数に影響されない式(2.5.4)が導かれる。

式(2.5.2)と式(2.5.3)は両辺に f が含まれるので、手計算は実際的でない。そこで近似式として、f が左辺のみにある式が幾つか考案された。式(2.5.5)はその1つで、ハートランドの式と呼ばれ、$4,000 \leq Re \leq 10^8$ で使われ、式(2.5.3)との誤差は ±1.5% 以下といわれている。

$$\frac{1}{\sqrt{f}} = -1.8 \log \left\{ \left(\frac{\varepsilon/d}{3.7} \right)^{1.1} + \frac{6.9}{Re} \right\} \quad 式(2.5.5)$$

損失水頭を計算するパソコンソフトでは、一般に式(2.5.1～2.5.4)が使われる。

損失計算を手計算で行う場合、管摩擦係数は次に示すムーディ線図によることが多い。

2 ムーディ線図

「ムーディ線図」（図2.5.1参照）は、1944年アメリカのムーディが式(2.5.1)～式(2.5.4)を使って計算した結果を1枚のチャートにまとめたもので、同時に発表された「相対粗さと完全乱流域における管摩擦係数」（図2.5.2）のチャートとともに、当時の発表の姿のままで、現在も使用され続けている。

ムーディ線図の左の縦軸が、読み取るべき管摩擦係数 f（対数目盛）、下の横軸が Re 数（対数目盛）、右の縦軸が相対粗さ ε/d である。

水平の細い多数の直線は f の目盛に対するものである。右の縦軸から水平に左方向へ走るやや太い、直線と曲線の複合した多数の線は右縦軸の相対粗さの線である。

プラントなどの実際の流れはほとんどの場合、乱流であるが、もしも Re 数が 2,000～4,000 の場合は不安定な遷移域になるので、ムーディ線図では層流の線が延長され、破線で示されて

表2.5.1 f が影響受けるもの

流れのパターン		f が影響受けるもの
層流		Re 数
乱流	滑らかな管	Re 数
	中間の流れ	Re 数と表面相対粗さ
	完全乱流	表面相対粗さ

2.5 管摩擦係数を求める

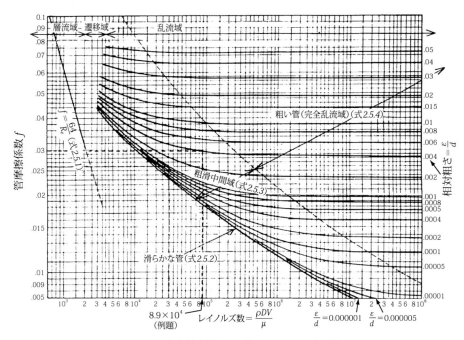

図 2.5.1　管摩擦係数 f を読み取るムーディ線図

いる。もしも、計算値より実際の損失が大き過ぎたり、流量が少な過ぎたりするのを避けたい場合は、相対粗さから読む、乱流の中間域の f を使ったほうが安全であろう。

図 2.5.1 には、ムーディ線図の読み方の例が記されている。たとえば、相対粗さ 0.004、Re 数 8.9×10^4 の f は、縦軸の相対粗さ 0.004 のやや太い線を左へたどる。次に横軸の Re 数 8.9×10^4 に近い 9×10^4 の線を垂直に上へたどり、両線の交点を水平に左へたどり、左縦軸の f を読んで $f = 0.03$ を得る。

管の表面粗さは、新しい鋼管の場合、口径に関係なく 0.05 mm が一般に使われる。サイズが 50A の管であれば、相対粗さは 0.001 となる。

完全乱流の場合は、相対粗さのみで f が決まるので、図 2.5.2 の左縦軸の相対粗さ ε/d に相

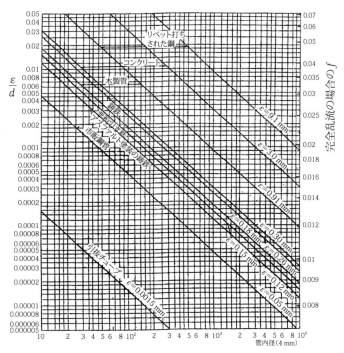

図 2.5.2　相対粗さと完全乱流域における f

当する f を、右縦軸上の同じ高さのところに、プロットしてあるので、ε/d を水平に右へたどれば右軸に f を見い出せる。

2. 水力学的に管路を設計する

2.6 流れやすい断面形状

> **このシートの要旨**
> 同じ流速、同じ流路面積でも、流路断面の形状により、単位長さ当たりの損失が変わる。一般に、流路面積に対する濡れ縁長さが長い方が損失が大きくなる。それは、損失が主に濡れ縁で生じるからである。

■ 壁の存在が損失水頭の主因

2.3節で述べたように、層流の場合も乱流の場合も、損失水頭の起こる主な場所は、流路を形成する壁そのものである。層流の場合は、流体の粘性が壁に作用して抵抗となり、摩擦熱によりエネルギーは失われる。

乱流の場合は、壁面の微小な凸凹が流れの乱れ、剥離、渦を起こして熱を生じ、エネルギーが失われる。したがって、流路面積に対し、流体と接する壁の周長さ（「濡れ縁長さ」という）が短いほうが損失が少なくなり、流れやすくなる。

この流れやすさの目安、（流路面積/濡れ縁長さ）を「流体平均深さ」という。満水で流れる円筒の管の場合、内径をDとすると、

$$\text{流体平均深さ} = (\pi/4)D^2/\pi D = D/4$$

式(2.6.1)

となり、内径が大きいほど流れやすくなることを示している。

このことは、損失水頭の計算式、ダルシーの式でもわかる。

$$h_L = f\frac{L}{D}\frac{V^2}{2g}$$

上式において内径D以外の変数を固定したまま、Dを大きくすると、損失水頭が減り、流れやすくなる。細い管の抵抗が大きくなりそうなことが、図2.6.1 からも直感できる。

■ 流体平均深さ

満水で流れる円筒の場合、式(2.6.1)でみるように、内径は流体平均深さR_Hの4倍であるが、円筒以外の流路や自由水面のある流路においても、ダルシーの式に使う内径はR_Hの4倍とし、これを水力直径D_Hと呼ぶ（図2.6.2）。すなわち、

$$\text{流体平均深さ } R_H = \frac{\text{流路面積}}{\text{濡れ縁長さ}} \text{ [m]}$$

$$\text{水力直径 } D_H = 4R_H$$

断面が円以外の流路、および満水で流れない流れの損失水頭は、Dの代わりにD_Hまたは$4R_H$を使い、

$$h_L = f\frac{L}{D_H}\frac{V^2}{2g} \quad \text{または}$$

$$= f\frac{L}{4R_H}\frac{V^2}{2g} \quad \text{で求める。}$$

また、fを求めるときのRe数は、

$$Re \text{ 数} = \frac{D_H V \rho}{\mu} = \frac{D_H V}{\nu}$$

相対粗さは、

$$\frac{\varepsilon}{d} = \frac{\varepsilon}{d_H} \quad \text{を用いる。}$$

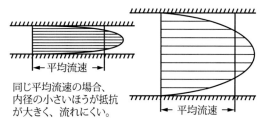

図2.6.1 流速が同じで径が異なる流れ

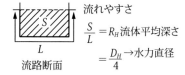

図2.6.2 流体平均深さと水力直径

2.6 流れやすい断面形状

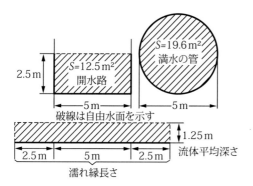

図 2.6.3 流体平均深さの意味

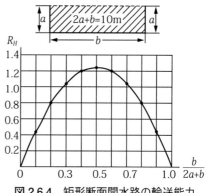

図 2.6.4 矩形断面開水路の輸送能力

$$R_H = \frac{流路面積}{濡れ縁長さ}$$

という、「流れやすさ」を象徴する変数を流体平均深さ（動水半径ともいう）と呼ぶ理由は以下による。図 2.6.3 のような開水路の流路面積を、底辺の幅が濡れ縁長さになる流路に置き換える。この場合、流路左右の両端に固体の壁はなく、流体は空気の壁と接している（もちろん現実にはあり得ないが）。この仮想の流路の深さが R_H であるから、まさに「深さ」なのである。

この開水路では、R_H が 1.25 m、したがって、水力直径 D_H は 4 倍の 5 m となる。これはこの開水路は内径 5M の管と同じ損失水頭を持つといえる。

3 矩形断面で最も効率よい開水路の寸法

矩形断面の開水路は、同じ濡れ縁長さ、あるいは同じ断面積であっても、流体平均深さで輸送能力が大きく変わってくる。要は、流体平均深さの大きいほうが輸送能力が高い（同じ流量を移送するとき差圧が少なくてすむ、あるいは同じ差圧であれば、流量を多く移送できる、ということ）のである。

図 2.6.3 の開水路の濡れ縁長さ 10 m として、高さと幅を変えた場合の流体平均深さの変化を図 2.6.4 に示す（流速、流量の変化も同じ）。

図 2.6.3 の開水路の高さ、2.5 m、幅 5 m の水路の形状がもっとも輸送能力の高い寸法割合となる。

この輸送能力が最大になる $b/(2a+b)$ の比率は、濡れ縁長さが変わっても不変である。

4 円管の輸送能力

円管の場合も、同じ口径の管で、満水状態の流れより、断面上部に若干の自由水面が存在したほうが輸送能力がある。円管の自由水面の角度を図 2.6.5 のように θ とすると、円管の流体平均深さは、$R_H = \frac{D}{4}\left(1 - \frac{\sin\theta}{\theta}\right)$ で表される（D は内径）。R_H がもっとも大きくなるのは、θ が約 258° のときで、R_H は満水で流れる場合の約 1.22 倍になる。また、流量最大となるのは、θ が 308° のときである。

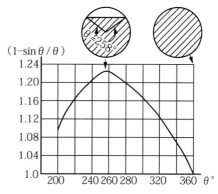

図 2.6.5 円管開水路の流体平均深さ

2. 水力学的に管路を設計する

2.7 管継手、バルブなどの損失計算

> **このシートの要旨**
> 管継手やバルブで生じる損失は、おのおのに固有の相当直管長さ、または損失係数を使って計算する。内部の流路形状の曲げ角度が大きいほど、曲げ数の多いほど、損失が大きくなることは、想像に難くないであろう。

1 管継手、バルブに生じる損失水頭

管継手、バルブに生じる損失水頭は、直管と違い、流路が曲がり、流路の中に障害物（弁体が代表例）があり、流れがそれらのために乱れ、剥離し、渦を巻くことによってエネルギーが熱に代わり、損失となるものである（**図2.7.1**）。これらの損失を総称し、局所損失と呼ぶこともある。

2 管継手等の損失水頭計算式

管継手等による損失水頭の計算は、ダルシーの式を使うが、直管長さの代わりに、それぞれの管継手やバルブ1個に生じる損失と、同じ損失を生じる同径の直管の長さ L_e をその口径で除した「相当直管長さ」(L_e/D) を、ダルシーの式の L/D の代わりに使う。

すなわち、管継手、バルブの損失計算式は、

$$h_L = f\left(\frac{L_e}{D}\right)\frac{V^2}{2g} \qquad 式(2.7.1)$$

で表される。

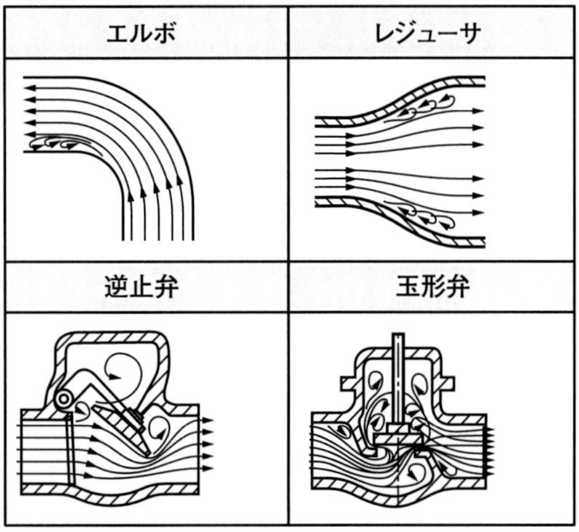

図2.7.1 管継手、バルブでできる渦のイメージ

アメリカのクレーン社は、多くの管継手やバルブの損失水頭を計測する実験を行い、また公表されている他社や研究機関のデータを収集、分析して、(L_e/D) がサイズに関係なく、管継手やバルブの種類ごとにほぼ1つの数値に収まることを見つけた。

たとえば、ロングエルボは (L_e/D) が14、ショートエルボは20、バルブでは、仕切弁20というふうに（文献③、④参照）。

また、クレーン社は、層流や中間域の乱流であっても、管継手、バルブを通過するとき、流れが乱れるために、完全乱流になることから、これらの損失計算に使う式(2.7.1)の f は、流れのパターンに関係なく、完全乱流の f を使うこととした。この f を直管の損失計算に使う f と区別するため、f_T の記号を用いる。

そして、式(2.7.1)を、次のようにして運用する。

$$h_L = f_T\left(\frac{L_e}{D}\right)\frac{V^2}{2g} \quad または \qquad 式(2.7.2)$$

$$= K\frac{V^2}{2g} \qquad 式(2.7.3)$$

$$K = f_T\frac{L_e}{D} \qquad 式(2.7.4)$$

で K は損失係数と呼ぶ。

完全乱流以外の流れの損失は式(2.7.1)による計算値よりも、式(2.7.2)で計算した値のほうが若干小さくなる（その理由は、完全乱流域 f_T は、常に f 以下であるから）。クレーン社は式(2.7.2)で計算したほうが、現実に、より近くなると説明している。

3 管継手、バルブの損失係数

管継手やバルブの流路の形状と損失の大きさ

2.7 管継手、バルブなどの損失計算

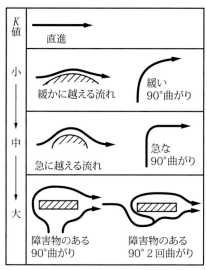

図 2.7.2 流れの曲がりと損失の大きさ

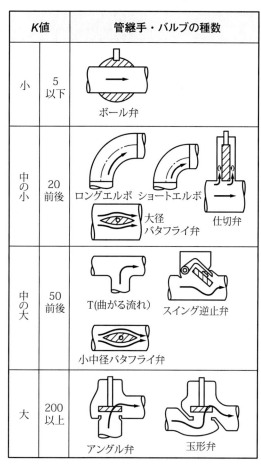

図 2.7.3 管継手、バルブの種類と損失の大きさ

コーナ；直角	コーナ；丸み	コーナ；ベルマウス
$K=0.5$	$K=0.5〜0.05$	$K=0.01〜0.05$

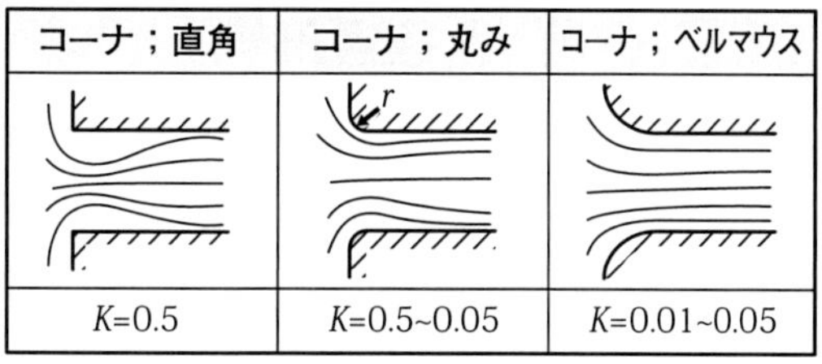

図 2.7.4 管の入口損失

（すなわち L_e/D の大きさ）との関係は一般的に、図 2.7.2 のようなことがいえる。

玉形弁、リフトチェック弁などは、たとえ 1 個でも損失係数が大きいので、注意する必要がある。図 2.7.3 は、具体的な管継手、バルブの種類と、損失の大きさとの関係を見たものである。

また、バルブには、経済的見地からレジューシングポートといって、バルブのポート径を管の内径より、小さく絞っているものがあるが、これらのバルブはバルブサイズが同じであっても、フルポートの、ポートが管内径にほぼ等しいバルブよりも損失水頭は高くなる。したがって、バルブの損失計算をするときは、バルブのポートサイズを確認し、レジューシングポートになっている場合は、バルブメーカに、(L_e/D) なり、K 値を確認したほうがよい。

4 管入口、出口の損失

❶ 管の入口損失

流体が、槽から狭い管に入るとき、図 2.7.4 のように管入口直後で縮流を起こし、その縮流付近で渦を生じ、損失水頭となる。図 2.7.4 に見るとおり、コーナの丸み半径 r が小さいほど、損失係数 K が大きくなり、コーナ部が直角の場合、$K=0.5$ で、最大となる。なお、図 2.7.4 にはないが、管端が水槽内に突き出している場合、K は 1.0 になる。

❷ 管の出口損失

流速 V で管を出る流体は、$V^2/2g$ の速度エネルギーを持っている。その流速が出口水槽内で 0 になる、あるいは管外へ捨てられる。

したがって、管の出口損失は $K=1.0$ である。

2. 水力学的に管路を設計する

2.8 経験式を使って損失計算

>
> ダルシーの式は実際の損失に近い値が出るという長所がある一方、管摩擦係数を出すのに、レイノルズ数が必要で、さらにそれを使ってムーディ線図を読むというのが煩わしいという面がある。一部業界では、経験から作られた簡便な経験式が使われている。

1 経験式とは

2.4 節で挙げたダルシーの式は、非圧縮性の流体であれば、いかなる Re 数の流体に対しても損失計算ができる。

一方、損失計算を手計算で行うとき、式を使うにせよ、線図を使うにせよ、管摩擦係数 f を求めるというステップが必要となる。また、f を求めるには Re 数が必要で、これも関係する物性値を調べたうえで、計算で出す必要がある。

さらに、Re 数には管内径と流速が入っているので、それらが決まっていないと Re 数が決まらず、したがって f が決まらない。つまり、ダルシーの式を使って、流速(あるいは流量)や管内径を求めたいときは、最初 f を適当に仮定して計算し、得た V、または D から Re 数、そして f を求め、仮定した f と一致するまで、繰り返し計算する必要がある。

このような面倒なことをせずに、損失水頭を計算できる式が幾つか考案された。これらの式は使いがってがよく、特定の業界で使われているが、ある Re 数範囲や用途が限られる。これらの式は、経験的に導かれた式なので、経験式と呼ばれる。代表的な 2 つの計算式を紹介する。

2 ハーゼン・ウィリアムスの式

使用できる範囲:口径 50 mm 以上かつ流速 3 m/s 以下の管に使用でき、水道業界で広く使われている。主として鋳鉄管用。

$$h_L = \frac{1.35 V^{1.85} L}{C^{1.85} R_H^{1.17}} \qquad 式(2.8.1)$$

$$h_L = \frac{6.835 V^{1.85} L}{C^{1.85} D^{1.17}} \text{ (円管の場合)} \qquad 式(2.8.2)$$

ここに、R_H は流体平均深さ [m]、D は管内径 [m]、C は下表に示す粗さ定数、V は流速 [m/sec]、L は管長 [m]。

3 マニングの式

使用できる範囲:完全乱流域に適用する。

$$h_L = \frac{LV^2 n^2}{R_H^{4/3}} \qquad 式(2.8.3)$$

$$h_L = \frac{6.35 LV^2 n^2}{D^{4/3}} \text{ (円管の場合)} \qquad 式(2.8.4)$$

ここに、n は下表に示す粗さ定数、その他の記号はハーゼン・ウィリアムスの式と同じ。

表 2.8.1 ハーゼン・ウィリアムスの係数 C、マニングの式の係数 n

C の値		n の値			
材料	C	材料	n		
			最小	正常	最大
裸の鋳鉄、ダクタイル鉄	100	スパイラル鋼管	0.013	0.016	0.017
亜鉛メッキ鋼管	120	コーティングした鋳鉄管	0.01	0.013	0.014
プラスチック	150	裸の鋳鉄管	0.011	0.014	0.016
セメントライニングした鋳鉄、ダクタイル鉄	140	亜鉛メッキ鋼管	0.013	0.016	0.017
銅チューブ、ステンレス鋼管	150	セメントモルタル	0.011	0.013	0.015
		仕上げたコンクリート	0.01	0.012	0.014

(出典:Flow of Fluids 2009 年版) (出典:Fluid Flow Handbook Jamal Saleh 著)

2.9 配管サイズの決定

> **このシートの要旨**　一般に、プラント設計、配管設計を業とする企業は、運転実績から、「この用途にはこの程度の流速」という「標準流速」のようなものを持っており、まずは標準流速から、配管サイズを仮決めし、その後、圧力損失などで問題ないか確認をする。

1 配管サイズの選定手順

通常の配管サイズの選定手順は、次のようになる。

① 計画流量と標準流速よりサイズを仮決めする。
② おおよそのルートを想定のもとに圧力損失（損失水頭）を計算し、許容損失と比較、必要あればサイズ変更。
③ 配管ルートが決まった時点で、必要あれば、最終的に圧力損失を計算、許容損失と比較し、最終的に配管サイズを決定する。

2 標準流速

プラントメーカなどでは、自社の経験から、用途、流体の種類・性状、配管サイズなどごとに標準流速のリストを持っている。

例を表2.9.1に示す。

同じ用途や流体条件でも、細い管のほうが太い管より標準流速を遅くしている。それは1つには、2.6節の1項で述べたように、細い管は壁の近くの速度勾配が急で、圧力損失が増え、また壁のほうも流れの影響を受けやすく、減肉が進みやすいことなどを考慮したものと考えられる。また、流速が速いと、流れの乱れにより振動が出やすくなるが、細い管は剛性が小さく、振動しやすいため、流速を下げるということもある。

3 許容損失との確認

標準流速により、口径が仮決めされ、配管ルートがある程度想定された時点で、直管長さLと、管継手、バルブ類の種類、数量から、損失係数の合計ΣKを使い、ダルシーの式（2.4節の式(2.4.1)）で、その配管系の損失水頭を出す。このとき、管路の入口、出口損失も忘れずに加える。

この配管サイズの妥当性の確認の場合、与えられるのは流速Vでなく、流量Qなので、流量から損失水頭を計算する式に変換する。

2.4節の式(2.4.1)と2.1節の式(2.1.2)とから、

$$h_L = f \frac{8L}{\pi^2 D^5} \frac{Q^2}{g} \qquad 式(2.9.1)$$

を得る。そして、直管部損失と管継手、バルブ、合計の損失水頭を式(2.9.2)により求める。

$$h_L = \left\{ f \frac{16L}{\pi^2 D^5} + \Sigma K \left(\frac{16}{\pi^2 D^4} \right) \right\} \frac{Q^2}{2g} \qquad 式(2.9.2)$$

1つの配管系に同じ流量でサイズの異なる管がある（すなわち、2つの流速がある）場合は、管径ごとに損失水頭を出し、加算すればよい。

表 2.9.1　標準流速の例（火力発電用プラントの一般的に採用されている管内流速）

流体の種類		流速〔m/s〕
蒸気	飽和蒸気	25〜30
	高圧蒸気	40〜60
	低圧蒸気	60〜80
	負圧蒸気（真空）	100〜200
給水	渦巻きポンプ吸込み管	2〜2.5
	低圧渦巻きポンプ吐出管	2.5〜3
	高圧渦巻きポンプ吐出管	3〜3.5
	給水	2.5〜5
空気	低圧空気	12〜15
	高圧空気	20〜25

（出典：配管便覧　1971年刊）

2. 水力学的に管路を設計する

2.10 調節弁差圧と系全体の差圧

> **このシートの要旨** 系全体の損失水頭に比べ、流量などを調節するための、調節弁の損失水頭が小さすぎると、調節感度がにぶくなり、思うように調節できないことが起こるので、この比には注意が必要である。

1 調節弁の損失水頭

調節弁（Control Valve）は、目標流量（あるいは目標圧力）と実際流量の差を検出し、その結果をバルブ開度にフィードバックさせることにより、目標流量に見合った損失水頭となる開度に自動で変更するバルブである。

目標流量に見合った損失水頭は、管、管継手、バルブなど、合計の損失水頭に可変の調節弁の損失水頭（差圧）を加えたものであり、このうち調節弁の可変の損失水頭（差圧）が流量調整を行う。2.9節の式(2.9.1)を、損失水頭 h_L を径全体の差圧 Δ_P に置き換え、損失係数 K で書き直し、幾つかの定数をまとめて C で表すと、

$$\Delta_P = \frac{8\rho}{\pi^2 D^4} K Q^2 = CKQ^2$$

したがって、$Q = \sqrt{\dfrac{\Delta_P}{CK}}$

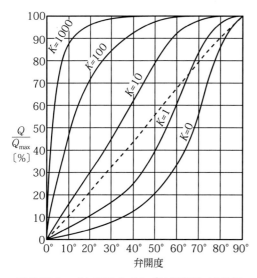

図 2.10.1　バタフライバルブの制御性（文献⑤）

損失係数 K は、系において、不変である固有の K_P と可変である調節弁の K_V からなるとすると、

$$Q = \sqrt{\frac{\Delta_P}{C(K_P + K_V)}} = \sqrt{\frac{\Delta_P}{CK_P(1 + K_V/K_p)}}$$

この式は、もしも系固有の損失 K_P が調節弁の可変の損失 K_V より圧倒的に大きい場合は、可変の損失 K_V が多少変動しても、流量はほとんど変化しないことを意味し、制御がうまくいかないことを示している。

JPI-7B-64-82 では、「系全体の圧力損失に占める調節弁の差圧の割合は、一般に 0.3 ～ 0.5 といわれ、最低 0.05 以上ないと制御できないといわれている」としている。

図 2.10.1 は、管路中に設置した、あるバタフライ弁の流量特性を示す。図 2.10.1 の K は、系固有の損失係数で、$K = 0$ のときは、バルブ単体の流量特性を表している。$K = 100$ や 1,000 になると、中間開度では流量変化がきわめて鈍く、制御性の悪いことがわかる。

2 調節弁の C_V を K に換算する

調節弁の容量を示す流量係数 C_V 値が与えられたら（通常、100 %開の C_V 値が与えられる）、次の式で、損失係数 K に置き換えることができ、系全体の損失計算に調節弁を入れることができる。

$$K = (46{,}300/C_V)^2 D^4 \qquad 式(2.10.1)$$

ここで、C_V 値は米国ガロン／分で、D の単位は〔m〕である（式(2.10.1)の原式は文献③）。
（注：C_V 値は弁開度を一定にし、その前後差圧を 1psi に保ち、60 °F の水が 1 分間流れる量を US ガロンで表した値）

2.11 圧縮性流体の流量を計算する

このシートの要旨　圧縮性流体の場合、入口、出口間の圧力損失が入口の絶対圧力に対し十分小さい場合、ダルシーの式で近似的に流量を求めることができる。上記条件を外れるとき、あるいはより正確に流量が欲しいときは、等温流れか、または断熱流れの式で計算する。

1 圧力損失の計算式

空気、ガス、蒸気のような圧縮性流体は、圧力損失が生じ、圧力が下がると、比容積が増加し、流速が上がる。それが管路に沿って徐々に連続的に起こるため、体積流量不変を前提としたダルシーの式は原則的に使えない。

しかし、近似的にある区間の比容積、流速を一定と見なすことができれば、正確ではないが、概算の圧力損失を計算することができる。

気体の圧力損失に水頭は使えないので、2.4節の損失水頭を求める式(2.4.1)を圧力損失Δpを求める式に変換する。それには、式(2.4.1)の両辺に、ρgをかければよい。すなわち、

$$\Delta p = f \rho \frac{L}{D} \frac{V^2}{2} \quad \text{式}(2.11.1)$$

密度ρの単位を〔kg/m³〕とし、他の変数の単位は2.4節の式(2.4.1)と同じとすれば、Δpの単位は、
kg/(m・s²) = (kg・m/s²)/m² = N/m² = Pa
である。実務ではPaの単位では数値が大きすぎるので、bar、kPa、MPaなどが使われる。

また、2.9節の式(2.9.1)も、両辺にρgをかけ、

$$\Delta p = f \rho \frac{8L}{\pi^2 D^5} Q^2 = 8.11 \times 10^{-4} f \rho \frac{L}{D^5} Q^2$$
$$\text{式}(2.11.2)$$

また、$Q = 35.1 \sqrt{\dfrac{\Delta p \cdot D^5}{f \cdot \rho \cdot L}}$　　　式(2.11.3)

$$= 35.1 D^2 \sqrt{\dfrac{\Delta p}{K \cdot \rho}}$$

Δpは kPa、Qは m³/s。

2 圧縮性流体の流量概算の方法

ダルシーの式を使った、次の流量概算方法は、Crane社の文献④に記載のものである。

なお、下記の入口、出口圧力はすべて絶対圧力である。

① 入口、出口間の圧力損失が入口圧力の10％以下の場合、入口または出口圧力の密度（または比容積）を使う。

② 入口、出口間の圧力損失が入口圧力の10％より大きいが、40％未満のときは、入口と出口における密度（または比容積）の平均値を使う、または下記の 3 の方法による。

③ 入口、出口間の圧力損失が入口圧力の40％より大きいときは、次の 3 による。

3 等温流れと断熱流れ

管の2つの極限的な流れとして、等温流れと断熱流れがある。

「等温流れ」は、圧力損失により生じる熱を放熱しつつ、温度一定で流れる流れで、たとえば天然ガスパイプラインがこれに近い。

「断熱流れ」は、管が断熱されているため、管外部との熱の交流がなく、圧力損失により生じる熱が管内に保留される流れであり、比較的管長が短く、保温された配管に起こる。

実際の流れは、上記2つの流れを含め、その間にあるといえる。

圧力損失計算の場合、流体温度が外気温度より高い場合（多くの場合、これにあたる）は、断熱流れのほうが安全サイドに出る（圧力損失が大きめに出る）。なぜなら、断熱流れは前述したように、損失により発生した熱は流体の温度上昇に使われ、比容積が増加し、流速を上げ、圧力損失の増大に使われるが、実際の流れでは

2. 水力学的に管路を設計する

発生した熱が多少とも外部へ伝熱で逃げるので、断熱流れに比べ、温度上昇が抑制され、圧力損失の増大が抑制されるからである。

ただし、外気より温度の低い流体の場合は、外部から流体へ熱が供給され、その分、比容積が、そして流速が増え、圧力損失が増える方向になり、断熱流れで計算すると危険サイドになるので注意を要する。

等温流れの流量計算は次の**4**を、断熱流れの流量計算方法は文献④、などを参照されたい。

4 等温流れの流量計算

❶ 理論式

長いガスパイプラインなどの、圧縮性流体の等温流れの流量を求める式に、理論式と経験式とがある。

最初に、理論式を説明する。

① $\quad w = 0.0002484 \sqrt{A}\quad$ 式(2.11.4)

ここに、

$$A = \frac{d^4}{v_1 \left(f\frac{L}{D} + 2\log_e \frac{P_1'}{P_2'}\right)} \left(\frac{(P_1')^2 - (P_2')^2}{P_1'}\right)$$

長いパイプライン（L が大）では、A の分母の中の $2\log_e(P_1'/P_2')$ の項が $f(L/D)$ に対し無視できるので、次の簡略式が使える。

② $\quad w = 0.000007855 \sqrt{\left(\frac{d^5}{v_1 fL}\right)\left(\frac{(P_1')^2 - (P_2')^2}{P_1'}\right)}$

式(2.11.5)

③ $\quad q_h' = 0.01361 \sqrt{\frac{(P_1')^2 - (P_2')^2}{fL_k T S_g} d^5}$

式(2.11.6)

ここに、
w：質量流量〔kg/s〕
q_h'：体積流量〔m³/h〕大気圧(1.013 bar)、15℃における。
D：管内径〔m〕
d：管内径〔mm〕
P_1'、P_2'：入口、出口の絶対圧力〔bar〕
v_1：入口の比容積〔m³/kg〕
L：管長さ〔m〕
L_k：管長さ〔km〕
T：絶対温度〔K（ケルビン）〕＝273＋摂氏温度
S_g：空気に対するガスの比重

❷ 経験式

ガス輸送用の2つの経験式を説明する。

① ウェイムスの式
高圧のガス用

$$q_h' = 0.00261 d^{2.667} \sqrt{\left(\frac{(P_1')^2 - (P_2')^2}{L_k S_g}\right)\left(\frac{288}{T}\right)}$$

式(2.11.7)

記号は❶と共通。

② パンハンドルの式

Panhandle Eastern Pipe Line Company により、1940年代初めに、口径150 A～600 A の天然ガスを輸送するパイプライン用に提案されたもの。

適用条件は、Re 数：$5 \times 10^6 \sim 14 \times 10^6$、$S_g = 0.6$、温度15℃、

$$q_h' = 0.00506 E d^{2.6182} \left(\frac{(P_1')^2 - (P_2')^2}{L_k}\right)^{0.5394}$$

式(2.11.8)

ここで、E は経験的に得られた係数である流れ効率で、下記とする。

$E = 1.0$ バルブも管継手もなく、口径もエレベーションも変化のない、新品の管。
$E = 0.95$ 非常によい運転状態にある場合
$E = 0.92$ 平均的な運転状態の場合
$E = 0.85$ 異常な、好ましくない運転状態の場合
それ以外の記号は、❶と共通である。

2.12 背圧が流れを阻害する

> **このシートの要旨**　装置入口の圧力が一定とすると、装置出口の圧力、すなわち背圧が計画値より高い場合、その装置の入口、出口の差圧が小さくなり、装置の容量不足やバルブが断続的に開閉を繰り返す、などの不具合が生じる。

1 背圧が高いと起こる問題

装置の入口圧力と出口圧力の差圧が、その装置の性能にかかわる場合、装置の出口圧力が問題になることがある。

装置出口の配管が長い場合、その圧力損失によって、装置出口の圧力が配管出口の圧力、大気開放であれば大気圧、よりかなり高くなる。その結果、図2.12.1のように装置前後の本来必要な差圧が不足し、装置の性能に悪影響を及ぼすことがある。

このように、圧力損失等で装置出口の圧力の高いことが原因で好ましくない現象が起こるときの、装置出口の圧力を背圧と呼ぶ。したがって、「背圧」という用語には一般に、「装置にとって問題のある出口圧力」という含みがある。

2 背圧が高くて問題となるスペシャルティ

スチームトラップの場合を例にとる。

スチームトラップのドレン処理能力はメーカが各サイズ、タイプ別の図2.12.2のようなチャートを準備している。ダルシーの式より、装置入口と出口の差圧（装置内圧力損失ということができる）Δp と流量（処理能力）Q の関係は、2.11節の式(2.11.3)より、$Q = k\sqrt{\Delta p}$ で表される。

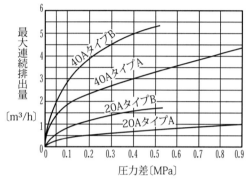

図2.12.2　スチームトラップの容量の例

図2.12.2のカーブもおおむねこの式に従う。

したがって、たとえば、差圧を0.4 MPaと見込んでいたものが、出口管の圧力損失のため、0.3 MPaしかとれなかった場合は、容量は15%ほど減少する。

安全弁、逃し弁（以後、安全弁で代表させる）も背圧が問題となる装置である（図2.12.3）。安全弁は放出時、弁体は全開位置に保持されるよう設計されるが、そのためには弁体に働く開く力が閉める力を上回ることが必要である。

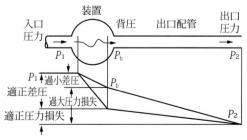

図2.12.1　背圧が高くなる理由

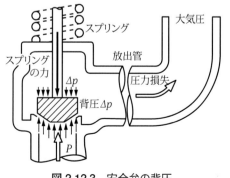

図2.12.3　安全弁の背圧

2. 水力学的に管路を設計する

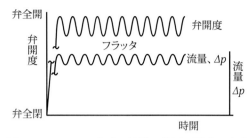

図 2.12.4　フラッタ時の流量、背圧、開度の変化

弁体を開ける力は、弁入口圧力と動圧が弁体断面積にかかる力である。弁体を閉める力は、圧縮されたスプリングの力である。

しかし、実際には弁が吹いたあと、弁体背面の断面積に安全弁の背圧をかけた力がスプリングの力に加わる。その背圧がリーズナブルなものであれば問題ないが、放出管が長すぎたり径が小さすぎると、背圧が高くなり、閉める力が大きくなって弁体が閉方向へ動く。すると、流量が減って放出管の圧損が減り、背圧が減り、閉める力が大きくなり弁体は全開位置に戻る。

このサイクルを繰り返す。この現象をフラッタ（揺動）という（図 2.12.4）。この現象を避けるためには、圧力損失の小さい放出管を設計することである。安全弁ごとに独立した放出管とするが、もしも2本の放出管を合流させる場合、ラテラルでスムースに合流させ、共通管の断面積は合流前の放出管の全断面積より大きくする。そして、放出管の圧損の許容値を、たとえば吹き出し設定圧力の10%以下とする。

3 ヘッダの背圧が高いと逆流を生じる

複数の機器のドレン管を集合させる共通ヘッダの背圧が高くなると、ドレンが逆流し、重大トラブルを起こす可能性がある。図 2.12.5 にその例を示す。

機器のドレンは機器を出ると減圧され、フラッシュし、蒸気となり、流速が著しく上がる。そのため、ドレン管内、ヘッダ内で圧力損失を生じ、それが、出口容器の内圧力に加算され、ヘッダの背圧となる。

系統の起動時、熱い蒸気が冷たい配管、機器に入るので、冷たい金属に蒸気の熱が奪われ、通常運転時より多量のドレンが発生する。その結果、ヘッダの背圧が通常運転時より高くなる。もしも、増加したヘッダの背圧よりも低い圧力の機器出口があったら、フラッシュ蒸気とドレンの混じったものが、ドレン管を経由して、機器へ逆流する。

逆流される機器が高温、高速で回る蒸気タービンの場合は、この現象をウォータインダクションといい、タービンの羽根などに損傷を与えるので、絶対に避けなければならない現象である。

対策は、ヘッダの背圧をできるだけ低くするため、口径は余裕を持ち、長さは短いほうがよい。また、高圧の機器から低圧の機器までのすべてのドレンを1本のヘッダに入れると、低圧の機器へ逆流する可能性が高まるので、図 2.12.6 のように、高圧、中圧、低圧ヘッダのように、圧力ランク別にヘッダを設け、機器の圧力に応じた圧力ランクのヘッダへドレンをつなぎこむ。

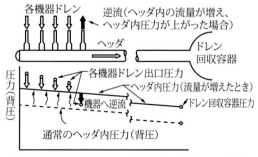

図 2.12.5　背圧上昇による機器へのドレン逆流

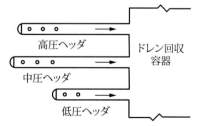

図 2.12.6　圧力ランク別のヘッダを設ける

2.13 流れと配管のアップ、ダウン

> **このシートの要旨**
> 流体が液体で重力流れの場合、そして、流体がガスなど気相の場合は、配管のベーパポケットやドレンポケット、勾配など、配管の不適切な垂直成分が流れの閉塞や、ポンプへの空気巻き込みなどの不具合を起こすので、十分注意が必要である。

1 ドレンポケットとベーパポケット

プラント配管の配管ルートを水平成分と垂直成分にわけてその長さを、全配管につき積算したら、どちらのほうが長くなるだろうか。

プラント全体で見れば、おそらく水平成分長さのほうが垂直成分長さの2倍から3倍、あるいはそれ以上長いのではなかろうか。

配管の水平成分は配管コスト、配管フレキシビリティ、圧力損失に、より大きく影響を与えるが、配管の垂直成分はそれら以外に、その設計が適正でないと、輸送不能、ウォータハンマ、振動、不安定流動などの、プラントの運転に重大な支障を引き起こすこととなる。

配管の垂直成分が影響するこれら重大トラブルを避けるには、配管を横からみたプロフィール、そのアップ＆ダウン、を十分検討する必要がある。

検討のポイントは、流体が液体の場合はベーパポケット（上に凸の配管）を避けること。すなわち、ベーパポケットに気体がたまり、流路を狭めたり、閉塞したりすることが起こる。

流体が気体の場合は、ドレンポケット（下に凸の配管）を避けること。ドレンポケットに液体がたまり、流路の閉塞や、ウォータハンマを起こしたりする（図 2.13.1 参照）。

流体が飽和水や二相流の場合、下り勾配、場合によって 1/24 程度のかなりの勾配をとらないと、不安定な流動（間欠流や振動）を引き起こすことがある（4 参照）。

2 流体が液体の重力流れの場合

図 2.13.2 の上段の図は、配管が障害物を乗り越えるため、凸状の配管ができてしまった場合である。上流水槽が平常水位（N.L.）であれば、水位は凸状配管の頂部の上にあるので、水は通ることができるが、低水位（L.L.）になったときは、水位が管頂部の下に来てしまうので、流体はこの凸部を越えることができない。

図 2.13.2 の下段の図は、上流の貯水池の水位が低水位のとき、水力勾配線が凸状の配管の下側へ来てしまう。これはその部分の配管が負圧になることを意味し、大気圧下で水に溶けていた空気が気泡になって水と分離することを意味する。凸状の配管はベーパポケットとなり、分離した空気が溜まり、流路を狭め、ついには閉塞させることもある。最低水位でも、水力勾配

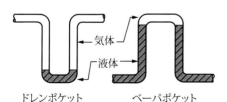

図 2.13.1　ドレンポケットとベーパポケット

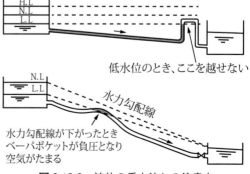

図 2.13.2　液体の重力流れの注意点

2. 水力学的に管路を設計する

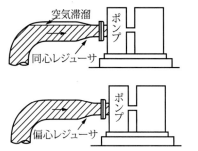

図 2.13.3 ポンプ入口管のベーパポケット

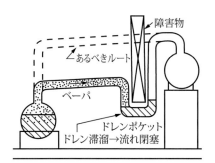

図 2.13.4 ドレンポケットのある気体ライン

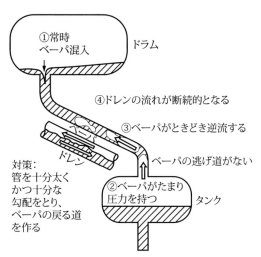

図 2.13.5 ベーパの逆流による不安定流動

線が配管のどこにおいても、配管の上に来るよう、配管のレベルを決めなければならない。

図2.13.3はポンプ入口管の例であるが、上段の図のように同心レジューサを使うと、水平管上部にベーパポケットができ、空気がたまる。この空気は間欠的にポンプに吸い込まれ、ポンプの性能低下などを引き起こす。

図2.13.3の下の図のように、偏心レジューサを頂部が平らになるように使用すれば（Top of Flat、略してTOFという）、上部のベーパポケットをなくすことできる。水平管の異径の分岐部でもベーパポケットのできる場合があり、注意を要する。

3 流体がベーパを含む気体の場合

流体がベーパを含む気体の場合、管よりの放熱などにより、流体温度が結露温度以下になると、液滴となる。図2.13.4のように管路にドレンポケットがあると、そこに液滴が集まり、ドレンとなり流路を塞ぐ。上流・下流間の差圧がドレンをポケットに続く立ち上がり部を押し上げることができず、流れは閉塞する。

したがって、ドレンポケットの配管は避け、破線のようなルートを計画すべきである。

4 流体が飽和水や二相流の場合

水位のないドラムから重力で下方のタンクへの、ベーパ（気相）を伴う飽和水の流れ、あるいは気液二相流の流れは、図2.13.5のように下流のタンクに持ち込まれたベーパに行き場がないと、タンクに滞留し、圧力が上がって、間欠的にベーパがドレン管を通って、ドラムへ逆流する。

その際、ドレンの流れは上ってくるベーパに阻害され、流れが止まる。タンク内圧力が正常に戻ると、ベーパの逆流が止まり、ドレンの流れは正常に戻る。しばらくすると、またタンクに持ち込まれたベーパによって、タンク内圧力が上がり、ベーパが逆流、これを繰り返し、流れは不安定となる。

このような場合は、セルフベントといって、ドレン管内に、本来のドレンの流れの脇にベーパが逆流する通り道を確保するため、管サイズを十分大きくし、十分な勾配をつけ、さらに加えて2.14節の図2.14.2のようなベントを設けるのがよい（文献⑱）。

2.14 スムースな流れにするベント

> **このシートの要旨**
> 流れの二次側機器に気相が溜まり、圧力を持って一次側との差圧が減少、流れが滞ることがある。これを防止するには、二次側に気相を抜くベント(均圧管ということもある)が必要となる。

1 重力流れとは

圧力差を使わずに、水頭差、あるいは落差だけで流す流れを重力流れという。

重力流れには、自由水面があり大気圧と接する川のような、開水路(開渠ともいう)と、自由水面のない内圧を持った満水の流れとがある。

開水路の場合、2.1節の1項で述べたように、自由水面の連なりが水力勾配線となる(図2.14.1)。

満水で流れる流れは、開水路と一緒に論ずるとき「管路の流れ」と呼ばれるが、管路の流れの中にも、自由水面をもつ流れがある。

2 管路の重力流れに重要なベント

重力流れは上流下流間の圧力差がなく、落差だけで流れるので、スムースに流れてくれるために幾つかの条件が必要である。

川や用水路のように、上流から下流まで大気圧に接している水路は、途中に上り勾配がない限り、上流下流間に落差があれば問題なく流れる。

管路の流れは、密閉された流れになるので、スムースに流れるためには、常に下流側の圧力が上流側より高くならないような設計にする必要がある。また、管路を閉塞させる恐れのある空気だまりが管路途中にできないような工夫が

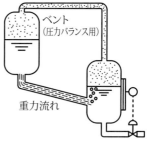

図2.14.2 圧力をバランスさせるベントライン

必要である。この観点で重要な役割を果たすのが、ベントである。

図2.14.2のような水位の異なる2つのドラム間を重力流れの管路があるとすると、液中に混じったガスや、あるいは圧力損失による圧力低下により、液中から分離したガスなどが下流ドラムに溜まっていく。下流ドラムにガスを逃がすラインがないと、下流ドラムの圧力が上昇し、ガスが間欠的に管路を上流ドラムへ逆流し、不安定な流れとなる。そのため、このような系には、上流、下流ドラムの圧力をバランスさせる、ベント管が必要である。

重力流れの管路では、管路途中に気相があると、流れを閉塞させたり、圧力変動を起こさせるので、気相を要所、要所で抜く必要がないか、検討すべきである。その他、ベント管が必要な幾つかの系を紹介する。

図2.14.3は、建築衛生設備の汚水を下水管へ持っていく途中の横走り管である。この勾配の付いた管には、トイレなどから、間欠的に空気の混じった汚水が流れてきてこの空気が管内に滞留すると、管路の閉塞、圧力変動などを起こし、サイホンが切れたり、汚水が衛生設備か

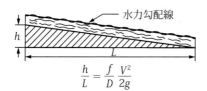

$$\frac{h}{L} = \frac{f}{D}\frac{V^2}{2g}$$

図2.14.1 自由水面のある流れ

2. 水力学的に管路を設計する

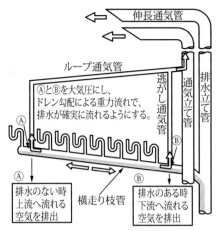

図2.14.3 建築衛生設備配管の通気管

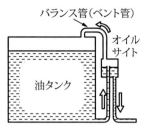

図2.14.5 油タンクとオイルサイト間のバランス管

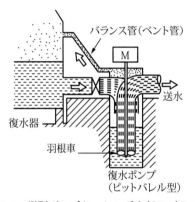

図2.14.4 縦型ポンプケーシング上部のバランス管

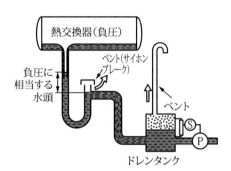

図2.14.6 サイホンブレーク用ベント

ら逆流することがある。したがって、横走り管の空気を適切に抜いてやる必要があり、接続する衛生設備の数に応じ、ベント管である逃がし通気管やループ通気管を所定の位置に接続し、通気立て管をとおして、大気へ開放する。

図2.14.4はピットバレル型と呼ばれる復水器からの負圧の復水（蒸気の凝縮水で、飽和水）を送水するポンプであるが、遊離した気相がポンプケーシングの上部に溜まって圧力を持つと、バレル下に復水が来にくくなるので、ケーシング上部と復水器をつなぐバランス管が必要である。

図2.14.5は、回転機械軸受用潤滑油を清浄にするため循環している油が確実に流れていることを確認するためのオイルサイトであるが、オイルサイトの空間部が油タンクと同じ圧力になっていないと、所定の循環量が得られなくなるので、オイルサイトと油タンクの圧力をバランスする管が必要である。

図2.14.6は若干負圧である熱交換機の復水を排出するドレン管である。

負圧のドレンを重力流れで連続的に大気中に排出するため、U字管を使っている。U字管の左脚の高い水頭と右脚の低い水頭の差が負圧に相当する。

右脚頂部のベントは圧力のバランスが目的ではなく、熱交換器の負圧が大気圧近くになったとき、起こる可能性のあるサイホン（左脚の水位とドレンタンクの水位の差による水頭差で、左脚の水柱がタンクに吸い取られ、U字管のシール水切れを起こすこと）の形成を防止する（サイホンブレークという）ため、この箇所をつねに大気圧にしておくためのものである。

ドレンタンクのベント管は、大気とのバランス管である。

第3章

ポンプ-管路系を設計する

　管路を使って液体を輸送するとき、ポンプによることが多いため、ポンプ-配管系のポンプと配管の互いに影響し合う、相関関係を理解しておくことが大切である。
　ポンプは流量が変化すると、ポンプが汲み上げる高さである全揚程が変化し、一般には流量が増えると全揚程は減少する。
　一方、管路は流量が増えると、生じる損失水頭は流量のほぼ2乗で増えていく。ポンプ-配管系は〔ポンプ全揚程〕と〔管路損失水頭〕とが等しくなる点で運転される。
　複数の直列、または並列のポンプと、複数の直列、または並列の配管抵抗が組み合わさった、ポンプ-配管系の揚程（損失水頭）と流量を求める方法を学ぶ。

3. ポンプ‐管路系を設計する

3.1 ポンプの特性を知る

>
> ポンプの全揚程とは、ポンプ出口座の全エネルギーとポンプ入口座の全エネルギーとの差であり、また言い換えれば、ポンプが汲み上げる高さ（出口水槽水面－入口水槽水面）に配管損失を加えたものということもできる。

1 ポンプの種類と構造

ポンプを大きく2つに分類すると、ターボ式と容積式に分けられる（[ターボ]は語源「竜巻」から、流体を回転させる、あるいは流体に回転させられる機械の総称に使われる）。

ターボ式ポンプは流体を回転する羽根の間をとおり抜けさせ、エネルギーを与える。

容積式はリンダ内のピストンを往復動させて流体を押し出すタイプと、ケーシング内で回転子内の液体を回転させ、移動させるタイプとがある。

ここでは、もっともよく使われているターボ式ポンプにつき、図3.1.1で説明する。

ターボ式ポンプには、羽根車の形で分類すると次の3種類ある。

- 遠心ポンプは羽根車のとおる水が半径方向（ポンプ軸に対し直角）に流れる。
- 斜流ポンプは羽根車のとおる水がポンプ軸に対し、鋭角に流れる。
- 軸流ポンプは羽根車のとおる水がポンプ軸に平行に流れる。

さらに、遠心ポンプは加圧する仕組みから次の2種類に分けられる。

うず巻ポンプは、羽根車の外側に、流体の速度エネルギーを圧力エネルギーに変換するためのボリュート（流速を減速させるもの）がついているが、これがうずまきの形をしているのでこの名がある。

ディフューザポンプは、羽根車を出た流体をボリュートに入る前に減速させ、ディフューザで圧力を上げてからボリュートへ送るもので、高圧、小流量ポンプに使われる。

ディフューザは、案内羽根付き（図3.1.1）と羽根なしがある。

図3.1.1　ターボ式ポンプの種類

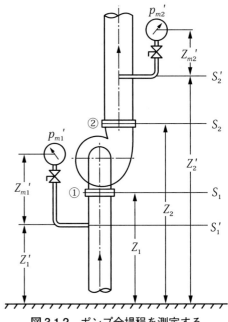

図3.1.2　ポンプ全揚程を測定する

2 配管に関係するポンプの性能

配管に関係するポンプの性能には全揚程、流量、必要NPSHがある。

全揚程Hは、ポンプが流体に与える全エネルギーを水頭（水の高さ）に換算したもので、図3.1.2 おいてポンプ出口座②の全エネルギーとポンプ入口座①の全エネルギーとの差ということができる。式で書くと、

$$H = Z_2 - Z_1 + \frac{p_2 - p_1}{\rho g} + \frac{U_2^2 - U_1^2}{2g} \quad 式(3.1.1)$$

実地のポンプ性能試験では、①、②の圧力、p_2、p_1 がわからないため、式(3.1.1)が使えないので、次の式(3.1.2)が使われる。

$$H = Z_2' - Z_1' + Z_{m2}' - Z_{m1}' + \frac{p_{m2}' - p_{m1}'}{\rho g}$$
$$+ \frac{U_2^2 - U_1^2}{2g} + h_{L1} + h_{L2} \quad 式(3.1.2)$$

式(3.1.2)の h_{L1} と h_{L2} は、それぞれポンプ入口管、ポンプ出口管の圧力計座位置とポンプ入口、出口フランジ間の各配管損失である。

実際のポンプ－配管系で、配管の仕様を使って表すポンプ全揚程Hの式は、式(3.1.3)となる。

$$H = \left(H_2 + \frac{p_2}{\rho g}\right) - \left(H_1 + \frac{p_1}{\rho g}\right) + h_L + \frac{V_2^2}{2g}$$
$$式(3.1.3)$$

ここに、
H_2：ポンプ出口水槽水位
H_1：ポンプ入口水槽水位
p_2：ポンプ出口水槽圧力（ゲージ圧）
p_1：ポンプ出口水槽圧力（ゲージ圧）
ρ：流体密度，g：重力の加速度
h_L：ポンプ入口・出口管の損失水頭の和
V_2：ポンプ出口管を出る流速

$\left(H_2 + \frac{p_2}{\rho g}\right) - \left(H_1 + \frac{p_1}{\rho g}\right)$

を実揚程という。
$p_2 = p_1$ なら、実揚程は、$H_2 - H_1$ である。

3 ポンプ性能曲線

図3.1.3にポンプ性能曲線のイメージを示す。全揚程、効率、出力、電流、NPSHR（必要

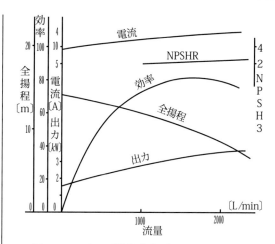

図3.1.3 ポンプ性能曲線（イメージ）の例

NPSH）を縦軸に、流量を横軸にして示している。

全揚程はこの図のように、流量とともに減少するポンプが多いが、小流量で右上がりになるポンプもあるが、全揚程が右上がりのところでは、条件が揃うとサージングを起こすので、注意が必要である（本書3.6節参照）。

ポンプ全揚程は、右下がりの全揚程曲線では、流量0のとき、全揚程がもっとも高くなっている。このときのポンプ出口の圧力を締切り圧力という。このときポンプはなにも仕事をせず、ただ水をかき回し、費やした動力は熱に変わり、水温が急上昇する。したがって、ポンプの締切り運転は避けなければならない。

効率曲線は頂上の辺りがもっとも効率がよいが、ポンプの設計点（計画流量の点）はこのあたりになるように設計される。

流量が増えると、ポンプ出力（軸動力）、電流は一方的に増大していく。流量が増えすぎると、過電流でポンプモータは損傷するので、これを防ぐため、未然にポンプをトリップさせるようになっている。

配管の損失水頭により、ポンプ羽根入口の静圧が下がり、流体の飽和蒸気圧力以下になると、キャビテーションを起こす。キャビテーションを起こさせないためには、配管とポンプの取合点で、有効NPSHが必要NPSHより大きくなければならない（詳しくは3.5節参照）。

3. ポンプ - 管路系を設計する

3.2 ポンプ - 配管系の運転

> このシートの要旨: ポンプの性能を表す「全揚程曲線」と配管の流路抵抗を表す「システム抵抗曲線」とが交わる点の揚程（＝抵抗）と流量で、ポンプ - 配管系は運転される。

1 ポンプ全揚程とシステム抵抗曲線

流量を横軸に、配管系の抵抗損失水頭を縦軸に表した曲線をシステム抵抗曲線（またはシステムヘッドカーブ）と呼ぶ。

ポンプがある配管系は、ポンプ全揚程と配管損失水頭が等しくなる流量、揚程（損失水頭）で運転される。

つまり、ポンプ全揚程曲線とシステム抵抗曲線の交点がポンプの運転点となる。

システム抵抗曲線の式は2.9節の式(2.9.2)（下記）であり、

$$h_L = \left\{ f\frac{16L}{\pi^2 D^5} + \sum K\left(\frac{16}{\pi^2 D^4}\right) \right\} \frac{Q^2}{2g} \quad \text{式(3.2.1)}$$

この式に含まれる f や、K に含まれる f_T は、流速の2乗で変化しないので、厳密な2乗の比例ではないが、ほぼ流量の2乗に比例するといってよい。

式(3.2.1)において、管内径 D を仮定し、管路の L, f, K などを図と文献を調べて、式に入れ計算すれば、$h_L = aQ^2$ のシステム抵抗曲線が得られる（バルブの K は、一般には全開時のものが示されていることに留意しておく）。

D を変えて、ポンプ揚程曲線とシステム抵抗曲線の交点、すなわち計算流量が、図3.2.1の曲線②のように、計画流量より若干多くなる D を選ぶ。実際に運転して、②のようになった場合は、絞り弁を少し絞れば、計画流量にすることができる。

D を大きくし過ぎると、実際の運転が図3.2.1の曲線①のようになって、計画流量まで

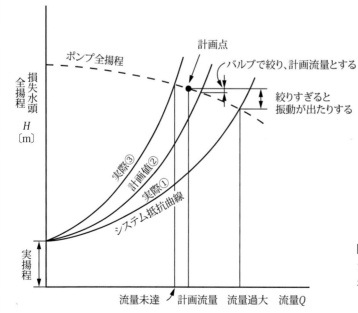

図3.2.1
システム抵抗曲線とポンプ全揚程曲線

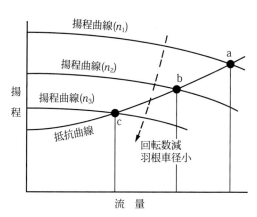

図 3.2.2 ポンプ回転数の変化

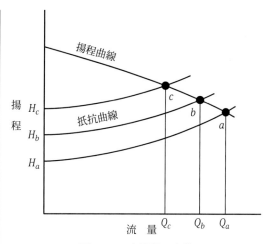

図 3.2.3 実揚程の変化

バルブを絞ると、バルブ前後の過大な差圧により、バルブが振動を引き起こし、場合によってはキャビテーションを起こすので、このような事態を避けなければならない。

このような場合の対策としては、減圧用オリフィスをバルブの下流に設け、絞りを分散する方法があるが、絞りはすべてエネルギー損失となる。

いずれにしても、設計時に必要以上の余裕をとり過ぎるのは禁物である。かといって、設計点ぎりぎりの設計の場合、ちょっとした損失の見込み違いで抵抗曲線③のようになってしまうと、実際流量が計画流量を満足しないということになる。この場合はかなりの配管改造をよぎなくされるだろう。したがって、設計時、適切な余裕をとることが大切である。

2 ポンプ回転数、実揚程の変化

ポンプにはポンプの回転数を定格より下げることができるインバータ付きモータのポンプがある。ポンプの回転数を下げると、全揚程と軸動力が下がる。システム抵抗曲線とポンプ回転数変化の関係を Q-H 図上に描くと、図 3.2.2 のようになる。

回転数 n_1 で回っているポンプの回転数を n_2、n_3 と減らしていくと、図のように揚程曲線が下へ下がってくる。その結果、抵抗曲線との交点は左、すなわち、流量が少ないほうへ移行していく。つまり、バルブで絞ったのと同じような効果をもたらす。

インペラカットといって、羽根車の外周を削って、羽根車直径を小さくしても同じ効果が得られる。

次に、ポンプで汲み上げる高さが高くなる、すなわち、実揚程が高くなった場合、ポンプ全揚程、システム抵抗の両曲線は変わらないとして、流量にどう影響するかであるが、図 3.2.3 に見るように抵抗曲線が上方へスライドしていき、その結果、揚程曲線との交点である運転点の流量は減少していく。

これは、常識で判断しても、そのような結果になることが推測できるであろう。

3. ポンプ-管路系を設計する

3.3 複数のポンプと抵抗がある配管系

> **このシートの要旨**
> 複数のポンプがある系の合成した揚程曲線、複数の管路抵抗がある系の合成したシステム抵抗曲線の描き方、いずれも直列配置の場合は、同じ流量における揚程、または抵抗を合算し、並列配置の場合は、同じ揚程(または抵抗)における流量を合算する。

1 複数のポンプが並列または直列

複数のポンプが並列、または直列に入った配管系の流量を図式解法で求める。

図3.3.1に並列運転のポンプと直列運転のポンプを模式的に示す。今、ポンプAとBの揚程曲線は異なるものとする。

並列運転の場合、次の2つのポイントを押さえる。1つは、A、B合流後の流量はAとBの揚程曲線の同一揚程における流量を加えたものになること。2つ目は、合流点aにおいては、ポンプAとBの揚程曲線の揚程が互いに必ず等しいということである。

以上から、並列運転の場合のAとBの揚程曲線の合成の方法は、同一揚程においてAとBの揚程曲線の流量を合算すればよいことがわかる。図3.3.2はその方法を示している。流量が0からdまではAポンプの揚程がBポンプの揚程まで達していないので、Aポンプは水を送ることができず、結果的にAポンプは締切り運転と同じ状態になる。したがって、この間の合成揚程曲線はBポンプの揚程曲線となる。

dより流量が多い範囲では、Bポンプ揚程曲線の右にAポンプの揚程曲線を加えればよい。

直列運転の場合(図3.3.3)もポイントが2つある。1つは、Aをとおる流量と、Bをとおる流量とは等しいということである。

もう1つは、合成揚程曲線の揚程cは、Bポンプの揚程bの上に、同一流量のAポンプの揚程aを加えたものであるということ。

以上から、直列運転の場合のAとBの揚程曲線の合成の方法は、同一流量においてAとBの揚程曲線の揚程を合算すればよいことがわかる。図3.3.3はその方法を示している。

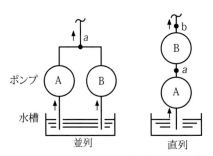

図 3.3.1 並列ポンプと直列ポンプ

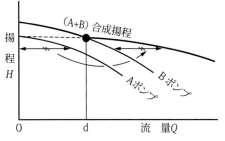

図 3.3.2 並列運転の合成揚程曲線

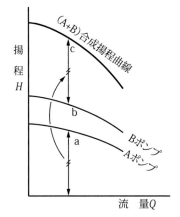

図 3.3.3 直列運転の合成揚程曲線

3.3 複数のポンプと抵抗がある配管系

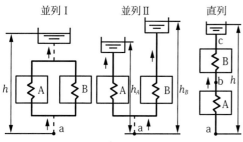

図 3.3.4 並列抵抗と直列抵抗

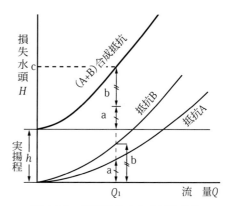

図 3.3.6 直列抵抗の合成抵抗曲線

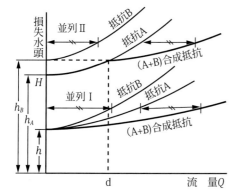

図 3.3.5 並列抵抗の合成抵抗曲線

2 複数の抵抗が並列または直列

次に複数の抵抗が直列または並列に配置するポンプ-配管系統の流量を図式解法で求める。

図 3.3.4 に2つの抵抗 A、B が並列に設置された場合（並列Ⅰ、並列Ⅱ）と直列に設置された場合の系統を示している。

並列Ⅱは並列ポンプの実揚程が異なる場合である。また、並列の場合の共通主管（破線で示す）は、ここでは抵抗0として扱う。共通主管の損失抵抗の処理の仕方は後の例題で学ぶ。

複数の抵抗曲線を合成するには、複数ポンプの組合せのときと同じように、幾つかのポイントがある。

並列抵抗の場合、次の2つのポイントを押さえる。1つは、並列運転をしているいかなる状態でも、抵抗 A、抵抗 B の前後差圧は同一であること、2つ目は、抵抗 A、抵抗 B には各抵抗曲線の同じ差圧の流量が流れており、共通主管には、その合計流量が流れているということ。

したがって、並列抵抗の場合の A と B の抵抗曲線の合成の方法は、ポンプの場合と同様に、縦軸における同一の損失水頭において A と B の抵抗曲線の流量を合算すればよいことがわかる。図 3.3.5 はその方法を示している。

並列Ⅰの場合、a を起点とする抵抗は、抵抗 A も抵抗 B も実揚程が同じなので、A も B も抵抗曲線のスタート点は流量 0、実揚程 h である。合成曲線の任意の損失水頭における流量は、その損失水頭における A、B の流量を加えたものである。

並列Ⅱの場合は、A の曲線は流量 0 で実揚程 h_A、B の曲線は流量 0 で実揚程 h_B をそれぞれ起点とする。d の流量までは、A と B の水頭差のため、B には水が流れず、A の抵抗曲線が合成抵抗曲線となる。d を超えてからは、並列Ⅰの場合のやり方と同じである。

直列抵抗の場合、次の2つのポイントを押さえる。1つは、抵抗 A をとおる流量と、抵抗 B をとおる流量は等しいということである。

もう1つは、図 3.3.6 に示すように、合成抵抗の損失水頭 c は、同一流量の、抵抗 B の損失水頭 b と、抵抗 A の損失水頭を実揚程に加えたものになるということである。

以上から、直列抵抗で運転の場合の A と B の抵抗曲線の合成の方法は、同一流量において実揚程に A と B の抵抗曲線の損失水頭を合算すればよいことがわかる。

実揚程も一種の抵抗であり、抵抗損失と同質のもの（実揚程は流量に影響されない抵抗と考えることができる）である。

3. ポンプ-管路系を設計する

3.4 直列と並列、両方の抵抗がある配管系

このシートの要旨 ポンプでも配管抵抗でも、直列と並列が共存するとき、流量を求めるには、まず並列のものを合成してから、その合成されたものに、直列のものを合成する順序をとる。これが、直列のものを二重に加えてしまうミスを防ぐポイントである。

■ 抵抗の直列と並列の組合せ

実際のポンプ配管系では、配管抵抗の直列と並列が組み合わさったものが多い。比較的単純な例として、図3.4.1のような系を考えてみる。

水位の異なる吐出槽を持つ2つの抵抗、L_C と L_D は並列で、この並列抵抗と抵抗 L_B が直列につながれている。P というポンプ全揚程曲線が与えられたときの流量を図式解法で求める。

合成抵抗の作図法に2通りある(実際には他にもあるかもしれない)。

最初の方法は合成抵抗を順次組み立てていく。順序を示す○内番号は、図3.4.2の番号と符合する。

①、②、③:Q-H 図上に、ポンプ全揚程曲線 P と抵抗曲線、L_B、L_C、L_D をプロットする。

このとき、実揚程は L_C、L_D におのおのの実揚程を持たせ、L_B には実揚程を持たせない(もしも L_B に h_B の実揚程をもたせると、この実揚程はダブルカウントされる)。

④:L_C、L_D を並列として合成する(合成の仕方は3.3節参照)。

⑤:④でできた合成曲線(L_C+L_D)と L_B を直列に合成する。

⑥:⑤でできた合成曲線($L_C+L_D+L_B$)とポンプ全揚程曲線 P の交点が運転点である。

この方法で、④において、L_B と L_C、L_B と L_D を直列で合成したのち、両者を並列で合成する方法は、L_B がダブルカウントされるので不可である。

2番目の方法は、最初に系の共通部分である、L_B の損失抵抗をポンプ全揚程曲線 P から相殺したポンプ全揚程曲線 P' と、L_C、L_D を並列に合成した曲線との交点を求める方法である(図3.4.3)。

①、②、③は最初の方法とおなじなので、省略。

④:ポンプ全揚程曲線 P から抵抗 L_B を引いた曲線 P' を作成。これにより抵抗の直列成分 L_B が作図上、処理済となる。

⑤:L_C、L_D を並列として合成する(最初の方法の④と同じ)

⑥:⑤でできた合成曲線(L_C+L_D)と曲線

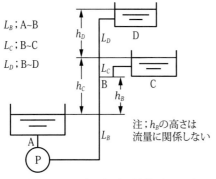

L_B; A~B
L_C; B~C
L_D; B~D

注:h_B の高さは流量に関係しない

図3.4.1 並列と直列の抵抗がある系

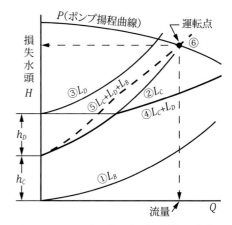

図3.4.2 並列、次に直列に抵抗を合成

3.4 直列と並列、両方の抵抗がある配管系

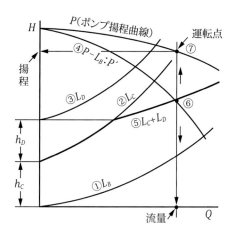

図 3.4.3 揚程曲線から最初に直列抵抗を相殺

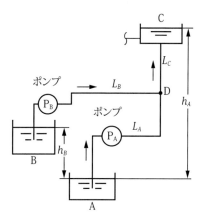

図 3.4.4 並列ポンプと抵抗が直列

P' の交点を求める。その交点の流量が運転時の流量。

⑦：その流量を上へ伸ばし、全揚程曲線 P と交叉した点が運転点。運転時揚程はその運転点を左へ水平に伸ばし、全揚程の水頭を読む。

このようなケースの場合、一般に2番目の方法が使用されている。

2 並列のポンプと抵抗が直列に組合さる

図 3.4.4 は吸込み槽の水位が異なる2台のポンプにそれぞれの抵抗がついた系が並列運転され、合流後に、直列につながる抵抗を経て、高所にある吐出槽へ水を送るポンプ－配管系である。この流量を図式解法で求める（図 3.4.5 参照）。

このケースを解くポイントは、ポンプの揚程曲線 P_A に抵抗 L_A を、ポンプの揚程曲線 P_B に水槽AとBの水位差 h_B と抵抗 L_B を、また抵抗 L_C に水槽AとCの水位差 h_A を組み込む（槽Aの水位を基準とする）。これにより、図上から、L_A、L_B、h_A、h_B を消すことができる。

あとは、L_A を組み込んだ揚程曲線 P_A' と、L_B と h_B を組み込んだ揚程曲線 P_B' を並列に合成し、その合成曲線と h_A を組み込んだ抵抗曲線 L_C の交点を求めるだけである。この交点が求める運転点である。

①、②、③：L_A、L_B は実揚程0の抵抗曲線として描き、次に、実揚程 h_A を持たせた L_C

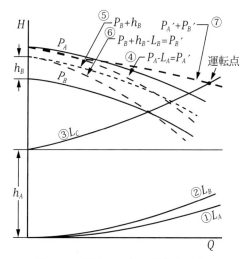

図 3.4.5 〔図 3.4.4〕の流量を求める

の抵抗曲線を描く。

④：ポンプ P_A の吸込槽水位を基準レベルとし、ポンプ P_A の全揚程曲線 P_A に抵抗 L_A を組込むため、P_A から L_A を引き、修正された曲線を P_A' とする。

⑤、⑥：ポンプ P_B はポンプ P_A に対し、揚程的に h_B のハンデをもらっているので、P_B の揚程曲線に h_B を上乗せする。さらに L_B を組み込むため、合成曲線より、L_B の抵抗曲線を減ずる。この修正された曲線を P_B' とする。

⑦：P_A' と P_B' を並列につないだ合成曲線 $P_A' + P_B'$ と③で得られた、h_A を組み込んだ L_C の抵抗曲線の交点が運転点である。

3. ポンプ−管路系を設計する

3.5 ポンプ NPSH と配管

> このシートの要旨
> キャビテーションはポンプ羽根入口附近の圧力が、流体の飽和蒸気圧以下になり、気泡が発生すると起こる。ポンプ内でキャビテーションが起こると、ポンプの性能低下、振動、メタルの損傷などを起こす。起こさないためには、NPSHA ＞ NPSH3 としなければならない。

1 ポンプでおこるキャビテーション

キャビテーションという現象は、液体の圧力が、配管、バルブ、オリフィスなどの圧力損失により、その液体の、その温度の飽和蒸気圧に達するとフラッシュ（減圧により沸騰現象を起こすこと）により気泡が発生、その後の圧力回復、または圧力上昇時にその気泡がつぶれ、そのとき出るマイクロジェットがメタルを損傷させることである（図 3.5.1）。

ポンプの場合は、ポンプ入口管と羽根車までのポンプ内の圧力損失により、低下した圧力が流体の飽和蒸気圧を下回ると、フラッシュし、気泡を発生、羽根車通路でポンプ遠心力により圧力が高まると、気泡が崩壊、その付近のメタルが潰食を受ける。

したがって、ポンプ内で飽和蒸気圧以下にならぬようにする必要がある。

2 キャビテーションの発生を防止する

ポンプメーカはポンプ内で消費する損失水頭と羽根車入口の速度水頭を加えたエネルギーを顧客に提示する。これを必要 NPSH（Net Positive Suction Head）といい、NPSHR で表す。

配管設計部門は、ポンプ吸込槽の水位からポンプ基準面との水頭差とポンプ入口までの管路損失水頭、および流体の飽和蒸気圧を引いた、ポンプ入口の水頭—これを有効 NPSH（NPSHA と略す）という—が、NPSHR 以上であることを確認しなければならない（図 3.5.2）。

実際は、NPSHR の代わりに、次に説明する NPSH3 が、測定上の便宜性から使われる。

羽根車内にキャビテーションの原因となる気泡が発生すると、気泡は圧縮性があるため、急激にポンプ全揚程が低下する。NPSH3 は、吸込水頭が十分あるときの全揚程を 100 % とし、吸込水頭を減らしていって、全揚程が 97 % になったときの吸込水頭から、流体の飽和蒸気圧を引いたものを NPSH3 としている。

したがって、ポンプ内でキャビテーションを

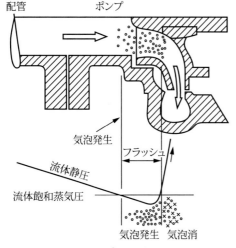

図 3.5.1　ポンプキャビテーション

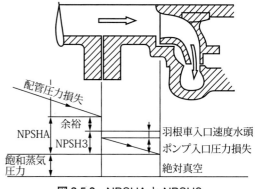

図 3.5.2　NPSHA と NPSH3

3.5 ポンプNPSHと配管

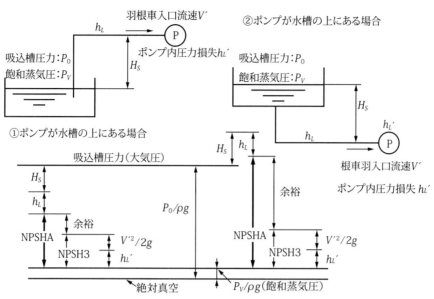

図 3.5.3 ポンプをタンクの上と下に置く場合のNPSHAの差

起こさないためには、NPSHA > NPSH3であるが、余裕を持たせて、

NPSHA − NPSH3 ≧ 0.6 m　または
NPSHA ≧ 1.3 × NPSH3

のいずれかを満足するようにする。

❸ NPSHAの実際

図3.5.3のように、①ポンプを水槽（大気圧）の上に置いて、水を吸い上げる場合と、②ポンプを水槽の下において、ポンプに水を押し込む場合のNPSHAを比較する。

❶ ポンプを水槽（大気圧）の水面より上に置く場合

ポンプセンターの水頭は水面から H_S だけ高いところにあるから、水面の大気圧よりも静水頭 H_S だけ低くなるので、ポンプの静圧は大気圧（常温の場合水頭約10 mに相当）から H_S が引かれる。その水頭からポンプ入口管の損失水頭 h_L を差し引く。この水頭と、水温における水の飽和蒸気圧を水頭に換算した値との差がNPSHAとなる。

❷ ポンプを水槽（大気圧）の水面より下に置く場合

ポンプセンターは水面から H_S だけ低いところにあるから、ポンプ水面の大気圧よりも静水頭だけ高くなるので、ポンプセンターの水頭は大気圧相当の静水頭10 mに H_S が加えられ、大気圧以上となる。その水頭からポンプ入口管の損失水頭 h_L を差し引く。この水頭から水温における水の飽和蒸気圧を水頭を差し引いたものがNPSHAとなる。

図3.5.3の❶と❷のNPSHAの大きさを比較すれば、明らかだが、❷の、ポンプを水面の下へ置くほうがかなりNPSHAの観点から有利となる。

流体が水の場合、水温が常温に近い場合は、飽和蒸気圧相当の水頭0.3 mで大気圧下の水槽であれば、静圧で約10 mの水頭があるので、使える水頭は 10 − 0.3 = 9.7 m あり、ポンプが上にあっても、そして相応の損失水頭があってもまだ多分NPSH3に対し若干の余裕を取れるであろう。

しかし、水温が80℃になると、飽和蒸気圧相当の水頭は約4.8 mになり、使える水頭は5.2 mとなり、{(ポンプレベル − 水槽（水位）＋ 損失水頭 ＋ NPSH3} を5.2 mに収めるのは難しいかもしれず、ポンプの設置レベルの検討が必要かもしれない。

3. ポンプ－管路系を設計する

3.6 ポンプ配管系のサージング

> **このシートの要旨**
> ポンプのサージングは、運転中に周期的な流量と揚程の変動を繰り返し騒音を発するもので、右上がりのポンプ揚程曲線において、水位のある水槽と、その出口に調節弁がある場合、3 つの条件が揃うと自励振動が起こる可能性がある。

◼ ポンプのサージングとは

サージングはポンプや送風機の圧力と流量が比較的ゆっくりとした周期で変化する現象である。サージングが発生すると、揚程または圧力が変動し、配管が振動を起こす。いったん起こったサージングを止めるには運転を止めるしかない。

ポンプ－配管系でサージングが起こるのは、次の条件すべてにあてはまるときである（図 3.6.1 参照）。

① ポンプの全揚程曲線が流量に対し、右上がりになっている。
② ポンプ出口に、空気と接して水位のできるところがある（図の空気槽）。
③ 水位のできる下流に流量を変えるバルブ（調節弁）がある。

◼ ポンプサージングの起こるメカニズム

サージングを起こす条件の揃った、図 3.6.1 のような系において、それまで安定していた流量 Q_1 の流れが下流側の要求により、調節弁で流量 Q_2 に減少させられたとする。

今、ポンプの全揚程曲線は水頭 H_1 で勾配が 0（すなわち、フラット）と仮定する。このとき、ポンプと調節弁の間に空気槽があるために、ポンプの流量変化と空気槽下流の流量変化が直接つながっていない。

ポンプ出口の流量変化は、空気槽出口の流量変化によって直接起こるのではなく、空気槽の水位変化 H_x と当初の水頭 H_1 との乖離によって間接的に起こることが、このサージング現象のポイントである。

これは一種の自励振動（流れ自体に振動成分がないのに振動が起こる）である。そのメカニズムは（図 3.6.2）のようになる。

❶ 図 3.6.2 の第 I 象限で起こること

① 水槽に水位が存在するので、直ぐには $Q_1 \Rightarrow Q_2$ の変化は水槽の上流に伝わらず、ポンプ出口の流量 Q_x は Q_1 のまま運転される。
② $Q_x (= Q_1) - Q_2$ の流量差で空気槽水位

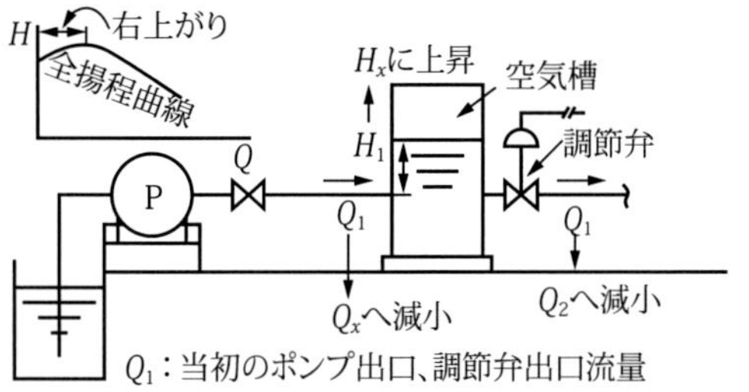

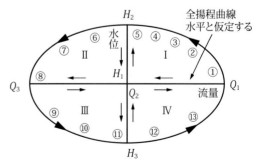

Q_1：当初のポンプ出口、調節弁出口流量
H_1：当初の空気槽水位
Q_2：変更された調節弁出口流量（$Q_1 > Q_2$）
Q_x：変更後の時々刻々変化するポンプ出口流量
H_x：変更後の時々刻々変化する空気槽水位

図 3.6.1　サージングのおこる条件と記号説明

図 3.6.2　サージングのメカニズム

〔注〕Q_1、Q_2、Q_3、H_1、H_2、H_3、は流量、水位の変曲点の数値。

3.6 ポンプ配管系のサージング

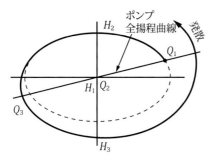

図 3.6.3 右上がりの揚程曲線の場合

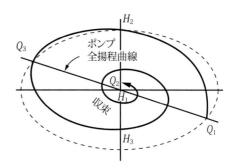

図 3.6.4 右下がりの揚程曲線の場合

H_1 が H_x へ上昇。

③ H_x の上昇によりポンプの流量 Q_x は抑えられ、Q_1 より少なくなるが、まだ、$Q_x > Q_2$ なので、H_x は上昇を続ける。

④ この現象が継続し、Q_x は Q_2 へ近づいていき、それにつれ H_x の上昇速度が鈍くなる。

⑤ $Q_x = Q_2$ になると、H_x の上昇は止まり、そのときの H_x を H_2 とすれば、H_2 は最高水位となる。

❷ 図 3.6.2 の第Ⅱ象限で起こること

⑥ $H_x (=H_2)$ は H_1 より高いので、Q_x は Q_2 よりさらに減少を続ける。

⑦ Q_2 より少ない Q_x が続く間は H_x は下がり続ける。

⑧ $H_x = H_1$ になると、Q_x の減少はとまる。この流量を Q_3 とすれば、Q_3 はポンプ流量変動サイクルにおける最小値である。

❸ 図 3.6.2 の第Ⅲ象限で起こること

⑨ $Q_x (=Q_3) < Q_2$ なので、H_x は H_1 よりさらに下降する。

⑩ $H_x < H_1$ なので、Q_x は増え続ける。

⑪ $Q_x = Q_2$ に達すると、H_x の下降が止まる。この点の H_x を H_3 とすれば、H_3 は空気槽の最低水位である。

❹ 図 3.6.2 の第Ⅳ象限で起こること

⑫ 流量は調整弁流量 Q_2 と一致しているが、$H_x (=H_3) < H_1$ であるため、Q_x は増え続ける。

⑬ $Q_x > Q_2$ のため、H_x は H_3 から上昇に転ずる。H_1 と H_3 の差は減少するので、Q_x の増加率は減少していき、ついに $Q_x = Q_1$ となる。

これで1サイクルを終了する。はじめに、全揚程曲線をフラットと仮定したが、この場合に起こる水位変動、流量変動は発散もせず、収束もせず、同じ振幅で繰り返す。

次に、全揚程曲線が右上がりの場合を考えてみる（図3.6.3）。

空気槽以降の流量が減少して、空気槽水位がいったん上がり、下がって水位 H_1 に戻る際、揚程曲線が左下がりになっているので、揚程曲線がフラットな場合よりも小流量のほうまで振られる。次に、流量が増える段階においても、水位が H_1 に戻るとき、揚程曲線が右上がりなので、揚程曲線が水平フラットの場合よりさらに大流量側に振られる。このサイクルを繰り返して、流量、水位ともに発散していく。これがサージングである。

次に、全揚程曲線が右下がりの場合を考えてみる（図3.6.4）。

空気槽以降の流量が減少して、空気槽水位がいったん上がり、下がって水位 H_1 に戻る際、揚程曲線が左上がりになっているので、揚程曲線がフラットな場合の流量にいかないうちに水位 H_1 になり、流量の増加に転じ、さらに水位上昇に転じたのち、水位に達する際も揚程曲線が右下がりなので、揚程曲線がフラットの場合より流量が減らないうちに増加に転じ、水位、流量の振れは収束していくので、サージングは起こらない。

したがって、3.6節の❶で述べた、3つの条件の1つでも外すことが、ポンプサージングの防止方法となる。

3. ポンプ-管路系を設計する

3.7 配管に対するポンプ許容荷重

> **このシートの要旨**
> 回転機械は、駆動機と被駆動機のアライメント、回転部と静止部のクリアランスなどが許容値を超えると、振動、発熱や、さらに損傷に至るので、配管荷重に対するポンプ許容値は大きいものではない。したがって、配管ルートやサポート計画は慎重に行うべきである。

1 ポンプには配管荷重に対する許容値がある

ポンプには必ず配管と接続する吸込みノズルと吐出ノズルがあり、フランジ接続が多い。

配管からポンプノズルには、運転時の配管伸びが拘束されることによりポンプノズルに及ぼす力、配管の自重の一部がポンプにかかる力、据付け時に生じた、配管とポンプ間の芯ずれのあるフランジを締結（このようなことは、避けなければならない）などにより、ポンプノズルに荷重（曲げ、ねじりモーメントを含む）がかかる。これらの荷重がポンプ側で許容できる値を超えると、次のような不具合が生じる。

① ポンプケーシングの変形により、内部流体の漏えい。
② ポンプケーシングの変形により、内部間隙部の接触、それによる発熱、振動、摩耗など。
③ モータ軸との芯ずれによる振動。

それを防ぐため、ポンプメーカでは、自社のポンプに対する許容荷重、モーメントを持っている。API（アメリカ石油学会）では、API610「石油、石油化学、天然ガス工業用遠心ポンプ」の規格の中で、本API規格で製造されるポンプに対し、ノズルの方向別に、ポンプが保持すべき許容荷重を図3.7.1、表3.7.1のように決めている（モーメントの許容値も決められているが省略した）。

2 ポンプまわり配管に対する考慮

配管設計者として、ポンプまわりの配管に対し、次のような配慮が必要である。

① 温度の比較的高い配管、剛性のある配管については、フレキシビリティ解析を行い、ポンプに許容荷重以上をかけない。フレキシビリティで解決できない場合は、ポンプ手前に反力を受けるレストレイント設置なども検討する。
② ポンプなど回転機には原則、配管自重による荷重がかからないように、サポート配置とハンガ形式の選択を行う。

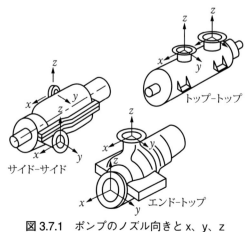

図3.7.1 ポンプのノズル向きとx、y、z

表3.7.1 API610 ポンプ許容荷重（抜粋）

	SI units							
	Nominal size of flange （DN）							
	50	80	100	150	200	250	300	350	400
	Forces （N） and moments （Nm）							
Each top nozzle								
FX	710	1070	1420	2490	3780	5340	6670	7120	8450
FY	580	890	1160	2050	3110	4450	5340	5780	6670
FZ	890	1330	1780	3110	4890	6670	8000	8900	10230
FR	1280	1930	2560	44820	6920	9630	11700	12780	14850
Each side nozzle								
FX	710	1070	1420	2490	3780	5340	6670	7120	8450
FY	890	1330	1780	3110	4890	6670	8000	8900	10230
FZ	580	890	1160	2050	3110	4450	5340	5780	6670
FR	1280	1930	2560	4480	6920	9630	11700	12780	14850
Each end nozzle								
FX	890	1530	1780	3110	4890	6670	8000	8900	10230
FY	710	1070	1420	2490	3780	5340	6670	7120	8450
FZ	580	890	1160	2050	3110	4450	5340	5780	6670
FR	1280	1930	2560	4480	6920	9630	11700	12780	14850

第4章

配管をレイアウトする

　プラントを構成する機器の配置（プロットプラン）、そしてそれら機器を結ぶ配管ルート（配管レイアウト）はプラントの性能、運転、安全、保守の良し悪しを決定づける。
　配管をレイアウトする技術は、本書の12の章の技術の中では、もっともそのノウハウを経験に求められる技術である。
　ここでは、代表的な機器まわりや配管ラックの配管のレイアウトの計画にあたり、共通の、あるいは機器まわりの配管について留意すべき基本的な事項について説明する。
　細かなレイアウトのノウハウは、その職についたとき、この本の内容を基礎に身につけていただきたい。

4. 配管をレイアウトする

4.1 配管レイアウトの基本

配管レイアウトは、コスト、スペース、応力、メンテナンス、などの観点から合理的に、そして、防災、美的、将来の拡張、既設との整合性、などを十分勘案して最良のレイアウトを模索、検討していく。

1 配管レイアウトの原則

プロセスプラントは一般に、原料の受入れ、貯蔵、製品の出荷、用役の水、空気、窒素、燃料などユーティリティの基地となるオフサイトと、原料を製品にするための、加熱、冷却、蒸留、混合、などのプロセスにより、製品とするオンサイト（図4.1.1）とにわかれる。

ここでは、配管レイアウトに共通する原則を挙げておく。

① オンサイトでは、プロセス配管やユーティリティ配管は、パイプラックなどを効果的に使用して、地上配管とし、運転やメンテナンスの、人や車が通行できるように頭上をとおす。

ただし、ポンプ入口管のような短い配管は通路を邪魔しないようにして、床上をとおすこともある。

② 配管の伸びを拘束することによる過度な応力を減らすため、できれば伸縮管継手を使わず（部品点数や溶接個所数が多くなるため）、必要なフレキシビリティを持たせた配管とする。

③ 配管ライン間の間隙は運転温度において予想される伸びに基づき決められる（7.2節参照）。

④ また口径とルートから、圧力損失がそのラインの許容圧損以下であることを確認する。

⑤ 有害なガスなどを排出する、スタックやベントの先は、適用法規が定める安全なエリアへ持っていく必要がある。

⑥ オフサイトでは、タンクなどが集まる貯蔵設備エリアの配管は地上450 mm付近を走らせ（スリーパー使用）、歩いて超えるための踏み越え台により制御計装やメンテナンスのエリアへ近づけるようにする。堤内部の配管はフレキシビリティやタンクの地盤沈下に対する要求がなければ、できるだけ真っ直ぐ走らせる。

貯蔵タンクの堤の外側にはオフサイト配管用ラックを、堤に隣接して設ける。

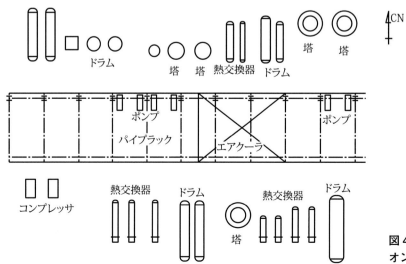

図4.1.1
オンサイトのプロットプラン

4.1 配管レイアウトの基本

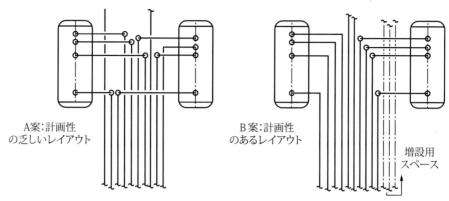

図4.1.2 ラック上の配管レイアウト（平面）

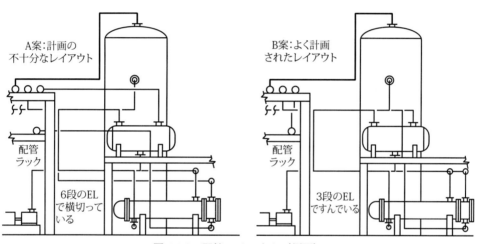

図4.1.3 配管レイアウト（側面）

2 時間をかけて良いレイアウトを

合理的で美的なレイアウトとそうでないレイアウトを具体的に以下に比較してみる。

図4.1.2はラック上の配管から2基のドラムへ配管を引き込む2つのレイアウト案、A案、B案を示している。

A案は、各ドラムに引き込む配管を考慮してラック上の配管を引かなかったため、ラック上からドラムへ無秩序に配管が分岐され、非常に乱雑な、美的でない配管となっている。

B案はラック上の配管に対し、2つのドラムへの分岐を考えて、各ドラムへいく配管が配管ラックの外側に配列されているため、平面曲げで管群を離れることができ、経済的であるだけでなく、整然としていて美的でもある。また将来、増設があった場合に備え、すぐに数本の配管が通せるレイアウトとなっている。

図4.1.3は複数の装置から配管ラックへ、通路を挟んで配管を渡すレイアウトの側面の2つの案、A案、B案を示している。

A案は一見して、多くのレベル（EL：エレベーション）を配管が横切っていて（6段）、繁雑な感じで、そのためのサポートも大変で、鋼材が余計に必要となる。

B案は配管レベルをできる限り統一したため（3段）、整然としている。スタディするための時間をちょっとかけるだけで、A案からB案に改善することができ、美観がよくなるだけでなく、コストも節約できる。

4. 配管をレイアウトする

4.2 配管レイアウトのポイント

> **このシートの要旨**
> 配管レイアウトに定石らしきものがあるとして、レイアウト全般的に適用できるものと、ある特定の機器まわりのみに適用できるものとがある。ここでは、レイアウト全般についての定石らしきものを挙げる。

1 配管ルート計画のポイント

ここでは配管レイアウトを計画する際の全般に共通するポイントを説明する。

① 同一方向へ走る配管は管群としてまとめる。これにより、美観、省スペースが達成でき、メンテナンスに便利、サポートコストを低く抑えることなどができる。

② 東西と南北に走る配管は原則としてEL（エレベーション）を変える。これは配管密度の高い区域に配管を走らせるとき、配管同士の干渉を避けるためのコツである。ラインをオフセットするとき、あるいは方向を変えるときに、平面曲げでは隣接するラインと干渉するとき、ELを変更してから方向を変える（図 4.2.1 A 参照）。

③ 梁やブラケットに載せる配管はBOP（水平管の底面のEL）を揃えるようにする（図 4.2.1 A、B 参照）。

④ 極力最短ルートで走らせる。ただし⑤を守る。

⑤ 配管熱膨張応力や機器・装置への配管荷重が許容値に収まるように、ループやオフセットをとる（図 4.2.1 C 参照）。

⑥ 配管または配管群は、壁、柱、架構などに添わせて走らせる。理由は、サポートのしやすさと他に使える有効スペースをできるだけ広くとるためである。

⑦ 勾配配管は、優先的にルート計画をする。理由は、他の配管に遅れて計画すると、ほかの配管との干渉を生じる恐れがあるためである。（図 4.2.1 D 参照）

2 メンテナンス、オペレーション、据付け、からのポイント

① 機器の分解、点検、操作に必要なスペースを設定し、配管はそのエリアを通さない

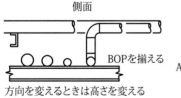
A 側面／BOPを揃える／方向を変えるときは高さを変える

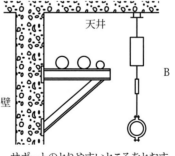
B 天井／壁／サポートのとりやすいところをとおす

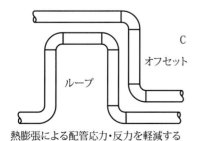
C オフセット／ループ／熱膨張による配管応力・反力を軽減する

D 勾配配管／勾配配管を優先的にとおす

図 4.2.1 配管ルート計画のポイント

4.2 配管レイアウトのポイント

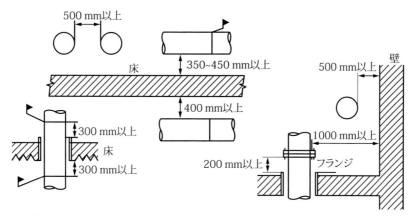

図 4.2.2　12B 以上の現地溶接個所、フランジ個所に必要なクリアランス

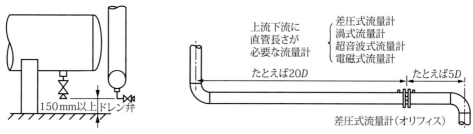

図 4.2.3　ドレン弁下に必要なスペース　　　図 4.2.4　流量計に必要な直管長さ

（例として、4.4 節 **1** 項を参照）。

② 現地溶接個所は、溶接部に溶接棒が入り、アーク発生個所が目視できることが必要である。またフランジ個所はスパナやトルクレンチで締結するためのスペースが必要である。

　壁、床、天井、柱に近い配管は、配管とこれらの間に前述のスペースをとってルートを決めなければならない。その必要となるスペースの例を図 4.2.2 に示す。たとえば、床に近い水平配管に現地溶接個所がある場合は、管底部と床面を 350 〜 450 mm 程度以上離す必要があることを示している。

③ 操作床近くの配管の EL は図 4.2.3 のように、排水時のドレン処理をするため、ドレン弁先端にホースをつなぐのに、弁先端と床面の間のスペースを 150 mm 以上とる。

④ 流量計は、測定点の管断面が直管部の標準的な流速分布を前提に流量を測定する仕組みになっているタイプの場合、標準的流速分布を得るため、流量計前後に、ある直管長さが必要である（図 4.2.4）。

　オリフィスやフローノズルなど差圧式流量計の場合、口径の 25 倍以上の直管部長さが必要となり、口径が大きい場合は優先的にルートを確保しておく必要がある。

⑤ 地上または床面から 1.8 m を超えるバルブ、スペシャルティ、制御計器品には操作、点検、分解のためのプラットフォームを設ける。

3 省スペース、据付けやすさを考える
❶ 省スペースレイアウトの例

　プラント設備を省スペースで配置できれば、配管・機器で混み合うプラントにゆとりをもたらし、運転やメンテナンスをする人にも心理的によい効果をもたらす。図 4.2.5 の左の図は空間をむだに使っている例である。

　スチームトラップは、下向きバケット式やフ

4. 配管をレイアウトする

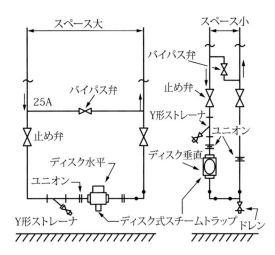

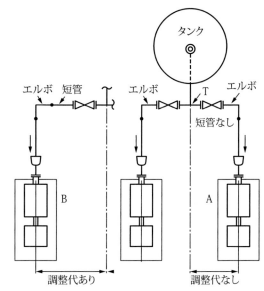

図 4.2.5 スチームトラップの垂直配置

図 4.2.6 調整代のない配置

ロート式などのメカニカルタイプの場合、その取付け姿勢は、定められた姿勢以外では使えない。一方、ディスク式スチームトラップは一般的に水平設置されるが、ディスクが垂直になる位置に設置しても、変圧室の働きにより、正常作動が可能である（メーカに確認することが望ましい）。したがって、図 4.2.5 の右の図のような配置にすることができ、ドレン抜きが追加となるが、トラップに必要な平面的スペースを大幅に小さくすることができる。

❷ 据付けやすさを考えた配管

配管レイアウトでは据付けやすさも考えなければならない。図 4.2.6 は据付けやすさの 1 つの例である。

右側の図のポンプ A の入口管は管継手同士の接続となっているため、容器とポンプのセンタ間のずれを配管で調整することができない。配管形状として間違いではないけれども、据付けやすさに配慮が及んでいない。左の図のポンプ B の入口管のように管継手の間に短管を入れれば、据付け誤差が若干生じても、短管の長さで収拾することができる。

図 4.2.7 の上の、エアクーラ入口の座と取り合う、ヘッダの短かすぎる枝管も同様の問題を含んでいる。

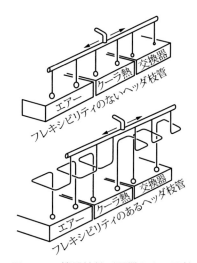

図 4.2.7 機器接続が困難となる配管

図 4.2.7 下のヘッダの分岐管に示すような適切なフレキシビリティを持った配管が含まれていないと、エアクーラのプレファブされたヘッダのフランジをボルト締めすることができなくなり、相手フランジとのセンタ合わせのために、加熱による曲げ作業が必要になるかも知れない。

4.3 機器ノズルのオリエンテーション

> **このシートの要旨**　機器・装置のノズルの位置と向き（ノズルオリエンテーションという）は、変更可能なものと、プロセス上の要求から変えられないものとがある。変更可能なものは、配管レイアウトの観点から、合理的な位置・向きを機器設計担当に提案すべきである。

1 ノズルオリエンテーションを行う

熱交換器、ドラム、塔、反応槽、のような機器のノズル（配管接続用座）はプラントの運転とメンテナンスがしやすいように、また当該機器と関連する機器を結ぶ配管が経済的で、見た目にも整然と配置できるように、その位置と向きを配管設計者がスタディし、機器の基本仕様を決めるプロセスエンジニアと協議して、可能な最適位置を決めることができる。

これらノズルの取付方向のこと、あるいは正しい取付方向にすることを、「ノズルオリエンテーション」という。ノズルオリエンテーションを行うには、次のような資料が必要である。

プロセスと計装に必要なノズルの入った機器の外形図、あるいはスケッチ、P&ID、配管ラインリスト、プラントレイアウトの仕様、ノズル要目表、プロットプラン、などである。

図4.3.1は、熱交換器のノズルオリエンテーションと流れ方向を変えることにより、配管レイアウトが経済的にも、美的にも改善される例である。

2 機器の側から望ましいノズル位置

機器の構造上の制約から、配管用、計装用ノズルともに、変更可能な場所は限定的である。機器側として一般的に望ましいノズル位置としては、

- レベル計用ノズル位置は、液面を乱す液体の入口ノズルから、離すこと
- ノズルは、タンジェントライン（T.L.）から必要最小距離離すこと
- 圧力計用ノズルは気相部分で、できれば頂部が好ましい
- 温度計用ノズルは液相部分で底部に近く（液面が低くなったときの備え）
- ベントノズルは胴の頂部に置く
- ドレンは胴の底部に置く

などがある。

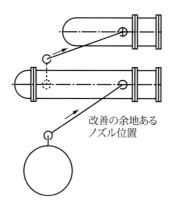
改善の余地ある
ノズル位置

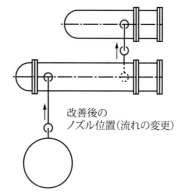
改善後の
ノズル位置（流れの変更）

図4.3.1　ノズルオリエンテーションで配管がすっきりする

4. 配管をレイアウトする

4.4 ポンプまわりの配管レイアウト

このシートの要旨

ポンプまわり配管のポイントは、メンテナンス、点検などのために、ポンプまわりに必要なスペース、吸込管に要求されるノーベーパポケット、有効 NPSH の確保、ストレーナ配置などを考慮した配管形状、また吐出管を含め、操作しやすいバルブ配置などである。

1 ポンプまわりに必要なスペース

ポンプの点検、メンテナンスに必要なスペースは、原則としてできればポンプ両側に、少なくともポンプ片側に、図 4.4.1 に見るように、バルブ、スペシャルティの操作、点検などのため、最小幅 750 mm とする（隣接するポンプと、スペースを兼用できる）。また、ポンプの真上は吊り上げスペースとして確保し、配管をとおさない（やむを得ずとおす場合は、分解の邪魔になるスプールを外すためのフランジを入れる）。

ポンプ形式によっては、ポンプ前面にもスペースが必要になる。

2 ポンプ吸込管

ポンプ吸込管は最短ルート（曲がり数を最小）とする。理由は有効 NPSH をできるだけ大きくとり、必要 NPSH より大きくするためである。その他、ポンプ吸込管において考慮しなくてならないのは次の点である。

① ストレーナのエレメントの取出し、清掃に便利な配管とする。ストレーナ配置例を図 4.4.2 に示す。

② 空気の溜まらない配管とするため、偏心レジューサを使い、配管頂部をフラットにする（TOF、図 4.4.2 参照）。理由は空気が流路を狭めることによる圧損損失増加、ポンプへの空気巻込みによるポンプ性能低下、などを防ぐためである。

③ ポンプ入口に直管部を設ける（特に両吸込みポンプの場合）。理由はポンプ羽根に入る

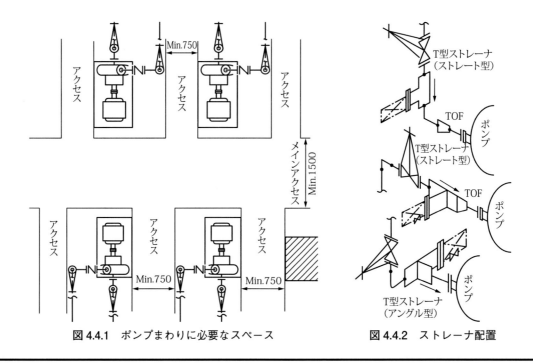

図 4.4.1 ポンプまわりに必要なスペース　　　図 4.4.2 ストレーナ配置

4.4 ポンプまわりの配管レイアウト

偏流を避けるためである。

④ 配管熱膨張対策、あるいは配管分解・組立用に伸縮管継手の要、不要を検討する。

⑤ 飽和水を扱うポンプの吸込管は特に有効NPSHの確保に注意が必要である。図4.4.3のように、配管途中でフラッシュしないように、タンクを出てすぐに垂直か急勾配とし、曲がりやループを設けるときはそのELをできるだけ低くする。

3 ポンプ吐出配管

図4.4.4に吐出配管の典型的なレイアウトを示す。

止め弁は図4.4.5のように、人が操作できる高さとする。そのため、逆止弁は水平管に設置し（図4.4.4の右端）、止め弁が高すぎないようにすることもできる。サポートは下方の水平管は床より、上方の水平管は天井の梁からとる。

石油化学プラントなどにおいて、配管サイズが80A以下、運転温度100℃以下の小型ポンプの数が多いのが一般的で、ポンプまわりの配管レイアウトを標準化し、配管が80A以下のポンプであれば、同じレイアウトを使用する（熱応力的には、最も過酷な100℃、80Aで検討しておく）ことにより、設計、製作、据付工数を削減できる。

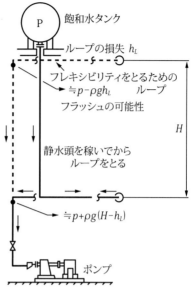

図4.4.3 飽和水のポンプ吸込み管

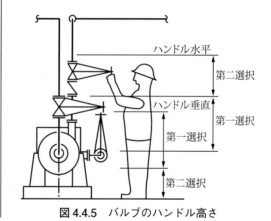

図4.4.5 バルブのハンドル高さ

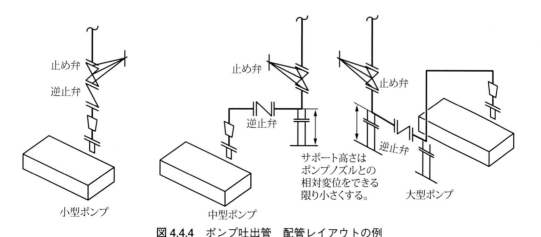

図4.4.4 ポンプ吐出管 配管レイアウトの例

4. 配管をレイアウトする

4.5 熱交換器・ドラムまわりの配管レイアウト

> **このシートの要旨**
> 熱交換器まわりの調節弁と周辺のバルブ群は、通路を確保したうえで、機器側面の操作しやすい位置と高さに配置する。ドラムはその前後につながる機器と近接し、かつ、ポンプ有効NPSHが確保できる配置とする。

1 熱交換器

熱交換器の種類には、多管円筒（シェル＆チューブ）式、スパイラル式、プレート式、空冷式、などがあるが、ここでは多管円筒式まわりの配管について説明する。

図4.5.1は典型的な多管円筒式熱交換器まわりの配管例を示す。図のように、水室ヘッドとシェルカバーを外すために、配管をとおさないスペースを確保する（配管に分解用フランジを切り込むこと）。

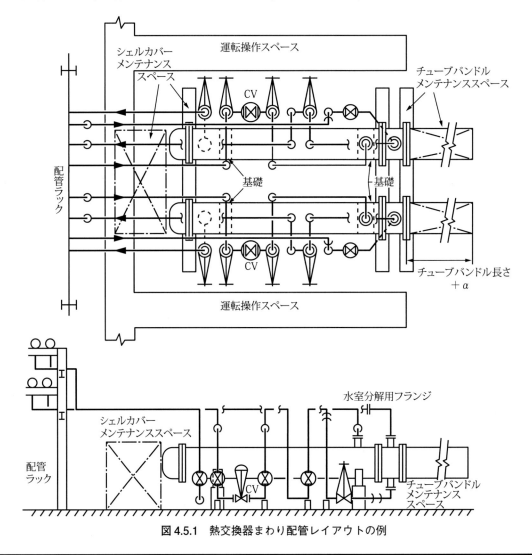

図4.5.1　熱交換器まわり配管レイアウトの例

4.5 熱交換器・ドラムまわりの配管レイアウト

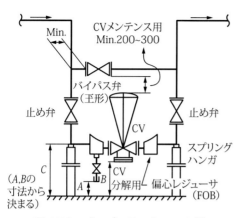

図 4.5.2 バルブステーションの例

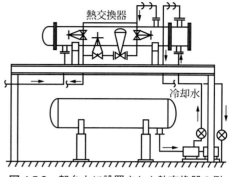

図 4.5.3 架台上に設置された熱交換器の例

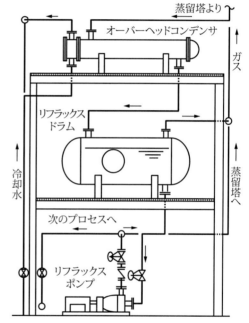

図 4.5.4 NPSH を考えたドラムまわりの配管

配管は操作床から運転員の頭上を空けて、上方に配置し、その先の配管をラックに載せる。

調節弁（CV）などの制御装置は胴の側面に配置し、床面近くまで下ろす。

図 4.5.2 は、その調節弁と関連するバルブの集合体（バルブステーションと称する）の配置例である。調節弁の故障に備えて、バイパス弁を設けるが、上流側止め弁を閉めたときできるデッドスペースを最小にするため、バイパス弁上流の長さは最短とするのが一般的である。

図 4.5.3 は、架台上に設置された熱交換器（冷却器）の例で、熱交換器を出入りする配管を架台下に下ろし、サポートは架台から取る。

2 ドラム

ドラムとは、槽のことで、塔、熱交換器、ポンプなどの前後に近接し、還流[注1]や液体や気体などの一時的な貯留[注2]などの機能を持つ筒状の装置で、横型と立形がある。反応器とかリアクタと呼ばれる化学反応を行う設備も、ドラムに分類されることがあるが、一般的に内部構造はきわめて単純で、デミスターパッド（分離板）、バッフル、渦防止板などがある程度である。

[注1] リフラックスともいう。ガス状流体より液体成分を回収し、それ以外のものは元へ戻す役割。
[注2] ポンプへの安定流量の確保、ポンプ押込み水頭を安定させるなどの役割。

ドラムは、ポンプ有効 NPSH の確保や、重力流れなど、与えられた条件により、設置場所が床上の場合と、架台の上に置く場合とがあるが、P&ID を含むプロセス上の要求を考慮して、設置高さを決める。

ドラムの配置はラインアップ（複数機器の列を揃えること）を行うが、そのやり方にはいろいろある（省略）。

ドラムまわりの典型的な配管レイアウトとして、架台上に置いたリフラックスドラムまわりの配管例を図 4.5.4 に示す。

4. 配管をレイアウトする

4.6 タワーまわりの配管レイアウト

> **このシートの要旨**　タワーまわり配管のポイントは、何層にもなるプラットホームの EL を決め、配管エリアとアクセスエリアに分けること、長い垂直配管のサポートは塔からとるものが多くなるので、塔と垂直管の伸び差を把握したうえで、適切なサポート位置と形式を決めること。

■ タワーまわりの配管レイアウトの要点

タワーには、蒸留塔、吸収塔、拡散塔、などの種類があるが、その外的特徴は細長い立形の胴に多数の配管・計装用ノズルとマンホールがついている。また、リボイラ（再沸器）、コンデンサ（凝縮器）、リフラックスドラム（還流器）、熱交換器などの関連機器がタワー近傍に置かれ、これらとタワーを結ぶ連絡管がある（図 4.6.1 参照）。

P&ID にはこれら連絡配管に対するプロセス上の要求が記されているので、それらを漏れなく配管レイアウトに反映する。

タワーまわりの配管レイアウトのポイントは以下の項目を適切に計画することにある。

❶　マンホール、ノズルのオリエンテーション

平面的におおよそ半分ずつ、配管エリアとアクセスエリアに分ける（図 4.6.2 参照）。

アクセスエリアはメンテナンスのために人が近づける場所で、プラットフォームを設ける。

両者の配置の仕方は、プロットプラン（たとえば、配管ラックがどちら側にあるか）などから決める。ノズル位置は配管エリアに持ってくるが、塔内部構造と関連させて位置決めすることが必要である。

マンホール（タワー内装品の組込み、検査、保守のため使用）はメンテナンスエリアのできるだけ統一した位置に設けるが、内部トレイのダウンカマーやシールパンの方向と関係し、人が入る際、危険性や邪魔な内部構造物がないかに注意する。

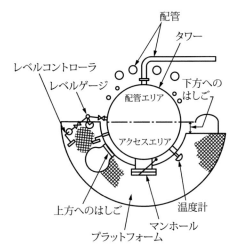

図 4.6.2　タワーのプラットフォーム（平面）

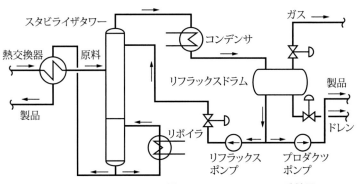

図 4.6.1　タワーまわり系統図

〔注〕スタビライザ：油井から流出した流体をセパレータにかけ、ガスを分離した液体分のうち、特に蒸発しやすい軽質留分を取り除き、原油の貯蔵安定性を増す装置。

4.6 タワーまわりの配管レイアウト

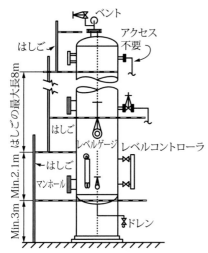

図4.6.3 タワーのプラットフォームとはしご

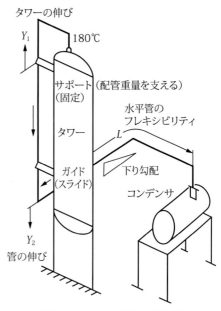

図4.6.4 タワー配管と熱膨張

❷ プラットフォームのEL，方向、形状

プラットフォームで行う仕事には、次のようなものがある。
- バルブの操作
- 計器の監視
- ホットボルティング(昇温中、または昇温後にボルトを増し締めすること)
- サンプルの採取
- マンホールへのアクセス・塔頂ダビッドによる内装品(トレーや充填物など)、外装品(下記)の吊上げ、吊下ろしと物の置き場

たとえば、タワー外部に取り付けられた安全弁や大口径管の閉止板などの取付け、取外しをプラットフォーム上で行い、塔頂上に設けられたダビットを使って、それらの吊り上げ、吊り下ろしを行う。そのため、吊りフックの操作に必要なスペースを確保しなければならない。

プラットフォームの間隔は最大の方はひとつの梯子長さにより8〜9m以下（指定がある場合を除く）に、最小の方は必要な頭上スペースにより2.1m以上に制約される（図4.6.3参照）。

❸ 関連機器との連絡配管の最適ルート

タワーノズルに接続する配管は、一般的にはタワーに沿わせて下降させ、接続する関連機器のレベルとの関係で最適なELで、タワーより離れるようにする（図4.6.4参照）。

熱膨張応力、反力が過大になるときは、ループやオフセットをとる。

❹ 塔まわり配管のサポート計画

塔の伸びと塔に接続する配管の伸びに差があることを考慮に入れて、サポートを計画する。

塔のノズルに接続する配管（一般に塔の上位に位置する）は、その近傍では伸び差がほとんどないと考えられるので、塔から固定サポートをとり、配管垂直部の重量を持たせる。

下位の方のサポートは、振動や耐震用のガイドとし、垂直方向の荷重を受ける必要がある場合は、スプリングハンガを使用する（図4.6.4参照）。

図4.6.4において、タワー上部の固定サポートの、タワー自身の上方への伸びによる伸びをY_1、タワー上部の固定サポートを起点として、垂直管の下方への伸びをY_2とすると、$(Y_1 - Y_2)$が垂直管下端の伸びになる。この伸びを吸収するのは、Lの長さを持つ水平管のフレキシビリティである。このラインの計算熱膨張応力範囲が許容応力範囲に入るようなフレキシビリティをもった配管になるよう、水平配管のルートと長さをスタディする必要がある。

4. 配管をレイアウトする

4.7 ラック配管のレイアウト

> **このシートの要旨**
> ラックに載せる配管等の物量により、ラックの段数と幅を決め、人の通行を考えて、ラック最下段の EL を決める。プロセス管とユーティリティ管の区別、管重量、管の行き先、などからラック配管の各位置を決め、方向を変えるときは、EL を変えてから方向を変える。

1 ラック上配管のレイアウト

石油化学プラント、石油精製プラント、一般化学プラントなどのプロセスプラントでは、プロセス配管、ユーティリティ配管、計装と電気ケーブル、の集合体をとおす配管用の棚、パイプラック、が設置されるのが一般的である。

ラックにはエアクーラやドラムなどの機器、装置が載ることも往々にしてある。

ラックの平面的な配置パターンとしては、図 4.7.1 のようなレイアウトが考えられる。単純なストレート形は、ラックの一端に、オフサイトからくる原料配管とユーティリティ配管が接続し、他端から製品配管がオフサイトへ出ていく。

パイプラックは一般に形鋼で作られ、パイプラックの柱は配管のサポートスパンなどを考慮し、一般に 6 m ピッチが採用され、柱間隔の真ん中に小径管用の中間梁(はり)を設ける。

ラック幅はラックに載せる配管とケーブルの量（将来の増設を見込む）、ラックの上と下に置く機器、そこへのアクセス通路が収まるように決めるが、その幅との兼ね合いで、棚を 1 層にするか、2 層にするかを決める。

典型的なラック断面を図 4.7.2 に示す。ラック下の、歩く人の通路の高さ確保のため、もっ

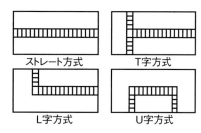

図 4.7.1　代表的なラックレイアウト

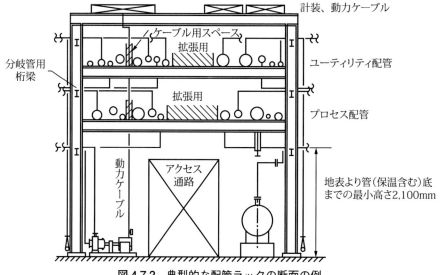

図 4.7.2　典型的な配管ラックの断面の例

4.7 ラック配管のレイアウト

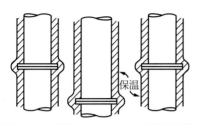

図4.7.3 保温のあるフランジ付き配管

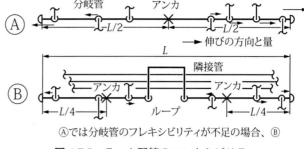

Ⓐでは分岐管のフレキシビリティが不足の場合、Ⓑ

図4.7.5 ラック配管のフレキシビリティ

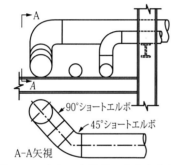

図4.7.4 少ない高低差で方向を変える

とも低い管のBOP（p.206の付表8参照）を地上、または舗装面より2,100とする。これより逆算し、1段目のラック梁下面までの高さは最小3mとなる。ラック上の同一方向にいく一群の配管のBOPは、シューをはかせる場合を除き、梁桁トップのELに等しくする。

配管が方向を変えるときは、隣接する配管を越えるために、0.6～1.0m程度、ELを上げるか、下げるかしてから曲げる。

曲げた後の配管を、上下梁の間をとおす場合は、上下梁のTOB（p.206の付表8参照）間の真ん中辺りを目安に、保温を含んだ径の管を越える高さとする。

方向変更後のレベル差が小さすぎて、2個の90°エルボでは与えられた高低差に入らない場合は、図4.7.4のように、45°と90°エルボ（ロングまたはショート）、短管を組み合わせてかわすようにする。

ラックを出る配管をサポートするため、ラックの柱間をわたす桁梁を設ける。

ラック上の配管は互いに近接しているので、熱膨張により、ほかの配管、あるいはラックの鋼材に接触しないように適切なクリアランスをとり、必要あればガイドを設ける。フランジがある場合は、図4.7.3のようにフランジ位置を隣接する配管のフランジ位置とずらすようにする。

❷ ラック配管のフレキシビリティ

ラック上を走る主管、あるいは主管から分岐して機器取合いまでの配管のフレキシビリティが適正か否かを簡易手法あるいは解析ソフトにより評価する。

主管であるヘッダから多数の枝管が出るユーティリティヘッダの場合を図4.7.5で説明する。

Ⓐのようにヘッダの中央にアンカを設け、ヘッダを両側へ伸ばす方法をとった場合の分岐管のフレキシビリティを評価する。もしもヘッダの先端のほうの分岐点の伸びが大きくなり、分岐管のフレキシビリティが不足する場合は、分岐部の伸びを軽減するため、Ⓑの方法を試す。

この方法は、ヘッダの両端から、ヘッダ長さの1/4の距離にアンカを2個所設け、それら2つのアンカ間にUループを設ける。Uループの張り出す脚の長さなどはフレキシビリティ解析により決める。2個のアンカを固定点として、各分岐点の伸び量を計算し、分岐管のフレキシビリティ評価をする。

なお、Ⓐの方法をとり、分岐管のほうで個々にループをとるなどして、処理することも可能である。

付表2　よく使われる物性値

配管関係の実務で、よく使われる物性値を抽出した。

物性値	代表物質	ISO 単位	工学単位、帝国単位系、など
縦弾性係数	軟　鋼	2×10^{11} N/m^2 = 200 GPa	2.1×10^4 kgf/mm^2
密　度	軟　鋼	7860 kg/m^3	比重量 7,860 kgf/m^3
	水	1000 kg/m^3 @ 4 ℃	比重量 1,000 kgf/m^3 @ 4 ℃
	作動油 ISOVG32	870 kg/m^3 @ 15 ℃	
	空　気	1.25 kg/m^3 @ 10 ℃，大気圧	
		1.13 kg/m^3 @ 40 ℃，大気圧	
動粘性係数 または動粘度	水	1.01 mm^2/s @ 20 ℃	1.01 cSt @ 20 ℃
		0.56 mm^2/s @ 50 ℃	0.56 cSt @ 50 ℃
	作動油 ISOVG32	34 mm^2/s @ 37.8 ℃	34 cSt @ 37.8 ℃
		5.4 mm^2/s @ 98.9 ℃	5.4 cSt @ 98.9 ℃
	空　気	14.2 mm^2/s @ 10 ℃	14.2 cSt @ 10 ℃
		17.0 mm^2/s @ 40 ℃	17.0 cSt @ 40 ℃
粘性係数 または粘度	水	1.01×10^{-3} Pa·s @ 20 ℃	1.010 cP @ 20 ℃
		0.55×10^{-3} Pa·s @ 50 ℃	0.55 cP @ 50 ℃
	空　気	1.77×10^{-5} Pa·s @ 10 ℃	0.0177 cP @ 10 ℃
		1.92×10^{-5} Pa·s @ 40 ℃	0.0192 cP @ 40 ℃
定圧比熱	水	4.21 kJ/kgK @ 0 ℃	
		4.18 kJ/kgK @ 20 ℃	
	空　気	1.007×10^3 kJ/kgK @ 10 ℃	
		1.008×10^3 kJ/kgK @ 30 ℃	
線膨張率	鉄	11.8×10^{-6}/K @ 30 ℃	
	18-8 SUS	17.3×10^{-6}/K @ 30 ℃	
熱伝導率	軟　鋼	59.0 W/(m·K) @ 30 ℃	46 kcal/(m·h·℃)
	18-8 SUS	16.0 W/(m·K) @ 30 ℃	14 kcal/(m·h·℃)
大気圧		1 atm = 1.013×10^5 Pa = 101.3 kPa	
音　速	空気中	約 344 m/s @ 20 ℃	
	水　中	約 1,500 m/s @ 20 ℃	
重力の加速度		9.81 m/s^2	32.2 ft/s^2

第5章
管・管継手の強度を評価する

　耐圧部材である配管・装置が、運転寿命期間中、設計圧力、設計温度に対し、強度的に耐え、有害な変形を生じないことは、安全上、運転上、非常に重要なことである。

　安全確保のため、法（基準）やcode（外国の基準）に則り、定められた方法による強度計算が義務付けられている。

　また、膨大な種類と数の配管コンポーネントの強度に対する「その都度設計」を避けるための、さまざまな「圧力クラス」が制定されており、設計・製造の効率化が図られている。

　ここでは、代表的な配管コンポーネントの強度計算の考え方と方法、および圧力クラスについて説明する。

5. 管・管継手の強度を評価する

5.1 管・管継手に生じる力と応力

> **このシートの要旨** 内圧を受ける圧力容器や管の、ある断面の壁に発生する応力は、その断面の圧力を受けている面積を A、壁の面積を B、内圧を P、壁の応力を S、とすると、内圧により容器を外側へ引張る力と、壁の応力により内側へ引張る力がバランスし、$AP = BS$ が成り立つ。

1 内圧による力の発生する箇所と大きさ

管や管継手の壁は、内圧 P が壁の外側へ推す力 F を受ける（P が大気圧以上の場合）。

今、図5.1.1のように、壁厚さが無視できるほど薄く、剛（変形しない）と仮定した径の異なる2つの管から成る系がどこにも固定されず宙に浮いているものとする。その任意の切断面 c-c に生じる長手軸方向（x 方向）の内圧により生じる力を考える。切断面 c-c が右方向へ引張られる力がどこからくるかというと、切断面 c-c の形状（面積 A）を右端の平らな壁（断面 e-e）に投影した部分（面積 A）を圧力 P が右方向へ推すことにより生じ、その大きさは $F = AP$ である。

e-e 断面の、B の面積が受ける圧力による右方向への力は、断面 d-d 外側の面積 B が圧力から受ける反対方向の力と相殺する（e-e ～ d-d 間は剛体）ので、断面 c-c に生じる力に影響しない。

同様に、断面 c-c を左方向へ引張る力は、断面 c-c の形状（面積 A）を左端のエルボ部（f-f）に投影した部分を圧力 P が押すことにより生じ、左方向へ $F = AP$ の力となる。このように c-c 断面には、大きさ F の両側に引張る力が存在するが、反対方向の2つの力はバランスし、系としては外力を発生せず、静止状態を保つ。

2 管に生じる応力

図5.1.2は、剛体である管のある切断面における、内圧により生じる力（**1**参照）とその切断面上の管壁に生じる応力の値を求める方法を示している。切断面に生じる内圧による引張力は、前項で述べたように切断面の内断面積 A に内圧 P をかけた AP となる。管体が剛体であれば、切断面における管壁断面に生じる応力 S に管壁断面積 B をかけた BS が引張力 AP に対抗し、管は平衡を保つ。したがって、

$$AP = BS \qquad 式(5.1.1)$$

が成立し、

$$S = (A/B)P \qquad 式(5.1.2)$$

より発生応力が求められる。

受圧面積を応力面積でもって補償する応力評価を面積補償法（または面積置換法）という。

この式は図5.1.2における、管中心をとおる yz 断面においても（図5.1.2 上段の図）でも、管中心をとおる xz 断面（図5.1.2 下段の図）においても、また、そのほかの任意の平面、たとえば、yz 平面と xz 平面の中間をとおる平面においても、成立する。

e-e の壁の B の部分が受ける右方向の力は、d-d の壁の B の部分が受ける左方向の力と相殺し、c-c の断面における力に影響しない。

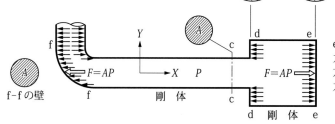

図5.1.1 剛体である配管系に内圧がかかるとき

5.1 管・管継手に生じる力と応力

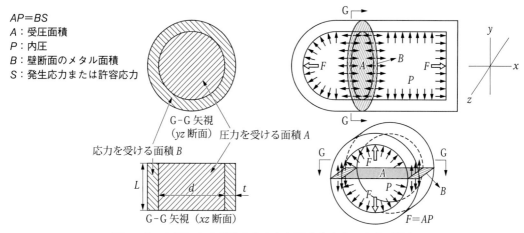

図 5.1.2　内圧による長手方向応力と周方向応力、および推力

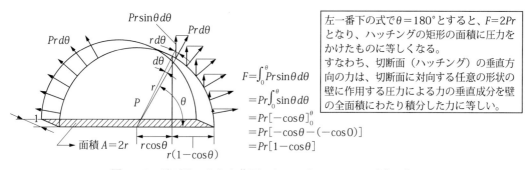

図 5.1.3　壁がどのような曲面であっても、$F = AP$ が成り立つ

　管に生じる応力には、図 5.1.2 の yz 断面のリング状のメタル部分に生じる応力は管軸方向の応力で、長手方向応力といい、xz 断面（yx 断面でも同じ）の、平行な短冊状のメタル部分に生じる応力は周方向応力またはフープ応力（フープとは樽の"たが"をいう）という。この他に、内圧が壁を垂直に推す半径方向応力がある。

　長手方向応力の場合、図 5.1.2 上段の図で
　　$A = (\pi/4)d^2$　　　　　　　式(5.1.3)
　　$B = \pi \cdot d \cdot t$　　　　　　　式(5.1.4)
ここに、d は内径、t は管の厚さである。
式(5.1.2、3、4)より、$S = P \cdot d / 4t$　　式(5.1.5)

　周方向応力の場合、図 5.1.2 下段の図より、
　　$A = 2t \cdot L$　　　　　　　式(5.1.6)
ここに、L：管長手方向任意の長さ。
　　$B = d \cdot L$　　　　　　　式(5.1.7)
式(5.1.2、6、7)より、$S = P \cdot d / 2t$　　式(5.1.8)

　また、半径方向応力は、
　　$S = P$　　　　　　　　　式(5.1.9)
$d > 2t$ であれば管などの耐圧強度を支配するのは、周方向応力である。

　ただし、式(5.1.1)〜(5.1.8)は管の厚さが、管径に対し無視できるほど小さい場合に成立する（5.3 節の **1** 参照）。

〔参　考〕切断面の面積（A）の圧力が作用する壁が図 5.1.1 の右端のような平面であっても、左端のエルボのような曲面であっても、切断面の面積に圧力をかけたものが、切断面に垂直に働く力であるという式(5.1.1)が成り立つ。

　図 5.1.3 は例をもってそのことを示している。すなわち、図 5.1.3 の上の半割れの円筒の曲面に内圧がかかったとき、生じる垂直方向の力は、底面のハッチングした矩形部面積に内圧をかけたものに等しくなることを示している。

5. 管・管継手の強度を評価する

5.2 面積補償で行う強度評価方法

> **このシートの要旨** 5.1 節で述べた $AP=BS$ という面積補償法の式を使って、直管、管継手の強度計算式が導かれ、さらに有効範囲を設けることにより、管にあけた穴の補強や特殊な管継手の強度評価ができる。

1 面積補償法による強度計算

管や管継手の壁に圧力によって生じる応力が、引張応力のみの場合は、5.1 節の2で述べた面積補償法で応力を求めることができる。該当するものとして、管および穴のある管（**図 5.2.1**）、球、半球、さらにエルボの周方向応力。その他、曲げ応力のかからない、マイタベンド、T、Y、さらにはバルブボディなどの定型でない形状の周方向応力などがある。

一方、平鏡板や皿形キャップのように壁に曲げ応力が生じるもの（図 5.2.1 の右下参照）はこの方法で応力を求められない。

さて、面積補償法が成立するには、壁に生じる引張応力が壁の厚さ方向に均一である必要がある。しかし、壁に生じる実際の応力は、図 5.2.1 の左上に見るように、管の内側で応力が高く外側で低くなる。したがって、5.1 節の $AP=BS$ で応力評価すると、非安全側（危険側）になる可能性がある。

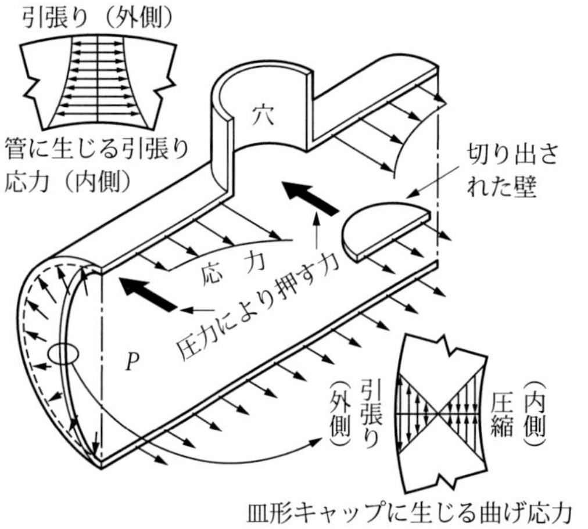

圧力がかかっているのは管内径までとしたこの式のほかに、より実際の状態に近い、あるいは、より安全側になる評価方法として、圧力を受ける境界を平均直径までとするものと、外径までとするものとがある。

この3つのケースは次のような式で表せる。
- Ⓐ　$AP=BS$　　　　　　内径まで受圧
- Ⓑ　$(A+0.5B)P=BS$　　平均径まで受圧
- Ⓒ　$(A+B)P=BS$　　　外径まで受圧

結果的に、Ⓑが実際の状態に最も近く、Ⓐは危険サイド、Ⓒは安全サイドである。

もっとも合理的なのはⒷであるが、Ⓒが実際面で採用されることもある。

面積補償法を活用する際の注意点を挙げる。

❶　エルボやマイタなど湾曲したものは、その中立軸を境に、外側と内側の部分で、応力に比例する A/B の値が異なるので、中立軸の外側と内側を別個に評価する必要がある。外側、内側の壁の厚さが同じ場合は内側の A/B が大きくなり、応力が高くなるので、湾曲部の強度は内側の応力で評価する。

❷　穴のない直管、球、エルボなどは、長手方向に沿って応力は均一なので、どこでどんな長さで切っても、計算された応力は変わらない。しかし穴のある管や、T、Y などは、穴部には内圧を支える壁がないため、穴周辺の主管、枝管の応力は穴から離れた管の応力より高くなる（図 5.2.1 参照）。しかし穴の周辺の管に、内圧に対する必要厚さに余肉があれば、その余肉が高い応力を負担してくれる。負担してくれるのは、穴周辺の一定距離以内に限られ、その範囲を「補強有効範囲」という。

図 5.2.1　穴のある、応力が長手方向に変化する管

5.3 実際に使われる直管の計算式

このシートの要旨
5.2 節で導かれた管の必要厚さを計算する式は、現実に合うように修正されて、基準や code の管の必要厚さの計算式に採用されている。〔注意〕直管に限らず、管継手や穴の補強計算などの計算式や方法は、基準や code、発行年度により若干異なるので要注意。

1 基準、コードの強度計算式

内圧に対する直管の必要厚さを求める式を面積補償法により、5.2 節に示すⒶ、Ⓑ、Ⓒの 3 つのケースにつき求めたのが、表 5.3.1 である。

Ⓐは、管内径まで圧力がかかっている実際の管と一致するが、5.1 節で述べたように、応力評価としては危険サイド（必要厚さが薄過ぎる）になる。

Ⓑは、平均径まで圧力がかかっているとしたものだが、この応力評価が、実際の応力にもっとも近い。規格、code で採用されている多くの式は、この式にもっとも近い。

Ⓒは、外径まで圧力がかかるとしたもので、この計算式はバーローの式と呼ばれ、たとえば、JIS G 3456 高温配管用炭素鋼鋼管で、鋼管の水圧試験圧力を計算する式として使われているが、これは安全サイドの式である。

JIS B 8201（2013）「陸用鋼製ボイラ構造」ではⒷに近い、式(5.3.5)と式(5.3.6)が規定されている。

$$t=\frac{PD}{2(SE+kP)}+A \qquad 式(5.3.5)$$

E は長手継手の溶接効率、k は温度によって決まる係数で、0.4〜0.7 である。A は付加厚さ。

式(5.3.6)は外径基準の式と呼ばれ、主に外径基準で製造される鋼管に使用される。

式(5.3.5)に $D=d+2t$ を入れると、

$$t=\frac{Pd}{2(SE-(1-k)P)}+A \qquad 式(5.3.6)$$

これを内径基準の式といい、主に内径基準で製造される鋼板製溶接鋼管などに使用される。

表 5.3.1 内圧のかかる径を変えた 3 つの、管の必要厚さ計算式

Ⓐ $AP=BS$ の場合	Ⓑ $(A+0.5B)P=BS$ の場合	Ⓒ $(A+B)P=BS$ の場合
管内径 d に内圧がかかる 5.1 節の式(5.1.8) 　$S=P\cdot d/2t$ に $d=D-2t$ を代入すると、 $$t=\frac{PD}{2(S+P)} \quad 式(5.3.1)$$ S を許容応力とすれば、t は必要厚さとなる。	管平均直径 D_m まで内圧がかかるとする 5.1 節の式(5.1.8)の d の代わりに平均径を使い、 　$D_m=(d+t)=(D-t)$ を入れ、 　$S=PD_m/2t$ 　　$=P(d+t)/2t=P(D-t)/2t$ より、 $$t=\frac{Pd}{2(S-0.5P)} \quad 式(5.3.2)$$ また、 $$t=\frac{PD}{2(S+0.5P)} \quad 式(5.3.3)$$ これは実際の状態にもっとも近い式。	管外径 D まで内圧がかかるとする 5.1 節の式(5.1.8)の d の代わりに外径 $(d+2t)=D$ を使い、 　$S=P\cdot D/2t$ とし、 $$t=\frac{PD}{2S} \quad 式(5.3.4)$$ バーローの式と呼ばれる。 これは安全サイドの式。

5. 管・管継手の強度を評価する

5.4 管継手の強度計算式

>
> 管同様に、エルボ、レジューサなどの強度計算式を、5.2節の方法を使って導き出す。内圧を保持する壁が部分的に存在しない管継手、たとえば、穴のある管、ある種のマイタやエルボは、面積補償できる範囲に制限を設け（すなわち、補強有効範囲）、強度計算を行う。

■ 内圧を保持する壁が存在する管継手

管、球、レジューサ、エルボは、内圧を持つ空間のすべてに、その内圧を受けとめる壁が存在する。このような場合は、そのコンポーネントのもっとも応力的に厳しくなる部分で評価する。

ここでは、これら配管コンポーネントの内圧に対する強度を、面積補償の考え方と実際に使われている計算式を説明する。

❶ 球（半球形鏡板やタンクなどに使用）

面積補償法の5.2節Ⓐから基本式を導く。
球の中心をとおる断面において**図5.4.1**より、

$$t = \frac{Pd}{4S} \qquad 式(5.4.1)$$

を得る。この式は、5.1節の式*(5.1.5)*、すなわち、管の長手方向応力の式と同じである。つまり、球の壁に生じる内圧による応力には周方向応力に相当するものはない。JIS B 8201（2013）「陸用鋼製ボイラ構造」の、厚さが内半径の0.356倍以下の球の必要厚さ計算式は、式*(5.4.1)*を修正した次の式*(5.4.2)*のようにしている。

$$t = \frac{Pd}{4SE - 0.4P} \qquad 式(5.4.2)$$

❷ レジューサ

板を巻いて作る同心レジューサの計算式を求める。面積補償法、5.2節Ⓑ、すなわち（$A +$

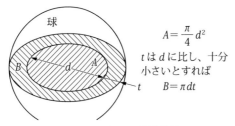

図5.4.1 球の面積補償法

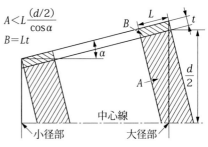

図5.4.2 同心レジューサの面積補償法

$0.5B)P = BS$ から導くが、評価面は図5.4.2のように壁に対し垂直にとる。

5.1節の式*(5.1.2)*、$S = (A/B)P$ から (A/B) の大きいほうが応力が大きくなり、必要厚さが厚くなる。図5.4.2のように、壁厚さが変らなければ応力が高くなる大径部の強度を評価する。5.1節の式*(5.1.1)*と図5.4.2より、

$$\left(\frac{d}{2\cos\alpha} + \frac{t}{2}\right)P = tS$$

したがって、

$$t = \frac{Pd}{2\cos\alpha(S - 0.5P)} \qquad 式(5.4.3)$$

JIS B 8201（2013）では、次式を採用している。

$$t = \frac{Pd}{2\cos\alpha(SE - 0.6P)} \qquad 式(5.4.4)$$

ただし、式*(5.4.4)*の d は最大内径。

これらの式は平行部と接続する端部には適用されない。

❸ エルボ、ベンド

曲げ角度90°、45°などのエルボや任意の曲率のベンドの計算式を面積補償法、5.2節Ⓒを使って求める。

ここでは、簡単化するため、図5.4.3に見るような90°エルボで考える。

5.4 管継手の強度計算式

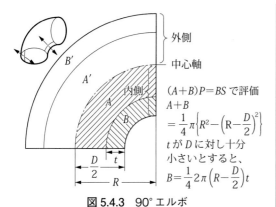

図 5.4.3 90°エルボ

$(A+B)P = BS$ で評価
$A+B$
$= \dfrac{1}{4}\pi\left\{R^2-\left(R-\dfrac{D}{2}\right)^2\right\}$
t が D に対し十分小さいとすると、
$B = \dfrac{1}{4}2\pi\left(R-\dfrac{D}{2}\right)t$

エルボは中心軸を挟んで両側にあり、それらの流路およびエルボの壁は、互いに形状が異なる。このような場合は、レジューサのところでもしたように、(A/B) の大きいほう、すなわち中心軸の内側の強度評価をする。壁の厚さが内径に対し、無視できるほど小さい場合、B の面積は図 5.4.3 の式のように書ける。5.2 節の©の式と図 5.4.3 の $(A+B)$、および B の式より、次式が導かれる。

$$t = \dfrac{PD}{2S}\left(\dfrac{4(R/D)-1}{4(R/D)-2}\right) \qquad 式(5.4.5)$$

5.3 節の式(5.3.4)の t を t_m とすれば、

$$t = t_m\left(\dfrac{4(R/D)-1}{4(R/D)-2}\right) \qquad 式(5.4.6)$$

とも書ける。ASME B31.1 Power Piping は式(5.4.5)を修正して、式(5.4.7)、式(5.4.8)を規定している。

$$t = \dfrac{PD}{2(SE/I+Py)} \qquad 式(5.4.7)$$

$$I = \dfrac{4(R/D)-1}{4(R/D)-2} \qquad 式(5.4.8)$$

日本の規格で、このエルボ、ベンドの計算式の入った規格に下記のものがある。
- JPI 7S-77、石油工業プラントの配管基準
- 日本機械学会「発電用火力設備規格」詳細規定（2015 年追補）

2 内部圧力を保持する壁が一部ない管継手

図 5.4.4 に示すような管継手の、圧力側空間の断面の角（かど）の角度が 180°を超えるところでは、内圧力を負担する壁のない空間ができる。

たとえば、穴のある管、マイタベンド、Y ピース、曲率半径の非常に小さいエルボなどでは、図でハッチングした A の部分は空間面積だけがあり、この面積 A に圧力 P をかけることで生じる $AP = F$ の力を負担する壁がない。その結果、その力を A 周辺の壁が負担するため、その壁の周方向応力は、当該部より離れた直管部応力より高くなる。すなわち、応力集中を起こす（5.2 節の図 5.2.1 参照）。そこで、A の部分の周辺の壁を厚くし、補強することにより応力集中を下げ、許容応力以内にする必要がある。

この補強は、管継手のどの場所でも良いというのではなく、補強により応力集中を緩和できる範囲内でなければならない。この範囲が補強有効範囲である。

補強有効範囲内の補強有効面積が、穴がないときに必要とする壁面積（補強必要面積という）以上になるように、管継手形状を設計する。

管の穴の補強では、穴の周囲に補強板を溶接

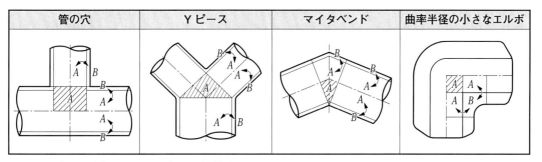

図 5.4.4 内圧を負担する壁が一部ない管継手

〔注〕両矢印は、内圧を持つ空間と対応する壁の関係を示す。

5. 管・管継手の強度を評価する

し、補強面積（補強有効面積という）を増やし、高かった応力を許容応力以下に下げることができる。

補強有効範囲の当該空間からの距離は、管継手の種類、適用する基準、codeにより異なるので、該当する規格によらなければならない。

❶ 管の穴の補強

5.2節のⒷにより応力または必要厚さを求める。図5.4.5において、5.2節のⒷの式を使えば、

$(A+0.5B)P =$
$\quad [A_1+A_2+A_3+0.5(B_2+B_3+B_4)]P$
$BS = (B_2+B_3+B_4)S$
$BS \geq (A+0.5B)P$

であれば、穴の補強は満足する。したがって、

$(P/S)[A_1+A_2+A_3+0.5(B_2+B_3+B_4)]$
$\quad \leq B_2+B_3+B_4 \qquad 式(5.4.9)$

なお、図5.4.5において、L_1は主管長手方向の補強有効範囲、L_2は主管半径方向の補強有効範囲である。

❷ 短いスパンのマイタベンド

短いスパンのマイタベンドとは、図5.4.6において、$S \leq 2w$となるマイタベンドをいう。このタイプのマイタベンドは、Bの部分すべてが補強有効範囲内に入ってしまうので有効範囲の設定は不要である。

ここでは、内圧が平均半径rのところまでかかっているとする面積補償法の5.2節のⒷの方法で必要厚さの計算式を求める。

$(A+0.5B)P = (2R-r)r\tan(\theta)P$
$BS = 2t(R-r)\tan(\theta)S$
$(A+0.5B)P = BS$　とすれば、

$t = \dfrac{Pr}{S}\dfrac{2-r/R}{2(1-r/R)}$

ここに、$r=(D+d)/2$
ASME B31.1の式は、

$t = t_m \dfrac{2-r/R}{2(1-r/R)} \qquad 式(5.4.10)$

ここに、t_mは、外径基準の場合、

$t_m = \dfrac{PD}{2(SEw/kP)}+A$

ここのwは、溶接部強度低減係数で、詳しくはB31.1またはB31.3を参照のこと。

❸ Yピース（文献②による）（図5.4.7）

文献②は、内圧が壁面積の1/2にかかるとする面積補償法Ⓑの方法を推奨している。中心軸を挟む両側を個別に評価するため、下式を得る。

$S \geq \dfrac{P(A_1+0.5B_1)}{B_1}$、$S \geq \dfrac{P(A_2+0.5B_2)}{B_2}$

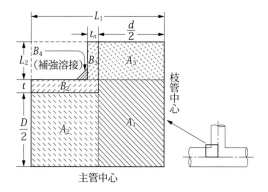

図5.4.5　管の穴の補強

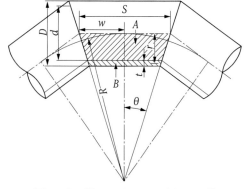

図5.4.6　短いスパンのマイタベンド

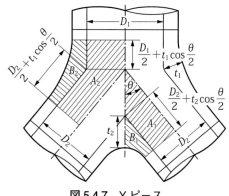

図5.4.7　Yピース

5.5 管台のある穴の補強

このシートの要旨
枝管を取り付けるための穴のある主管の耐圧強度は、穴のない管の耐圧強度に比べ半分程度しかない。穴の強度評価は、穴の補強に必要な面積と、補強に有効な範囲内の補強有効面積との比較により行われる。

1 穴のある管の耐圧力は穴のない管の半分

穴のある管の内圧に対する強度は補強がない場合、穴のない管に対し、大雑把にいって、半分程度となる。その理由を図 5.5.1 に面積補償法で示している。穴のない管と穴のある管の、穴を含む補強有効範囲に限って、耐圧強度を比較すると、空間面積（$A+0.5B$）は両者同じであるが、穴のある管の壁面積は穴のない管の半分しかない。したがって、面積補償の式より、穴のある管の耐圧力 P は穴のない管の半分となる。

図 5.5.1 では、枝管の余肉の存在を無視したので、枝管に余肉があれば、耐圧力は多少改善し、補強板をつければさらに改善する。

2 管台のセットの仕方に 2 通りある

主管に穴を開けて分岐を作る場合、主管に長い枝管を直接溶接せず、主管に管台（ノズルと呼ぶこともある）と呼ばれる短い管を溶接し、その管台に枝管を溶接するのが一般的である。

管台を主管にセットする方法として、図 5.5.2 に示すように、管台を主管の上に乗せるセットオンタイプと、管台を穴の中に入れるセットインタイプの 2 種類がある。配管では、セットオンタイプがよく使われる。

3 規格、code による穴の補強の評価

5.4 節の 2① において、管の穴に対し、面積補償による評価の方法を示した。ISO（BSI：英国規格）ではこの方法を採用している。しかし、JIS、火力技術基準、JPI、や ASME では、主管、枝管の必要厚さを計算し、実際の厚さと必要厚さの差、すなわち強度の余裕分を穴の補強に使える有効面積とし、この面積と穴があるために補強を必要とする面積とを比較する評価

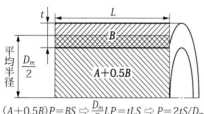

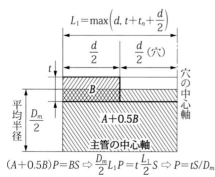

図 5.5.1 穴のある管の耐圧強度

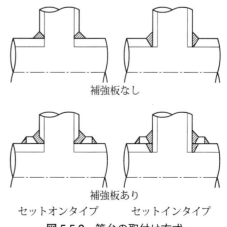

図 5.5.2 管台の取付け方式

5. 管・管継手の強度を評価する

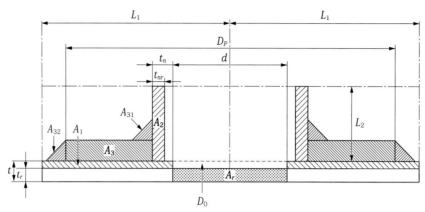

図 5.5.3 穴の補強に必要な面積と有効な面積

方法をとっている。

この方法は、面積補償法と結局は同じであるが必要厚さを、面積補償法は 5.2 節（5.3 節）の⑧の式(5.3.2)を使うのに対し、JIS、ASME などのやり方は 5.3 節の式(5.3.5)を使うので、計算結果に若干の差が出る。

以下に、JIS B 8201（2013）「陸用鋼製ボイラ構造」に基づくやり方を、**図 5.5.3** を使って説明する。図 5.5.3 の記号の説明をする。

D_0、d_0：主管、管台の各呼び外径

d：管台の内径で、呼び外径 − 2（使用寿命中の最小厚さ）

t、t_n：主管、枝管の各厚さで、呼び厚さから、製管上の厚さの負の公差と配管寿命中の腐れ代などを差し引いた厚さ

t_p：補強板の厚さ

t_r、t_{nr}：主管、枝管の、5.3 節の式(5.3.5)または式(5.3.6)で、$E=1.0$ として計算した、耐圧上必要な厚さ（ただし、付加厚さ A を加えない）

E：長手継手の溶接効率

L_1、L_2：主管、枝管の長手軸に沿った補強有効範囲の幅

L_1：d、$t+t_n+d/2$ のいずれか大きいほう。

L_2：$2.5t$、$t_P+2.5t_n$ のいずれか小さいほう。

A_r：穴部に壁を欠いているため、補強が必要な面積

A_1、A_2、A_3：主管、管台、補強板の補強に有効な面積

A_r、A_1、A_2、A_3 がどの面積を指すかは、図 5.5.3 による

❶ 補強が必要な面積

$$A_r = F t_r \cdot d$$

ここに、F は穴断面が主管軸となす角度により決まる係数（**図 5.5.4** 参照）。該当するとき、F を採用してもよい。

（注：JPI、ASME は F を採用していない）

（矢印は穴の周りの応力の向きと大きさを示す）

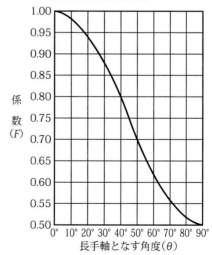

図 5.5.4 F を読むチャート

5.5 管台のある穴の補強

❷ 補強に有効な面積
$A = \sum A_i$ として、
$\sum A_i = A_1 + A_2 + A_3 + A_{31} + A_{32}$
$A_1 = (2L_1 - d) \times (Et - t_r)$
$A_2 = 2L_2 \times (t_n - t_{nr}) f_1$
$A_3 = (D_P - d) \times t_P \times f_3$
$A_{31} = (溶接脚長)^2 \times f_2$
$A_{32} = (溶接脚長)^2 \times f_3$

f_1、f_2、f_3 は本節❹項を参照のこと。

❸ $A \geq A_r$ であれば、穴の補強は満足する。

❹ 部材の許容応力の差を重みづけする

補強に必要な強度、および有効な強度を面積の大きさによって評価する。主管、管台、補強板、すべてが同材質であれば、面積の単純比較だけでよいが、材質が違い、許容応力が異なる場合、面積を主管の許容応力を1として、許容応力比によって、その他の部位の有効面積の重みづけをする。いかなる場合も、許容応力比は1以上としない。

各部材の許容応力の記号を下記とする。
主管：σ_m、管台：σ_n、補強板：σ_p

そして、重みづけをする面積低減係数の記号を下記とする。

管台の低減係数：$f_1 = \sigma_n / \sigma_m$、

管台と補強板を接続する溶接部の低減係数：
$f_2 = \min(f_1、f_3)$

補強板、および補強板と主管のすみ肉溶接部の低減係数：$f_3 = \sigma_p / \sigma_m$

これらの係数をかける面積は次のとおりである。
A_1 には1を、A_2 には f_1 を、A_3 には f_3 を、A_{31} には f_2 を、A_{32} には f_3 をかける。

ただし、低減係数はいかなる場合も1を超えないこと。

表 5.5.1 JIS と JPI の式の相違点

	JIS B 8201	ASME B 31.1、JPI 7S-77
t	呼び厚さ−(A＋厚さの負の公差)	呼び厚さ−厚さの負の公差
$t_r =$ $t_{nr} =$	$\dfrac{PD}{2(S+kP)}$ 内径基準の式も同様	$\dfrac{PD}{2(SE+kP)} + A$ 内径基準の式も同様
$A_r =$	$F \cdot t_r \cdot d$	$(t_r - A)d$
$A_1 =$	$(2L_1 - d) \times (Et - t_r)$	$(2L_1 - d) \times (t - t_r)$
E	主管の長手継手が穴を通っていなければ、1.0	

〔注〕A は付加厚さ

〔注意事項〕

JIS、火力技術基準と ASME、JPI（JPI は ASME に準拠しているところが多い）は式に若干の相違点があるので、注意が必要である。

たとえば、補強に必要な面積 A_r と主管の有効面積の計算において、表 5.5.1 のような差がある。

《一口メモ》

外圧に対する薄肉円筒の座屈強度

管のような薄肉円筒が外圧を受けたとき、あるいは、大気圧下の管の内部が負圧のとき、内外の差圧がある限界を超えると、一気につぶれて、座屈を起こす。

その限界圧力 P_e は、ポアソン比0.3の鋼管の場合、次式で表される。

$$P_e = 2.2E\left(\dfrac{t}{D}\right)^3$$

ASME Sec. Ⅷ Division1 UG28 では、これに安全係数3をとって、

$$P_e = \dfrac{2.2}{3}E\left(\dfrac{t}{D}\right)^3$$

としている。ここに、
E：縦弾性係数
t：管厚さ
D：管外径
で、管の許容応力には関係しない。

5. 管・管継手の強度を評価する

5.6 例題による穴の補強計算

> このシートの要旨
>
> 配管の溶接組み立てTはセットオンタイプである。このタイプの穴の補強強度の評価の仕方を例題により、具体的に示す。

❶ 穴の補強強度の評価

配管の穴の補強の場合、補強板なし、補強板つき、いずれの場合も、管台を主管の上に置くセットオンタイプが使われる。

例題は、補強板つきセットオンタイプとし、圧力、温度、部材材質、寸法は（図5.6.1）とする。

設計圧力：3 MPa、設計温度：350℃で**表5.6.1**に与えられた材質、寸法諸元（一部、計算結果を含む）の管の穴の補強強度を評価する。

材質はあえて部位ごとに異なるものとした。

単位は、〔N/mm²〕、または〔mm〕。

腐れ代を含む付加厚さは2 mmとする。

許容応力は引張り強さに安全係数3.5をとっている。

表5.6.1　各部材の材質、許容応力と寸法

	材質	許容応力	外径	呼び厚さ
主管	SB450	118	762	12.7
管台	STPT370	92	267.4	9.3
補強板	SB410	108	460	16.0

各材料の厚さの負の公差は下記とする。

主管：−0 mm

管台：呼び厚さの−12.5 %

補強板：−0 mm

❶　寸法は公差を考えたもっとも過酷な条件を想定する。ただし、外径は主管、枝管とも、呼び外径を使用する。

使用寿命中における最小厚さを計算する。

主管：$t = 12.7 - 0 - 2 = 10.7$

管台：$t_n = 9.3 - 9.3 \times 0.125 - 2 = 6.13$

補強板：$t_p = 16 - 0 - 0 = 16.0$

使用寿命中の管台最大内径 $d =$（呼び外径 d_0）
　-2（使用寿命中の最小厚さ t_n）
　$= 267.4 - 2 \times 6.13 = 255.1$

❷　必要厚さ、各種低減係数の計算

主管と管台の必要厚さを計算する。計算式は5.3節の式(5.3.5)とする。ただし、付加厚さは使用中の最小厚さ t、t_n のほうで呼び厚さより引いているので、A は加えない。

穴は主管の長手継手を通らないものとして、主管の長手継手効率 E は1.0とする。また、温

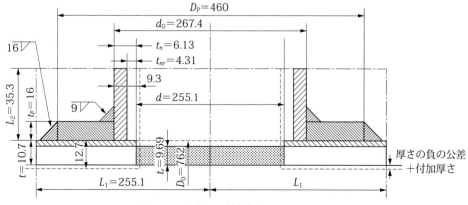

図5.6.1　例題の寸法諸元

5.6 例題による穴の補強計算

度と鋼種で決まる k は炭素鋼の場合、温度 350 ℃において 0.4 である。

$$t_r = \frac{D_0 \times P}{2S + 2 \times k \times P} \quad (S \text{ は主管の許容応力})$$

$$= \frac{762 \times 3}{2 \times 118 + 2 \times 0.4 \times 3} = \frac{2286}{238.4} = 9.69 \text{ mm}$$

$$t_{nr} = \frac{D_0 \times P}{2S_n \eta + 2 \times k \times P} \quad (S_n \text{ は管台許容応力})$$

$$= \frac{267.4 \times 3}{2 \times 92 \times 1 + 2 \times 0.4 \times 3} = \frac{802.2}{186.4} = 4.31 \text{ mm}$$

次に各種の係数を確認、または計算する。

強度を検討している断面は長手軸となす角度 $\theta = 0$ （長手軸に平行）であるから、$F = 1$（5.5節の図5.5.4参照）。

許容応力の重みづけのための低減係数（5.5節の**4**参照）を計算する。

管台の低減係数 $f_1 = S_n/S = 92/118 = 0.779$

補強材、および補強板と主管のすみ肉溶接部の低減係数（S_p は補強板の許容応力）

$f_3 = S_p/S = 108/118 = 0.915$

管台と補強板のすみ肉溶接部の低減係数

$f_2 = \min(f_1, f_3) = 0.779$

❸ 穴の補強に必要な面積の計算

穴の補強に必要な面積 A_r は、

$A_r = d t_r F = 255.1 \times 9.69 \times 1.0 = 2472 \text{ mm}^2$

❹ 補強有効範囲を計算

水平方向：穴の中心より両側へ、

$L_1 = \max(d, t + t_n + d/2)$
$\quad = 255.1 \text{ mm}$

垂直方向：母管の外径表面より上方向へ、

$L_2 = \min(2.5\,t, t_p + 2.5\,t_n)$
$\quad = 26.75 \text{ mm}$

補強板とその外周のすみ肉溶接は有効範囲 L_1 内にあることを確認する。

❺ 穴の補強に有効な面積を計算

補強の有効範囲内にある主管、管台の部分の、寿命中に予想される最小の厚さにおいて、必要厚さを超える部分、そして補強板、すみ肉溶接の部分は穴の補強に有効なので、補強面積に入れることができる。

（以下の、A_1、A_2、A_3、A_{31}、A_{32} の記号は 5.5節の図5.5.3 に示されている）

穴の補強に有効な主管の面積 A_1 は、

$A_1 = (2L_1 - d)(Et - F t_r)$
$\quad = 255.1(1.0 \times 10.7 - 1.0 \times 9.69)$
$\quad = 257 \text{ mm}^2$

穴の補強に有効な管台の面積 A_2 は、

$A_2 = 2L_2(t_n - t_{nr})f_1$
$\quad = 2 \times 26.75 \times (6.13 - 4.31) \times 0.779$
$\quad = 75.8 \text{ mm}^2$

穴の補強に有効な補強材の面積 A_3 を計算

$A_3 = (D_p - d_0) t_p \times f_3$
$\quad = (460 - 267.4) 16 \times 0.915$
$\quad = 2819 \text{ mm}^2$

穴の補強に有効なすみ肉溶接部分の面積 A_{31}、A_{32} を計算、

$A_{31} = (\text{溶接脚長})^2 \times f_2 = 9^2 \times 0.779$
$\quad = 63.0 \text{ mm}^2$

$A_{32} = (\text{溶接脚長})^2 \times f_3 = 16^2 \times 0.915$
$\quad = 234 \text{ mm}^2$

❻ 評価、判定

$A = A_1 + A_2 + A_3 + A_{31} + A_{32}$
$\quad = 257 + 75.8 + 2819 + 63 + 234 = 3448 \text{ mm}^2$
$\quad > A_r = 2472 \text{ mm}^2$

よって、図5.6.1 に示す補強板を採用した構造で、穴の補強は十分である。

《一口メモ》

アウトレットという管継手

主管に穴を開け、管台、補強板を溶接する代わりに、管台と補強とが一体になった「アウトレット」と称する図のような管継手がアメリカにはある。

（図：Forged Bore 社のホーム頁より）

5. 管・管継手の強度を評価する

5.7 配管コンポーネントの圧力クラスとスケジュール番号制

> **このシートの要旨**
> 配管コンポーネント（構成品）の壁厚さは、「圧力クラス」により標準化が図られている。管と管継手のスケジュール番号制、バルブ、フランジの圧力・温度基準がそれである。本節では、スケジュール番号制を説明する。

1 配管圧力クラスとはなにか

管、管継手、バルブなどをはじめとする配管コンポーネントの中の、必要とする1個の製品を発注するには、製品の種類、材質、サイズ（口径）、厚さ、などを指定しなければならない。サイズ（口径）と厚さを小刻みに種類をふやせば、材料費は抑えられるが、あまりに種類が多くなりすぎると、メーカの生産性は落ち、ユーザ側は煩雑すぎて管理しきれなくなるだろう。

そこで、サイズのほうは、JIS や ASME、ISO などで、鋼管の標準サイズとして、6B（150A）以上は2インチ（約50 mm）ピッチで、そして 5B（125 mm）以下は細くなるにつれ、1インチ、1/2インチ、さらに1/4インチピッチで、サイズが設けられている。厚さのほうは、鋼管の場合、スケジュール番号制というものがあり、これは管の圧力クラスに相当するといえる。鋼製の管継手も管と同じスケジュール番号を採用している（以下、スケジュール番号は Sch 番号と略記する）。

また、バルブとフランジには圧力 – 温度基準（Pressure-temperature rating）があり、圧力クラスごとに各サイズのボディの壁厚さが規定されており、また材質と圧力クラスが決まると、任意の温度における耐圧力がわかるようになっている（表 5.7.1）。

その他、ASME の場合、ねじ込やソケット管継手についても圧力クラスが定められている。

2 管、管継手の Sch. 番号

管の Sch 番号制は、圧力クラスに相当するものだが、バルブやフランジのように精緻なシステムでなく、Sch 番号制は耐圧力の目安を表しているが、おおまかなものなので、耐圧強度を確かめるには規格による強度計算が必要である（図 5.7.1）。

たとえば、Sch 40 といえば、内圧がおよそ 4 MPa、Sch 80 といえば、およそ 8 MPa まで使用できるということはわかる。

鋼管の Sch 番号は炭素鋼・低合金用と、ステンレス用と2つのシリーズがあり、後者は、より薄いパイプを標準化しており、スケジュール番号の後ろに S をつけて区別する（表 5.7.2 参照）。

表 5.7.2 で（　）書きの SGP の厚さは、イメージ的に Sch 20 に近いが日本独自のものである。STD、XS、XXS はそれぞれスタンダードウェイト、エキストラストロング、ダブルエキストラストロングと呼び、アメリカでスケジュール番号制が制定される以前に使われていた

表 5.7.1 圧力クラスのある主な配管コンポーネント

配管コンポーネント	圧力クラス
鋼製パイプ、管継手	Sch 番号（日米共通）
鋼製バルブ 鋼製フランジ	圧力温度基準 日本には、比較的低圧用のものがある。

表 5.7.2 鋼製パイプの Sch 番号

材料	Sch 番号
炭素鋼 低合金鋼	20、30、40、60、80、100、120、140、160 (SGP)（STD、XS、XXS）
ステンレス鋼	5S、10S、20S、40、80、120、160

5.7 配管コンポーネントの圧力クラスとスケジュール番号制

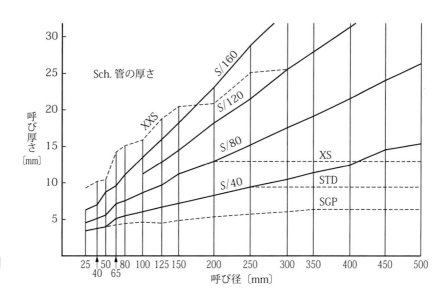

図 5.7.1 管の Sch 番号制

シリーズであるが、今でも流通している。しかし、これらは SGP を含め、厚さが圧力クラスのようにはなっていない。

3 Sch 番号の意味するところ

Sch 番号は次のように定義されている。

$$\text{Sch 番号} = 1000 \frac{P}{S} \qquad 式(5.7.1)$$

ここに、P：圧力、S：管材料の常温における許容応力。単位はいずれも MPa。

上記の式(5.7.1)、5.1 節 図 5.1.2 の $AP = BS$、および下記 図 5.7.2 より、

$$\text{Sch 番号} = 1000 \frac{P}{S} = 1000 \frac{B}{A} = \frac{2000t}{d}$$

$$\therefore \frac{t}{d} = \frac{\text{Sch 番号}}{2000} \qquad 式(5.7.2)$$

t/d は図 5.7.1 における勾配を意味している。

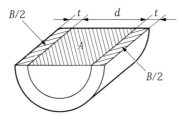

図 5.7.2 パイプの断面積と寸法の関係

たとえば、Sch 40 の場合は、

$$\frac{t}{d} = \frac{40}{2000} = \frac{1}{50}$$

実際の Sch 40 のパイプで、たとえば 100A と 300A の間の勾配を見てみると、

$$\frac{10.3 - 6.0}{318.5 - 114.3} = \frac{4.3}{204.2} = \frac{1}{47.5}$$

で、おおよそ、She 番号の勾配と一致する。

管必要厚さ t の簡易式は、5.3 節の式(5.3.4)より

$$t = \frac{PD}{2S} \text{ mm} \qquad 式(5.7.3)$$

また、Sch 番号管の厚さの負の公差は呼び肉厚の -12.5% であるから、t の厚さを必要とするときの「呼び厚さ」t_n は、

$$t_n = t / 0.875 \text{ mm} \qquad 式(5.7.4)$$

式(5.7.3)と式(5.7.4)から、

$$t_n = PD / 1.75 S \qquad 式(5.7.5)$$

式(5.7.1)と式(5.7.5)より、P/S を消去し、付加厚さ 2.54 mm を加えると、

$$t_n = \frac{\text{Sch 番号} \times D}{1750} + 2.54 \text{ mm} \qquad 式(5.7.6)$$

式(5.7.6)は、Sch 番号から厚さを決める式であるが、サイズによっては実際の厚さはこれよりかなり余裕をとっているものがある。

5. 管・管継手の強度を評価する

5.8 バルブ、フランジの圧力-温度基準

> **このシートの要旨**
> バルブ、フランジの「圧力-温度基準」は、設計圧力、温度、材質を決めると、当該規格のテーブルを読むことにより、必要とするバルブ、フランジを特定でき、圧力レーティング（圧力クラス）、弁箱の壁厚さ、フランジ厚さが決まるものである。

1 バルブはどのように選ばれるか

バルブと管用フランジは、JIS にも ASME にも圧力クラスがあり、ASME の場合は「圧力-温度基準」と呼ばれ、JIS よりもはるかに精緻なシステムが構築されている。バルブもフランジも圧力-温度基準は似たものなので、バルブを例に説明する。

バルブの選択において、形式は P&ID により、サイズはパイプサイズに合わせ（あるいは P&ID により）、ボディ、ボンネットの材質は、パイプの材料と同系の材質を選び（あるいは「配管クラス」による）、そして、耐圧的には圧力-温度基準の中の圧力クラスから選択する。パイプの場合、Sch 番号を選んだ後、強度計算を必要とするが、バルブは圧力クラスを選ぶだけで、強度は保証され、強度計算を必要としない。

アメリカでは、フランジ、ねじ込、溶接タイプのバルブに、ASME B 16.34 Valves-Flanged, Threaded, and Welding End を適用する。

日本の JIS の圧力クラスは材質ごとの別箇の規格となっており、低圧クラスしか規定されていない。

JIS の、圧力クラスを含む主な規格は。
- JIS B 2071　鋼製弁　JIS10K、20K
- JIS B 2005　工業プロセス用調節弁
  圧力クラスは PN（ISO と同一）で表す
- JIS B 2011　青銅弁　JIS10K
- JIS B 2951　可鍛鋳鉄弁およびダクタイル鋳鉄弁 10K、16K、20K

などである。

2 ASME のバルブ圧力-温度基準

ユーザが必要としているバルブの圧力クラスを ASME から選ぶとき、図 5.8.1 にあるように、多数ある材料グループの中から使用条件に適した材料グループ（たとえば、グループ No.1.1）

図 5.8.1　圧力-温度基準のイメージ

5.8 バルブ、フランジの圧力 - 温度基準

を選び出し、そのグループの「圧力 - 温度基準」の表の中から、使用温度、圧力に耐える圧力クラスを選び出す。

ある圧力クラスの、ある口径の弁箱の厚さは、圧力 - 温度基準のもう1つの表である「弁箱最小厚さの表」に、材質に関係なく一律に決められている。

材料グループには、
- グループ1：炭素鋼および低合金鋼
- グループ2：オーステナイトステンレス鋼
- グループ3：ニッケルおよびニッケル合金

の3つのグループがあり、各グループには、成分や強度の違いにより、さらに多数の小グループに分かれる。

圧力クラスには、150、300、400、600、900、1500、2500、4500の8クラスがある。400はあまり使われない。フランジに4500はない。

圧力 - 温度基準には、標準タイプのスタンダードクラスのほかに、スペシャルクラスというものがある。

スペシャルクラスというのは、寸法はスタンダードクラスと同じであるが、規定された非破壊検査を実施することにより、スタンダードクラスより若干高い圧力まで使えるようにしたものである。

スペシャルクラスはフランジにはないので、フランジ形弁には、スペシャルクラスはない。

主な圧力クラスの温度による使用圧力の変化

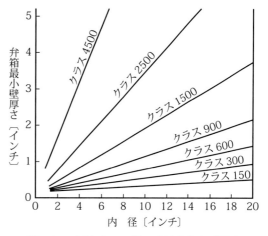

図 5.8.3　圧力クラス別の弁箱内径と壁厚さ

の例を図 5.8.2 に示す。太い線で示す、各圧力クラスの下側が使用可能な範囲である

ユーザがバルブの材質、口径、圧力クラスを決め発注すると、バルブメーカは「弁箱最小厚さの表」により、発注されたバルブの最小厚さを知ることができる。「弁箱最小厚さの表」のイメージを図 5.8.3 に示す。

❸ 圧力クラスの運転圧力の算出方法〈参考〉

圧力クラスの運転圧力は、スタンダードクラスの場合、次の式によって決められる。

$$P_{st} = \frac{10 S_1}{8750} P_r$$

ここに、

P_{st}：使用材料の使用温度における運転圧力 bar

P_r：圧力クラス。クラス150は $P_r = 115$ とする以外は圧力クラスに等しい。クラス300なら $P_r = 300$。

S_1：運転温度がクリープ域未満の場合は運転温度における使用材料の降伏応力〔MPa〕の60%以下とし、さらに幾つかの付加条件がある。クリープ域以上の場合も決め方が定められている。詳細は ASME B16.34 の Appendix B 参照）。

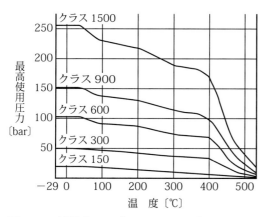

図 5.8.2　材料グループ1.2 のスタンダードクラス

付表3　よく使われる単位

配管関係の実務でよく使う単位を抽出した。

項　目	単　位	項　目	単　位
長さまたは距離	in = 25.4 mm	粘性係数または粘度	Pa·s = 10 p（ポアズ）
	ft = 0.3048 m		= 1000 cp
容　積	m^3 = 1000 L		= 0.1019 kgf·s/m^2
角　度	度 = π/180 rad	動粘性係数または動粘度	m^2/s = 10^4 St（cm^2/s）
質　量	lb = 0.454 kg		St = 100 cSt（mm^2/s）
密　度	kg/m^3		(St：ストークス)
比重量	kgf/m^3 = 9.8 N/m^3	比　熱	kJ/(kg·K)
	= 9.8 kg/(s^2m^2)	熱流束	W/m^2 = 860 cal/(m^2·h)
比　重	15℃の水を 1.00	熱伝導率	W/(m·K)
重さまたは重量	N = kg·m/s^2	熱伝達率	W/(m^2·K)
	= 0.102 kgf	振動数	Hz = 1/s
比容積	m^3/kg	角速度	rad/s
断面二次モーメント	m^4	加速度	m/s^2 = 100 Gal
断面係数	m^3	温　度	K（ケルビン）= 273 + C
断面一次モーメント	m^3		C = 5/9（F-32）
縦弾性係数	N/m^2	エンタルピ	J/kg
力	N	エントロピ	J/kg·K
応力または圧力	Pa = 1 N/m^2	運動量	kg·m/s = N·s
	MPa = 1 N/mm^2	運動エネルギーまたは衝撃値	kg·m^2/s^2 = N·m
	= 10 bar	質量の慣性モーメント	kg·m^2
	= 10.2 kgf/cm^2	エネルギーまたは熱量または仕事または電力量	J = 1 N·m
	bar = 14.5 lbf/in^2		= 1 kgm^2/s^2
	mmHg = 1.333 × 10^2 Pa		= (1/3.6) 10^{-6} kW·h
	1 気圧 = 101.3 kPa	動力または電力または出力または仕事率	W = 1 J/s
	= 1013 ヘクトパスカル		= 1 N·m/s
			= 1 kg·m^2/s^3
			= 0.102 kgf·m/s
			= 860 cal/hr

第6章
適切に配管フレキシビリティをとる

　配管は熱膨張すると、配管の端部は機器ノズルに固定されているため、配管はたわみ、熱膨張応力が発生し、たわみにくい配管ほど高い応力となる。この応力は重量や圧力により発生する"負荷応力"と性質を異にし、変位応力と呼ばれる。
　変位応力はその冗長性から、負荷応力に対する許容応力より高い許容応力をとることができる。
　配管と機器の間を余りに効率よく近道で結んでいると、熱膨張による変位を配管がたわむことによって逃がすことができず、配管に過大な応力が発生、機器ノズルには過大な配管反力が作用する。したがって、配管ルートには適度な寄り道が必要である。
　ここでは、変位応力の特質と適切な配管フレキシビリティをとる方法について説明する。

6. 適切に配管フレキシビリティをとる

6.1 負荷応力と変位応力

> **このシートの要旨**
> 圧力や荷重による応力に対しては、降伏点を超えない設計をするが、配管の熱膨張応力は降伏点を超えても、2倍の降伏点以下であれば、降伏が起こるのは、最初のサイクルに限定される。配管熱膨張による配管損傷は、応力振幅による低サイクル疲労で起こる。

1 性質の異なる2つの荷重、応力

配管では応力を負荷応力（Sustained Stress）と変位応力（Displacement Stress）に分類する。両者の大きな違いは、後者には「自己制限性」（Self Limiting）があることである。

〔注1〕Sustained Stress を「持続応力」と呼ぶ文献もあるが、この応力の実態を表していないように思われ、「負荷応力」とした。

〔注2〕圧力容器では、負荷応力に相当するものを「一次応力」、変位応力に相当するものを「二次応力」と呼ぶ。

負荷応力というのは、配管が荷重や圧力のような負荷を受け、これに耐えるとき生じる応力である。この応力は、図 6.1.1 にみるように、負荷荷重を増やしていき、応力が降伏点を超えると、それまでの弾性変形から、一気に大きな塑性変形を引き起こす。この大きな変形過程は落ち着くところ（塑性変形することにより、材料強度が少し上がるところ）までいかないと、途中では、止めようのないものである。

変位応力というのは、管の配管熱膨張による伸びの拘束、あるいは管の両固定端の間の相対変位など、変位に起因する応力である。

この応力は、降伏点を超えても変位に相応するひずみが発生するだけで変位が止まれば、ひずみはそこで止まる。これを自己制限性（Self Limiting）があるという（図 6.1.2 参照）。

降伏点を超えた変位応力はひずみは増えるが、応力はほぼ降伏応力のままである。しかし、図 6.1.2 において、2 は 1 より明らかに破壊に近い。

これを表現するため、降伏後も弾性的変形を続けると仮想する「弾性等価応力」を導入する（図 6.1.2 の S_1、S_2）。

変位応力では、降伏点より高い応力はすべて弾性等価応力であり、仮想の応力である。

破壊の観点からは、変位応力のほうが負荷応力よりも冗長性があるともいえ、応力に対する許容応力は変位応力のほうが負荷応力より高く設定されている（後述）。

自己制限のある応力は次のような特徴を持つ。

① 延性のある管は、一般的に1回の荷重がかかっただけでは壊れない。破壊の仕方は多数回の荷重の繰り返しによる疲労破壊である。

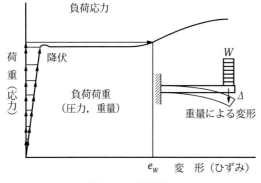

図 6.1.1　負荷応力

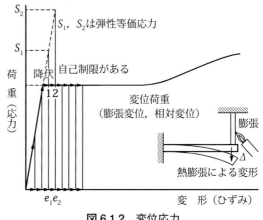

図 6.1.2　変位応力

6.1 負荷応力と変位応力

② 疲労による破損はサイクルにおける最高応力と最低応力の差、すなわち応力範囲（応力振幅の2倍）に関係する。
③ 応力が降伏強さに達しても破損や配管全体に及ぶような変形を起こさない。

2 熱膨張変位はどこまで許せるか

配管の熱膨張等に起因する変位応力で、ものが壊れるのは低サイクルの疲労が原因である。

たとえば、プラントの起動（hot）、停止（cold）により生じる応力振幅の繰返しで、その振幅と繰返し数（サイクル）がある限界を超えると、疲労破壊する。

熱膨張応力を扱うとき、次の点に留意する。
① 疲労破壊に影響ある応力は、振動と同じように、静的応力の高さでなく、最大応力と最小応力の差、すなわち応力範囲である。
② 運転サイクルごとに起こる塑性変形は疲労損傷の観点から許されない。この観点から、変位応力に対する許容値が設定される。

以下に、幾つかの代表的な応力振幅の大きさについて、許容される場合と許容されない場合を、応力-ひずみ座標において、起動 {0→A}・運転 {A→B(R)}・停止 {B(R)→D(E)} のサイクルで示す。

初めに、図6.1.3、図6.1.4、図6.1.5の記号を説明する。

S_E：常温の応力0から運転温度における弾性

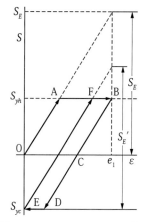

図6.1.4 $S_E > S_{yc}+S_{yh}$ の場合

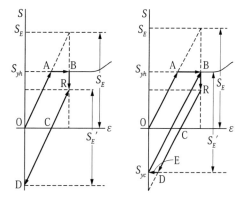

図6.1.5 高温で応力緩和する場合

等価応力までの応力の幅、すなわち応力範囲、
S_E'：応力緩和等が起こったときの実際の応力範囲
S_{yc}、S_{yh}：常温、運転温度の各降伏応力

❶ $S_E \leq S_{yc}+S_{yh}$ の場合（図6.1.3参照。）
起動、停止サイクルにおいて、塑性変形は最初の運転におけるA→B、1回のみで、その後は、B↔Dで塑性変形なく運転されので、損傷にほとんど影響を与えず、許容される。

❷ $S_E > S_{yc}+S_{yh}$ の場合（図6.1.4参照）
運転サイクルはE→F→B→Dとなり、サイクルごとに2回の塑性変形をし、許容されない。

❸ **高温で応力緩和をする場合**（図6.1.5参照）
図6.1.5左は応力緩和するが、常温時、降伏点を超えず、サイクルごとの塑性変形を起こさないので、許容される。図6.1.5右はB点が右へ偏りすぎているため、常温時に降伏点を超え、塑性変形を繰り返すので、許容されない。

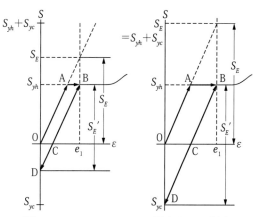

図6.1.3 $S_E \leq S_{yc}+S_{yh}$ で許容される場合

6. 適切に配管フレキシビリティをとる

配管フレキシビリティ

> **このシートの要旨**
> 配管の熱膨張を拘束することにより発生する応力と配管反力は、配管のたわみにより減少させることができる。配管のたわみやすさを「配管フレキシビリティ」といい、伸び方向と直交する方向に配管を引き出すことにより得られる。

■ 配管フレキシビリティ

一般に配管は、機器・装置と接続することで、固定され、また、配管の途中にアンカやレストレイントなどが設置され、これらによっても、軸方向あるいは軸直角方向を、あるいは全方位を拘束される。

流体温度が上がり、配管材料（金属、非金属に関係なく）が材料の線膨張係数により伸長するが、配管の端部と、配管途中にあるレストレインとなどにより、配管は自由な伸びを拘束され管の壁断面に曲げ応力を発生する。曲げ応力の発生は、配管がたわむことにより抑制される。「たわみやすさ」のことをフレキシビリティという。配管をたわみやすくするには、固定端から固定端へ配管を最短距離で引くのではなく、遠回りをするルートをとることである。

図 6.2.1 は配管途中に何点かのガイド（レストレイントの一種）がありながら、適度な冗長性を持った U ループ（上の図）とオフセット配管（下の図）で、応力と反力を抑制している。破線は熱膨張時、配管が変位する様子を模式的に示したもので、また反力の方向も示している。

図 6.2.2 は 2 基の機器間をつなぐ配管として、3 通りのルートを示している。

ルート①は機器間をストレートにつないでいる。配管と右上の装置との接合部をフリーにしたと仮定したとき、管端部の伸びは固定端を結んだ直線（2点鎖線）の延長上を伸びる。そして、伸び方向と直角をなす方向成分を持つ管がたわむことにより熱膨張で生じる応力を逃がすのだが、ルート①は、伸び方向と直角をなす方向成分の管がまったくないため、きわめて過大な、許容できない応力を発生する。

ルート②はオフセットのある配管で、$x-y$ 軸に対し 45° 程度傾いているので、配管の伸びは、x 方向と y 方向の伸びがほぼ等量あると考えられる。x 方向の伸びに対しては、これと直交す

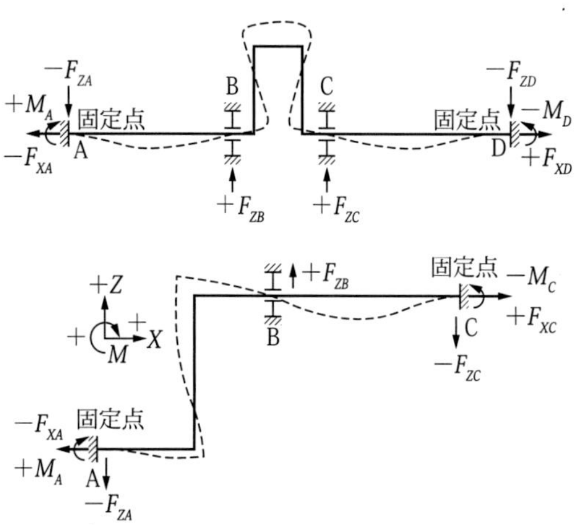

図 6.2.1　U ループとオフセット配管のたわみ

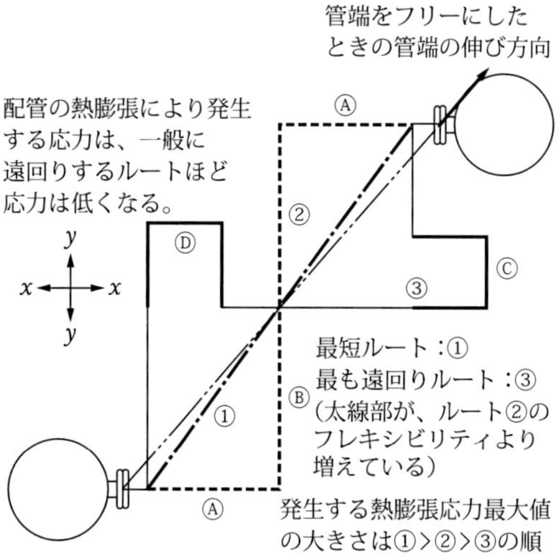

配管の熱膨張により発生する応力は、一般に遠回りするルートほど応力は低くなる。

最短ルート：①
最も遠回りルート：③
（太線部が、ルート②のフレキシビリティより増えている）

発生する熱膨張応力最大値の大きさは ①＞②＞③ の順

図 6.2.2　フレキシビリティの有無

るⒷの管が、またY方向の伸びに対しては、これと直交するⒶの管がたわんで、伸びを吸収する。

②に相当する配管ルート③は、②の配管でもフレキシビリティが不足して、許容応力範囲を満足しない場合に、③のように配管ルートにUループを2つ追加したものである。③の配管のⒸのループ追加により、2本の管のx方向長さが延長された（太線部）ので、y方向の伸びを逃がしやすくなった。同様に、Ⓓのループ追加により、y方向の管が2本延長された（太線部）ので、x方向の伸びがより逃げやすくなった。これらのUループは一層伸びを吸収して、熱膨張応力を下げる働きをする。

❷ フレキシビリティの簡易評価方法

配管熱膨張により生じる、配管の応力範囲、管の変位、機器への荷重などを解析する、配管フレキシビリティ解析は、現在、一般にパソコンソフトを使って行われる。しかし、その前段階として、フレキシビリティ解析の必要ない配管のケースをふるい落とす、簡易的な評価方法がASMEで提案され、日本にも普及している。

以下にその方法を紹介する。

ASME B31.1 Power Piping, および B31.3 Process Piping においては、すべての配管にフレキシビリティ解析することを求めているが、次の条件が満足されれば、その限りでないとしている。以下のことは、ASMEと関係のない場合でも、活用できる。

その条件は、パイプが同一サイズで、アンカは両端の2箇所のみとし、配管途中に拘束がない状態で、本質的に周期的運転をしない系、（すなわち寿命中のサイクル7,000回以下）であることとし、式（6.2.1）の概算式を満足すること。

$$\frac{DY}{(L-U)^2} \leq 208\,000\,\frac{S_A}{E_c} \qquad 式（6.2.1）$$

ここに、
D：呼び外径〔mm〕
E_c：室温における縦弾性係数〔kPa〕
L：配管の展開長さ〔m〕

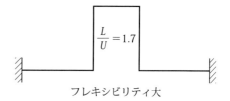

フレキシビリティ大

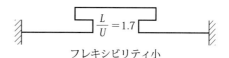

フレキシビリティ小

図 6.2.3 簡易解析では同じ結果でも

U：固定端間の直線距離〔m〕
Y：配管系による両端間合成変位量〔mm〕
S_A：熱膨張応力に対する許容応力範囲〔kPa〕
（6.3節の式（6.3.4）参照）

さらに本式の使用にあたり、次のような警告をしている。

「長さが異なる管（レグ）のUベンド（L/U＞2.5）、直線に近い鋸状配管、大径・薄肉管、アンカを結ぶ方向と異なる伸びが伸び全体の大部分を占める配管、クリープ域で運転する配管、などの場合は式（6.2.1）の適用にあたり注意が必要である。また、この式が満足しても、配管反力が低いという保証はない。

式（6.2.1）は理論式ではなく、「正確であるとか、余裕があるとかの証明はできない」と。

たとえば、図6.2.3の上と下の配管の、式（6.2.1）の結果は同じになるが、フレキシビリティにはかなり大きな差がある。上の配管は常識的だが、下の配管は非常識的である。

前述のとおり、鋸状の珍しい配管には警告していることもあり、非常識な形状の配管への適用は避けるべきだろう。

また、この評価式は、反力については、なにも語っていないことに注意しておこう。

❸ コンピュータによる配管応力解析

配管応力解析は後述の、配管特有のたわみ性係数（flexibility factor）kと応力増倍係数（stress intensification factor）iを適用して修正を加えることを除けば、標準的な構造物の応力解析問

6. 適切に配管フレキシビリティをとる

題と変わらない。

熱膨張応力は、コールドスプリングをとったとき、あるいは降伏や応力緩和によってセルフスプリングが生じたときは、冷間時応力が発生するので、熱間時のひずみに対し応力値の高くなる冷間時のヤング率 E_c を使って解析を行う。

計算された熱膨張応力範囲 S_E と配管固定点における配管反力 R は、次の一般的な式で表される。

$$R = FS_E$$

ここで、F は反力を熱膨張応力範囲と関係づける複合的な係数である。

S_E は許容応力振幅 S_A と比較する応力であり、R はコールドスプリング 100 %にとったときの冷間時反力 R_c に等しい（$R_c = R$）。

また、運転時の固定点反力 R_h は、

$$R_h = (E_h/E_c)R$$

となる。

なお、配管熱応力解析に採用された、たわみ性係数 k と応力増倍係数 i は次のような意味をもつことを付記しておく。

エルボが変形するとき、断面が扁平化する。それにより、直管よりもたわみやすくなる一方、応力は高くなる。前者がたわみ性係数であり、後者が応力増大係数である。

150A Sch40、ロングエルボの k、i を ASME code で定められた式で計算すると、$k = 6.4$、$i = 2.2$ となる。このエルボの中立軸の長さは約 0.36 m であるから、このエルボ 1 個に、

$$0.36 \times 6.4 = 2.3 \text{ m}$$

の直管に等しいたわみ性を持たせ、応力は直管の応力の 2.2 倍とする修正を計算において行うのである。

■ フレキシビリティ評価、実際の運用

配管フレキシビリティの検討の仕方には、次のいくつかのやり方が考えられる。

❶ 簡易評価法を使う

❷で述べた条件に適う配管については、まず、式（6.2.1）の簡易評価法で判定する。簡易評価法でフレキシビリティ不足と判断されたものは、改めて❸のコンピュータ解析を行い、計算熱膨張応力 S_E が許容応力振幅 S_A に入れば、その配管のフレキシビリティは問題ないとする。

❷ すべての配管に対しコンピュータによる解析を行う

運転温度が常温とかなり差のあるすべての配管を、❸で述べたコンピュータによる配管応力解析を行う（このとき、下記の❸における ASME の解説書による応力解析対象範囲も、1 つの参考となろう）。❷に該当する配管は比較的単純な配管が多いので、パソコンソフトで解析しても、それほど時間はかからないであろう。

❸ エンジニアの経験による判断

エンジニアの過去の積み重ねた経験により、❶によるか、❷によるか、あるいは何も必要ないかを判断する。

なお、ASME の解説書である文献、Charles Becht、Process Piping：The Complete Guide to ASME B31.3 third edition 2009. によれば、以下に示す配管を詳細な応力解析対象としている。

- 設計温度と基準温度の差が 260 ℃を超える 2 インチ以上の配管
- 設計温度と基準温度の差が 205 ℃を超える 4 インチ以上の配管
- 設計温度と基準温度の差が 150 ℃を超える 8 インチ以上の配管
- 設計温度と基準温度の差が 90 ℃を超える 12 インチ以上の配管
- 20 インチ以上の配管
- 回転機器に接続する 3 インチ以上の配管
- エアフィンクーラに接続する 4 インチ以上の配管
- タンクに接続する 6 インチ以上の配管
- 内管と外管の温度差が 20 ℃以上の二重配管

6.3 熱膨張応力範囲に対する許容応力範囲

> **このシートの要旨** 熱膨張応力範囲に対する許容応力範囲は、理論的には降伏点の2倍だが、実際は安全を考え、$S_A = f(1.25S_c + 0.25S_h)$ としている。複数の運転モードがあるときは、運転モードごとの評価ではなく、ポイントごとの運転モードをスルーした評価をしなければならない。

1 熱膨張許容応力範囲

6.1節で見たように $S_E \leq S_{yc} + S_{yh}$ であれば、運転サイクルにおいて塑性変形を繰り返さず、低サイクル疲労することがわかった。そして、繰り返す塑性変形を避ける基準応力 S_{EB} は、

$$S_{EB} = S_{yc} + S_{yhx} \quad 式(6.3.1)$$

とされた。ここに S_{yhx} は運転時の降伏点と1,000時間0.01%クリープ160%の小さい方の値である。許容応力範囲を作ったASME code B31.1 および B31.3 の許容応力の定義は、降伏応力の2/3と1,000時間0.01%クリープの小さい方なので、式(6.3.1)は、

$$S_{EB} = 1.5(S_c + S_h) \quad 式(6.3.2)$$

と書ける(S_c は常温の許容応力、S_h は運転時の許容応力)。

式(6.3.2)は安全係数を考え、式(6.3.3)のようになる。

$$S_{EB} = S_A + S_{pw} = 1.25(S_c + S_h) \quad 式(6.3.3)$$

ここに、S_A は熱膨張許容応力範囲、S_{pw} は圧力と荷重による負荷応力
S_{pw} には、最大 S_h を引き当てるので、式(6.3.3)は、

$$S_A = f(1.25 S_c + 0.25 S_h) \quad 式(6.3.4)$$

となる。ここに、f は繰返し応力範囲係数と呼ばれ、繰返し数の増加に対し、許容応力範囲を低減させる率で、**2**のようにして決められた。

2 応力範囲係数 f の意味するところ

振動のような繰返し起こる応力変化のもとでの疲労破壊の現象は、一般に S-N 曲線(疲労曲線とも呼ばれる)によって表される。

図6.3.1は、簡略化して書いた S-N 曲線で、S は縦軸の弾性等価応力振幅、N は横軸のサイクル数を意味する。いずれも対数目盛である。

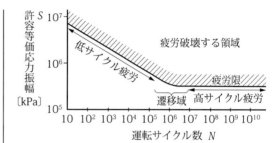

図6.3.1 低サイクル疲労と高サイクル疲労

左側の斜めの直線と右側の水平な直線は、サイクル数 N が通常 $10^6 \sim 10^7$ で交差する。それより小さいサイクルの領域で起こる疲労破壊を低サイクル疲労、大きい領域を高サイクル疲労という。

これら曲線の上側が疲労破壊の領域である。高サイクル疲労の水平の線の応力振幅はサイクル数に関係しない応力振幅で、疲労限と呼ぶ。

熱膨張応力は、系統を仮に1日10回起動・停止したとしても、10年間の繰返し数は 4×10^4 に満たないので、低サイクル疲労に属する。

低サイクル疲労の右下がりの直線は $SN^m = C$ で表される。m は log-log 座標上の直線の負の勾配で、配管コンポーネントの場合は -0.2、C は定数で、$N=1$ における弾性等価破壊応力である。

係数 f は、S_A を求める際に使われる係数で、基本サイクル数である7,000サイクルを超えて運転する系に対し、許容値を減らすために使われる。疲労強度 S とサイクル数 N の関係は、$SN^{0.2} = C$ で表されるので、疲労強度を、

$$S = CN^{-0.2} \quad 式(6.3.5)$$

で表すことができる。

f は $N=7,000$ で1とするので、サイクル数 N の f は、

6. 適切に配管フレキシビリティをとる

$$f = \frac{CN^{-0.2}}{C7000^{-0.2}} = (7000)^{0.2} N^{-0.2}$$
$$= 5.875 N^{-0.2}$$

code では、

$$f = 6.0 N^{-0.2} \leq 1.0 \quad 式 (6.3.6)$$

を採用している。

式（6.3.6）で f を計算するが、$N \leq 7{,}000$ に対しては、$f = 1.0$、$N \geq 10^8$ に対しては、$f = 0.15$ とし、7,000 回より少ない運転の系に対し、さらに高い許容応力を許していない（B31.1）。

3 大きさの異なる応力範囲がある場合

たとえば、図 6.3.2 のように、予想される応力範囲とそのサイクル数が、サイクル数の多い応力範囲 130 MPa が 10^4 回のほかに、応力範囲 160 MPa が 10^3 回ある場合、全体のサイクル数 N を、基準とする応力範囲 S_E（130 MPa とする）のサイクル数に換算して、f を求める。

基準応力範囲のサイクル数 N を求める式は、

$$N = N_E + \sum (q_i^5 N_i) \quad 式 (6.3.7)$$

ここに、$i = 1、2、3、\cdots$
N_E：基準応力範囲 S_E のサイクル数
N_i：応力範囲 S_i のサイクル数
S_i：基準応力範囲以外の計算された任意の

応力範囲
$q_i : S_i / S_E$

図 6.3.2 の例の場合の N を計算すると、

$$N = 10^4 + \left(\frac{160}{130}\right)^5 \times 10^3 = 1.28 \times 10^4$$

これを、式（6.3.6）に代入すれば、f を求めることができる。

4 複数の運転モードがある場合の解析

繰返す配管熱膨張による低サイクル疲労は、計算応力範囲 S_E によって評価する。

最大応力と最小応力の差である応力範囲は、系統が1つの運転モードのみの場合は明瞭であるが、系統に複数の運転モードがある場合、その系統として、複数の運転モードをスルーした最大応力振幅を見つけ、評価しなければならない。例で説明する。

図 6.3.3 に示すように、2基の反応器Ⓐ、Ⓑから槽Ⓒへ送液する系統に3通りの運転モードがある。その系のフレキシビリティ解析を行った際、3つのモードに対し、おのおの、熱膨張応力範囲を計算し、各モードごとに応力範囲を比較し、その最大の応力範囲をもって、この系の計算熱膨張応力範囲 S_E とした場合、3つのモードをスルーして見ていないところに問題がある。

あるモードの応力範囲と別のモードの応力範囲を組み合わせた応力範囲がこの系統の最大の応力範囲になる可能性があるからである。

図 6.3.4 の図で説明する。同図の、一番上の図のように、点 a における、モードⅠ、モード

図 6.3.2　大きさの異なる応力範囲がある場合

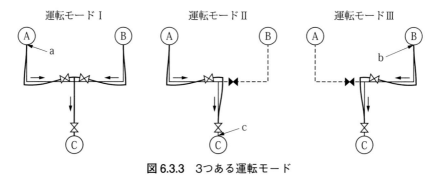

図 6.3.3　3つある運転モード

6.3 熱膨張応力範囲に対する許容応力範囲

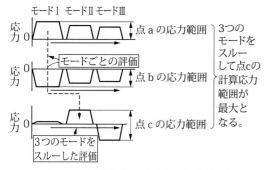

図 6.3.4 最大となる応力範囲の評価法

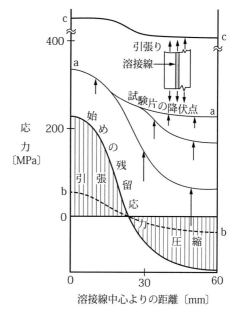

図 6.3.5 残留応力の平準化

Ⅱ、モードⅢの応力範囲を横並びに画く。そして、モードⅠ〜Ⅲをスルーした最大の応力範囲を求める。この値が点aの計算応力範囲となる。

次いで、b点、c点について、同じように、モードⅠ、Ⅱ、Ⅲの応力範囲を横並びにし、モードⅠ〜Ⅲをスルーした最大の応力を、点b、点cの計算応力範囲とする。そして、これら点a、点b、点cの計算応力範囲の中の最大値が、この配管系の求める計算応力範囲となる。

前述した、モードごとの評価では、モードごとに、点a、点b、点cの応力範囲の最大値を各モードの計算応力範囲とし、各モードの最大の計算応力範囲をこの配管系の求める計算応力範囲とするため、図6.3.4の点aまたは点bの計算応力範囲が求めるものとなり、正しい値よりだいぶ小さく評価してしまうことになる。

したがって、複数の運転モードがあるときは、系のすべての点につき、点ごとにすべての運転モードをスルーした計算応力範囲を求め、求めた各点の計算応力範囲の中の最大の応力範囲を、この系の求める最大の計算応力範囲として、許容応力範囲と比較すべきである。

5 低サイクル疲労と残留応力

材料の降伏点を超えることのある低サイクル疲労は、降伏点以下で破損する高サイクル疲労と異なり、残留応力は、降伏応力に平準化されるので、その影響を受けることが少ない。その理由を溶接部の残留応力の例で説明する。

図6.3.5で、横軸は溶接線からの距離、縦軸は溶接線に平行方向の応力を示す。

溶接線近傍は、溶接部の冷却過程で収縮しようとするが、外側の低い温度の収縮量の少ない金属により拘束されるため、引張応力が発生し、外側部分はその反力で圧縮応力が発生する。その状態が図のハッチングの部分である。

この溶接部に溶接線と平行方向に引張りの外力がかかると、高い残留応力の部分は直ちに降伏し、塑性変形を始めるが、応力は余り増加しない。外力の増加とともに、塑性変形部分が拡大し、やがてa-aの全断面が降伏した状態となる。

この状態で外力を取り去ると、残留応力はb-bの破線の状態になり、当初の残留応力が大幅に軽減している。

a-aの全断面降伏の状態からさらに外力を加えると、塑性変形が進むにつれ、応力の状態はほぼ平坦のまま増加し（c-cの線）、初めに残留応力がない状態とほぼ同様に破断する。

したがって、降伏をしてから破壊に至る破壊モードの場合、残留応力の影響は少ないといえる。
（残留応力の項は、最新溶接ハンドブック〔ジュニア・増補版〕鈴木春義 著 山海堂 1963年刊によった）

6. 適切に配管フレキシビリティをとる

6.4 コールドスプリングと配管反力

> **このシートの要旨**
> コールドスプリングをとることにより、配管反力を小さくすることができるが、応力振幅は変わらない。コールドスプリング施工時の最終接合部において、両者の管軸を一致させ、かつ合わせ面を管軸と直角に接合するには、技量と経験を要する。

1 コールドスプリングをとる理由

配管と機器との接合部で、配管の熱膨張により機器に与える荷重が機器の許容荷重を上まわるとき、配管にコールドスプリングをとって、反力を下げることができる。

コールドスプリング（以後、略してCSと表すことがある）は、配管の熱膨張量（伸び量）のすべて、あるいはその一部（たとえば1/2）を、配管スプールを製作時に短くカットして製作し、配管据付時の最終接続部において、その短い分（ギャップ量）、管を引張って接続することをいう。

CSをとった配管は、運転時に、配管のフレキシビリティで吸収せねばならない伸び量を x、y、z 各方向につき [伸び量 − ギャップ量] に減らすことができ、その結果、機器に及ぼす力を減らすことができる。

伸びる量すべてをカットするCS 100 %（過酷である運転時の配管反力を理想的には0にする）、伸び量の1/2をカットする場合をCS 50 %（停止時と運転時の反力を理想的には、ほぼ折半する）などの選択がある。

また、石油化学工業界では、曲がり角の配管熱膨張のためのスペースが不足する場合、配管の伸び量を制限するためCSをとることがある。

2 コールドスプリングをとるには

いま、図6.4.1のような三次元の配管にCSをとるものとする。CSのギャップ量（面と面のすき間量で、カット量に等しい）は、A端固定、B端をフリーに膨張させ、機器の伸びによるBの固定端の移動量も含めた、配管B端と固定端Bの相対変位量であり x、y、z 方向別に計算する。

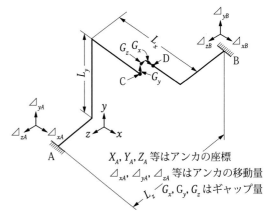

図6.4.1　コールドスプリングをとる

x方向のギャップ量 g_x の計算：

$$G_x = C[a(T_2 - T_1)L_x - (\Delta_{XB} - \Delta_{XA})]$$

ここに、

C：CS 100 %のとき 1.0、CS 50 %のとき 0.5
a：熱膨張係数
T_2：運転時温度
T_1：停止時温度（基準温度）
Δ_{XB}、Δ_{XA}：固定点A、固定点Bの x方向各移動量（機器ノズルの移動量のこと）

y方向、z方向のギャップ量 G_y、G_z も上記と同様に計算する。

CSをとる場合、最終接合部において、短くなった配管の両端の開先面、あるいはフランジ面を平行にして接続する必要があり、配管に曲げモーメントをかけつつ引張る必要があるので、作業性のよい接合場所を選ぶ必要がある。

一般的には、CSをとる位置として、アンカ近傍が便利なことが多い（図6.4.1のCSをとる位置はアンカからやや離れている）。その理由は、

① ギャップを閉じるのに、ほぼ全ラインのフレキシビリティを利用できる
② 短い側の管は引張る必要がない
③ 足場などがあって接近性が一般によい
④ 柱などがあり、引張る力を得やすい

なお、ねじりモーメントをパイプに加えるのは一般的にもっとも難しい。

3 コールドスプリングをとったときの反力

配管の常温と運転温度の温度差による配管の熱膨張量が拘束されたとき、基本となる配管反力 R は、常温時の常温の縦弾性係数を使って計算された熱膨張応力範囲 S_E をもって、次のように計算される。

$$R = F \cdot S_E$$

ここに、F は反力を熱膨張応力と関係づける複合的な係数である。

応力が与えられれば、上記関係から、与えられた応力に $F = R/S_E$ をかけることにより、そのときの反力が得られる。

以下に、CS量、および高温時の応力緩和の有無の差により常温時、運転時の反力（応力）がどのように変わるかを示す。

応力緩和のない状態の応力と反力をおのおの、S'、R'、応力緩和が起こった状態での応力と反力をおのおの S''、R'' とする。

❶ **CS 0％、応力緩和なし**（図6.4.2）

常温時反力：$R' = 0$

運転時反力：$R' = R \dfrac{E_h}{E_c}$

S_E、R は E_c を使って計算しているので、運転

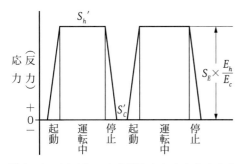

図6.4.2　CS 0%、応力緩和なしの応力の変化

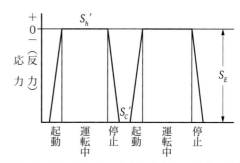

図6.4.3　CS 100％、応力緩和なしの応力の変化

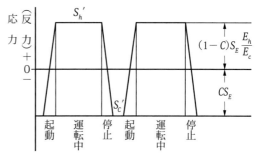

図6.4.4　CS 50％、応力緩和なしの応力の変化

（高温）時のこれらには上記のように、E_h/E_c をかける必要がある。

❷ **CS 100％、応力緩和なし**（図6.4.3）

常温時反力：$R' = R$

運転時反力：$R' = 0$

❸ **CS 50％、応力緩和なし**（図6.4.4）

常温時反力：$R' = CR$

運転時反力：$R' = (1-C) R \dfrac{E_h}{E_c}$

ここに $C = 0.5$。

❹ **応力緩和がある場合**

図6.4.5の応力緩和のある場合の応力に、R/S_E をかけると、反力が求められる。

常温時反力：$R' = CR$ または

$$R' = \left[1 - \dfrac{S_h}{S_E} \cdot \dfrac{E_c}{E_h} \right] \cdot R$$

初期運転時反力：$R' = R \dfrac{E_h}{E_c}$ または

$$R' = (1-C) R \dfrac{E_h}{E_c}$$

6. 適切に配管フレキシビリティをとる

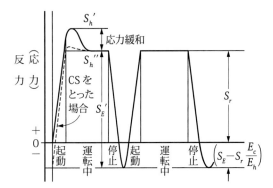

図 6.4.5　応力緩和のある場合の応力の変化

応力緩和後の反力：$R'' =$

常温時：$\left(1 - \dfrac{E_c}{E_h}\dfrac{S_r}{S_E}\right)R$

運転時：$R\dfrac{S_r}{S_E}$

ここで S_r は応力緩和の落ち着く応力。運転時反力は R' と R'' の大きい方をとる。

4 コールドスプリングを100％信用しない

CS は理想どおりに施工することが現実的に難しいことが多いので、高温時反力は CS に不確実係数である 2/3 をかける。ただし、常温時反力は CS をそのままとる（大きい方の反力をとる）。

下記は x, y, z 方向に均等な CS をとった場合の反力の計算式である。

高温時反力：$R_h = \left(1 - \dfrac{2}{3}C\right)R\dfrac{E_h}{E_c}$

常温時反力：$R_c = C \cdot R$　または、
$\qquad = \left[1 - \dfrac{S_h}{S_E}\cdot\dfrac{E_c}{E_h}\right]\cdot R$

のいずれか大きい方。

ただし、$\left[1 - \dfrac{S_h}{S_E}\cdot\dfrac{E_c}{E_h}\right] < 1$

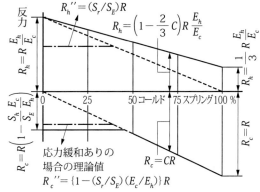

図 6.4.6　眼でみる配管反力

ここに、
R：E_c で計算した、全膨張反力（全膨張：CS 0 で温度が T_1 から T_2 へ変化したときの膨張量）
S_E：E_c で計算した全膨張応力範囲
E_h, E_c 高温、常温時の各縦弾性係数
S_h：運転時の許容応力

3 の 4 における S_r をここで S_h に置き換えた理由は次による。

S_r は応力緩和して落着く応力だが、各種材料の S_r は公表されたものはない。ASME code では、$S_h \le S_r$ として、S_h を決めているので、応力緩和の起こる場合の反力計算式において、不可知の S_r を許容応力表から得られる S_h に置き換えたものである。

図 6.4.6 は、常温（停止）時と運転時の反力は、CS が 0 から 100％まで、どのように変わるか、応力緩和があった場合、反力はどうなるか、前述の反力の計算式を含め、イメージ化したものである。

第7章
材力で配管支持構造を設計する

　配管技術者は、四力学の1つである材料力学の基礎を理解し、荷重のかかる管や梁の曲げモーメントと応力を評価できなければならない。配管の多くは空間をとおり、そのため荷重を支えるサポートが必要である。また、ベローズの前後で生じる内圧による推力や地震加速度による荷重を受け止めるために、アンカやレストレイントが必要である。これらの設計、強度評価するには、材料力学の知識が不可欠となる。
　ここでは、外部荷重を負荷された、管や梁に対する強度計算のやり方につき説明する。

7. 材力で配管支持構造を設計する

7.1 ベクトルと力の平衡式を使って、支持点荷重などを計算する

> **このシートの要旨**
> 物体に外力がかかったとき、ベクトルで表し、必要に応じ合力、あるいは分力に変換し、かつ力の平衡式を使うことにより、物体がバランスする位置を求めたり、物体を支持している荷重（反力）を求めることができる。

1 力をベクトルで表す

ある構造物、あるいは機械、製品（たとえば、バルブ）に荷重がかかったとき、その荷重により強度上の問題がないか検討するには、荷重（外力）、荷重により部材内に生じる内力、支持点における反力を特定、算出し、それらの大きさをベクトルで表すと、イメージ的に理解しやすい。

その一般的なステップは次のようになる。

① 構造物に作用する荷重（外力）のかかる位置、大きさ、方向を明らかにし、力の作用点を起点にベクトル（後述）で表す。

② 構造物の支持点を明らかにし、そこを起点にわかっている範囲で荷重をベクトル表示する。

③ 他に部材に働く内力があれば、それらの生じる位置、方向を特定、ベクトル表示する。

④ 物体が静止している場合は力がバランスし、合力は0になるので、力の平衡式（3参照）により支持点荷重、内力などを算出する。

⑤ 内力、支持点荷重（反力）による応力を算出し、評価する。

これらにより構造部や支持部（サポート部材）の強度（図7.1.1）、あるいは物体がどの位置でバランスするか（図7.1.2、図7.1.3）がチェックできる。

ベクトルは、力の方向と大きさを矢印をもって、力の作用点を起点として描かれたもので、1つのベクトルを2つベクトルに分解し、分力としたり、2つのベクトルを合成し、合力としたりすることができる。

分力：分力の描き方（図7.1.1の左図参照）は、ベクトルで表した1つの力を対角線とする平行四辺形を作る。上記対角線を挟む2辺の角度は、分力のとりたい方向に選ぶ。ただし、図7.1.1の左の図の場合は、ロープの方向が分力の方向となる。対角線を挟む2辺が分力のベクトルとなる。

合力：2つの力のベクトルの合力は、2つのベクトルを2辺とする平行四辺形を作り、その対角線が合力のベクトルである（図7.1.1の右図参照）。2つの力の作用点が異なる場合は、ベクトルを1つの起点に平行移動して平行四辺形を作る（図7.1.1右図の場合は長方形）。

2 例：スイング逆止弁の弁体

ここで、合力、分力をスイング逆止弁の弁体に働く力に応用してみる。スイング逆止弁の弁体はヒンジピンを軸として回転できる。流体が弁体に当たるときの動圧、および流れが方向を変えるときの運動量変化としての流体力が弁体を開ける力であり、弁体の自重が弁体を閉める力となる。

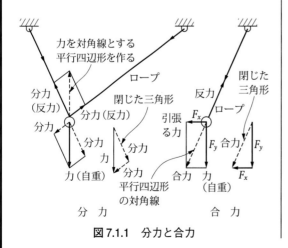

図7.1.1　分力と合力

7.1 ベクトルと力の平衡式を使って、支持点荷重などを計算する

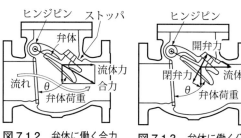

図 7.1.2 弁体に働く合力　　図 7.1.3 弁体に働く分力

今、弁体に働く流体力と弁体荷重のベクトルが図 7.1.2 のようであったとする。弁体に総合的にどのような力が働いているかを求めるには、■で述べた方法で、図 7.1.2 のようにベクトルを合成する。

弁体が流体中で静止しているのは、合成されたベクトルの延長線上にヒンジピンの中心があるときである（図 7.1.2）。（通常、スイングチェックの弁体は運転時、ストッパに押し付けられている。）

次に、流体力と弁体自重を開弁と閉弁力方向に分解してみる。

図 7.1.3 のように、流体力と弁体荷重をこれらの作用点とヒンジピンを結ぶ直線に垂直な分力と平行な分力とに分ける。

このうち、垂直分力のみが回転力に寄与する。そこで流体力と弁体荷重の垂直分力は図 7.1.3 のようになり、2 つの分力のベクトルは方向が反対で、もしも大きさが等しければ、弁体はこの位置でバランスし、動かない。

❸ 支持点反力の計算

荷重がかかるピン支持構造物の支持点が負担する反力を計算する方法を説明する。

構造物は二次元とし、垂直座標を y、水平座標を x とする。力の平衡式として次の 3 つの式ができるので、3 つの未知数（支持点反力）まで求めることができる。

未知数の数が式の数を超えた場合は、不静定となり、力の平衡式だけでは解くことができず、たわみの式なども使わなければならない。

X 方向の力　　$\sum F_X = 0$

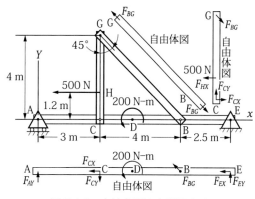

図 7.1.4 支持点反力を計算する

Y 方向の力　　$\sum F_Y = 0$
曲げモーメント $\sum M_Z = 0$

図 7.1.4 のような荷重 500 N と 200 N-m が作用する 3 つの梁からなるピン接合の構造物の支持荷重と各梁の強度を評価する場合を考えてみる。

先ず、支持荷重は外力と力の平衡式から求められる。A 点まわりの曲げモーメントは、

$M_{AZ} = 500 \times 1.2 + 200 + F_{EY} \times 9.5 = 0$

∴ $F_{EY} = -84$ N

$\sum F_Y = F_{AY} - 84 = 0$ より、$F_{AY} = 84$ N.

次に梁、CG、GB、AE を切り離し、各梁に作用する外力、内力、反力をベクトルで記入する（このような図を自由体図と呼ぶ）。そしてこれらの力を、「力の平衡式」で解くことにより、各梁の強度評価ができる。必要あれば SFD（せん断力図）、BMD（曲げモーメント図）を描く（7.2 節参照）。

例として、CG の梁を取り上げる。ピン結合なので、C 点まわりの曲げモーメントは 0。

$M_{CZ} = 500 \times 1.2 + \cos 45 F_{BG} \times 4 = 0$

∴ $F_{BG} = 212$ N

図 7.1.4 の、梁 GC の自由体図より、

$F_{CX} = 212 \sin 45 = 150$ N

$F_{CY} = 212 \cos 45 = 150$ N、また $F_{HX} = 500$ N

これで、梁 CG のすべての力がわかったので、必要あれば SFD、BMD を描き、梁の応力を算出し、強度評価する。梁、GB、AE についても、同様の手法で強度評価をする。

7. 材力で配管支持構造を設計する

7.2 梁のせん断力図(SFD)と曲げモーメント図(BMD)

> **このシートの要旨** 集中荷重や分布荷重の作用する梁に生じる内力の状況をイメージ的に捉えるには、せん断力図(SFD)、および曲げモーメント図(BMD)を描くとよい。内力がわかれば、梁の応力分布がわかる。

1 SFD、BMDとはなにか

せん断力図(Shear Force Diagram、略してSFD)と曲げモーメント図(Bending Moment Diagram、略してBMD)は梁または梁状のもの、たとえば、管に荷重が作用したとき、梁上にせん断力(または、せん断応力)と曲げモーメント(または、曲げ応力)がどのように分布しているか、最大の曲げモーメントはどこで発生し、その値はいくらか、など一目でわかるので、梁などの強度計算を行うときには便利である。

2 SFD、BMDを描く手順

(1) 梁の図に梁に作用する荷重の位置、方向と大きさを記入する。力は下向き荷重のとき、下向きの矢印(ベクトル)で表す。

 なお、配管では曲げモーメントとなる荷重はほとんどないと思われるので、割愛した。

(2) 梁の支持点の位置、反力の方向を記入する。反力の符号は、支持点に発生する上向きの反力を+、反時計まわりのモーメントを+とする。方向がわからないときは、+

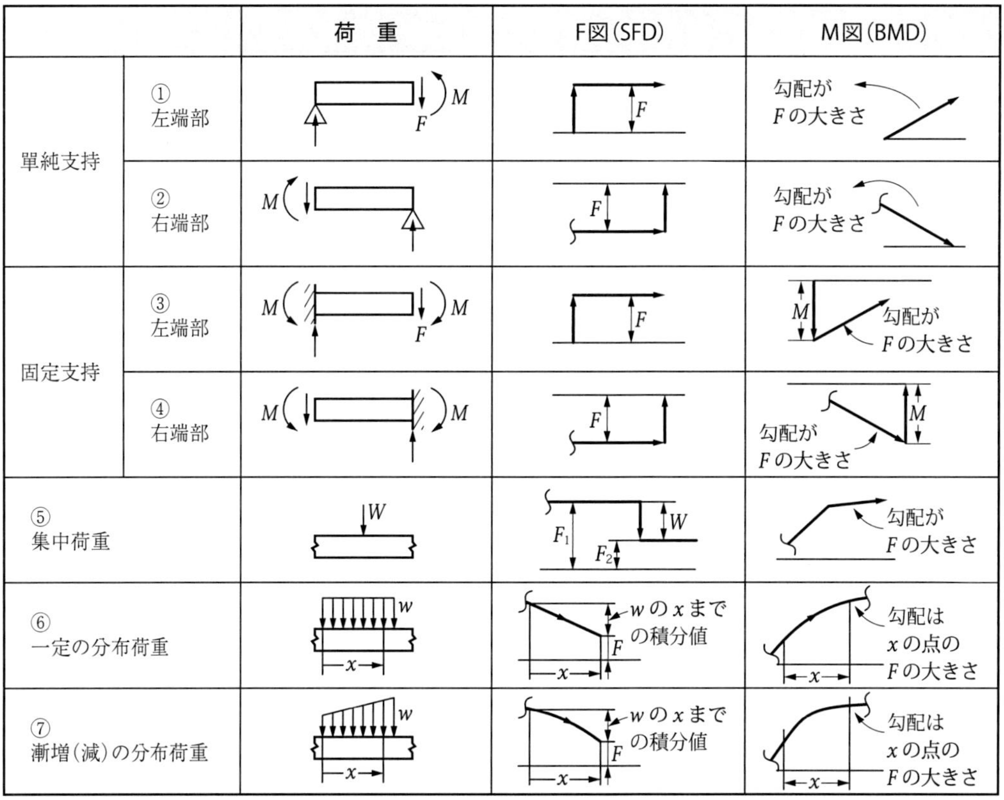

図 7.2.1 SFD、BMDを描くためのルール

7.2 梁のせん断力図（SFD）と曲げモーメント図（BMD）

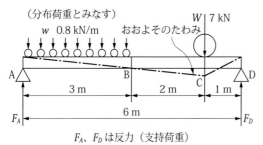

図 7.2.2　荷重のある梁の SFD, BMD を求める

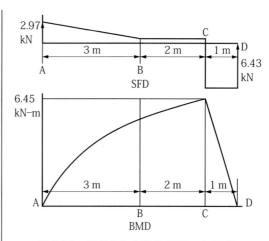

図 7.2.3　図 7.2.2 の梁の SFD と BMD

方向にしておく。

(3) 7.1 節❸の要領で、支持点の反力、モーメントを求める。

(4) 梁の荷重点を境界にして、区間を分ける。梁の左端から右方へ作業を進めるので、左端の区画が第 1 区間となる。分布荷重は荷重開始点と終了点が境界となる。

(5) 区間ごとに、左端の A からの距離 x の点における F と M を求める式を作る。

(6) 図 7.2.1 に示すルールを使い、区間 1 から、区間 2、区間 3 へと、作業を進めていく。

図 7.2.2 の例で、SFD と BMD を求める。

❶　先ず、反力を求める。なお、荷重 W、反力 (F_A、F_D)、および内力 (F、M) の符号 +、− の付け方は❷の(2)を参照。

垂直方向の力のバランス式 $\sum F_Y = 0$ より、

$F_A + F_D - 0.8 \times 3 - 7 = 0$

∴ $F_A + F_D = 9.4$　　　　式 (7.2.1)

D 点周りのモーメントのバランス式

$\sum M_{DZ} = 0$ より

(分布荷重は集中荷重に置き換える)

$7 \times 1 + 4.5 \times 2.4 - F_A \times 6 = 0$

∴ $F_A = 2.97$（上向き）　　式 (7.2.2)

式 (7.2.2) を式 (7.2.1) に代入して、

$F_D = 6.43$（上向き）

❷　次に、梁左端 A からの距離 x の点の内力を求める。曲げモーメント M、せん断力 F を求める式を区間ごとに作る。

❸　区間 A ～ B　$0 \leq x \leq 3$

$x = 3$ では、

$F_B = 2.97 - 3 \times 0.8 = 0.57$

ルール①と⑥を使えば、S 図は A 点の $F_A = 2.97$ から B 点の $F_B = 0.57$ まで、直線の下り勾配となる。A ～ B 間の x において、

$\sum M_Z = 0$ となるためには、

$-2.97 \times x + 0.8 \times x(x/2) + M_Z = 0$

$M_Z = -0.4x^2 + 2.97x$

$x = 5$ では、$M_Z = 4.5$

この式は、ルール⑥の M 図に一致している。

❹　区間 B ～ C　$3 < x \leq 5$

ルール⑤を使う。F 図は B から C まで、B 点の高さを保つ。C で 7 kN 下へ下がり、

$0.57 - 7 = -6.43$　となる。

B ～ C 間の x 点で $\sum M_Z = 0$ となるためには、

$-2.97 \times x + 0.8 \times 3(x - 1.5) + M_Z = 0$

$M_Z = 6.45$

M 図は、ルール⑤により $M_Z = 4.5$ より $M_Z = 6.45$ まで、直線上り勾配。

❺　区間 C ～ D　$5 < x \leq 6$

ルール②を使う。

F 図は C から D まで −6.43 を維持、D で 0 まで垂直に上がる。

M 図は C 点の 6.45 から D 点の 0 まで、直線下り勾配となる。

したがって、この梁の最大曲げモーメントは C 点に 6.45 kN-m である。

7. 材力で配管支持構造を設計する

7.3 梁の強度、断面二次モーメント

> **このシートの要旨**
> 梁の強度は、形状的には断面二次モーメントの大きさで決まる。強度に重要な断面二次モーメントの意味するところを理解し、任意の断面の断面二次モーメントの計算のやり方を理解する。

1 曲げモーメントより応力を求める

荷重のかかっている梁の強度評価は、梁に生じる最大曲げモーメントを求め、式(7.3.1)により曲げ応力を出し、許容応力と比較する。

$$\sigma = \frac{M}{Z} = \frac{M}{(I/r)} \qquad 式(7.3.1)$$

ここに、
M：梁に発生する曲げモーメント〔N·m〕
I：応力を求める断面の断面二次モーメント〔m^4〕
Z：同じく、断面係数〔m^3〕
r：同じく、中立軸より最も遠い距離〔m〕

〔注〕中立軸：断面一次モーメント、$\int_A y dA = 0$ となる軸をいう。断面の中心線に対し対称の断面は、中心線が中立軸となる。

式(7.3.1)からわかるように、曲げモーメントに関しては、断面二次モーメントの大きな断面が大きな曲げモーメントに耐えることがわかる。

2 断面二次モーメントとは何か

断面二次モーメント（通常、Iで表す）は「面積の慣性モーメント」ともいい、材料形状の曲がり難さを表す量であり、式で表すと、

$$I = \int_A y^2 dA \qquad 式(7.3.2)$$

となる。すなわち断面の中の、中立軸から距離y離れたところにある微小面積dAにy^2をかけたものを、全面積Aにわたり、積分したものがIである。

式(7.3.2)において、yが2乗になる意味と、なぜ断面二次モーメントが大きいと曲げに強いのかを説明する。

❶ 梁に曲げモーメントを加えたとき、梁断面の軸方向に発生するひずみεは中立軸からの

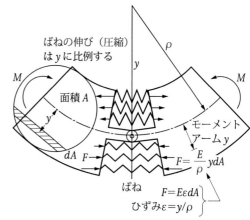

図7.3.1 断面二次モーメントのイメージ

外力の曲げモーメントMに対抗するもの
$= \int_A \left\{ ばねの力\left(F = \frac{\varepsilon}{\rho} y dA\right) \times モーメントアーム y \right\}$
$= \frac{\varepsilon}{\rho} \int_A y^2 dA$、$\int_A y^2 dA$ を断面二次モーメントという。

距離yに比例し、曲率半径ρに反比例するので、$\varepsilon = y/\rho$とおくことができる。距離yにおいて発生する応力σは$\sigma = E\varepsilon = yE/\rho$であり、微小面積$dA$に発生する外力の曲げモーメントに抵抗する内力$dF$は、

$$dF = \sigma \cdot dA = (E/\rho) y \cdot dA \qquad 式(7.3.3)$$

となり、yに比例する。

❷ 梁を曲げるモーメントに梁が抵抗する能力は、てこの原理と同じで、｛(曲げに抵抗する力：dF) × (アームの長さ：y)｝に比例する。

したがって、曲げに抵抗する能力は、

$$dM = dF \times y = (E/\rho) y^2 dA$$

すなわち、距離の2乗に比例する$y^2 dA$が断面二次モーメントの名の由来で、これを断面全体に積分すると、

$$M = \int_A dM = \int_A (E/\rho) y^2 dA = (E/\rho) \int_A y^2 dA$$

7.3 梁の強度、断面二次モーメント

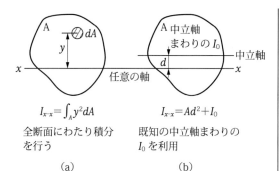

(a) 全断面にわたり積分を行う
$I_{x-x} = \int_A y^2 dA$

(b) 既知の中立軸まわりの I_0 を利用
$I_{x-x} = Ad^2 + I_0$

図 7.3.2 断面二次モーメントを求める

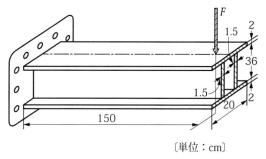

〔単位：cm〕

図 7.3.3 断面二次モーメントを求める例題

このうち、$\int_A y^2 dA$ を断面二次モーメント I、そして、EI を曲げ剛性と呼ぶ。

❸ 断面二次モーメントを求める

ある断面の任意の軸まわりの断面二次モーメントを求める方法として、**図 7.3.2** のように、2つのやり方 (a)、(b) がある。

(a) 中立軸まわりの断面二次モーメントがわかっていない場合：任意の軸 x-x から距離 y をもって、全断面にわたり、$I_{x-x} = \int_A y^2 dA$ により積分する。

(b) 中立軸まわりの断面二次モーメントがわかっている場合：$I_{x-x} = Ad^2 + I_0$

ここに、
A：断面の面積
d：x-x 軸から断面の中立軸までの距離
I_0：断面の中立軸まわりの断面二次モーメント

通常使用する形鋼は、I_0 の計算式がわかっているのでこれを利用するのが便利（付表6（p.122）参照）。

❹ 断面二次モーメントを求める例題

図 7.3.3 の梁の断面二次モーメントを求め、梁の先端に F なる垂直荷重がかかったときの梁根元における応力を求める。

梁断面は上下方向に対称であるから、曲げに対する中立軸は梁高さ方向の中央に位置する。

❶ 断面二次モーメントを求める

〔求め方 A〕 中立軸より上半分を積分で求め、2倍する（y がマイナスになっても y^2 だからプラスとなり、2倍となる）。

$$I = 2\int_{18}^{20} 20 y^2 dy + 2 \times 2 \int_0^{18} 1.5 y^2 dy$$

$$= \frac{2 \times 20}{3}\left[y^3\right]_{18}^{20} + \frac{2 \times 2 \times 1.5}{3}\left[y^3\right]_0^{18}$$

$$= 13.3(20^3 - 18^3) + 2(18^3) = 40600 \,[\text{cm}^4]$$

〔求め方 B〕 $I = I_0 + Ad^2$ の式を使う。

水平の板：

$$I_h = 2\left\{\frac{20 \times 2^3}{12} + (20 \times 2)(18+1)^2\right\}$$

$$= 2(13 + 14440) = 28900 \,[\text{cm}^4]$$

垂直の板：

$$I_v = (2 \times 1.5) \times 36^3/12 = 11700 \,[\text{cm}^4]$$

$$I = I_h + I_v = 28900 + 11700 = 40600 \,[\text{cm}^4]$$

❷ 応力 σ を求める

力 F〔N〕による梁根元部の曲げモーメントは、$M = 150F$〔N-cm〕

応力 σ は

$$\sigma = \frac{M}{Z} = \frac{150F}{\frac{40600}{(18+2)}} = 0.0739F \,[\text{N/cm}^2]$$

❺ 断面二次極モーメント

ねじりモーメントによるねじれ難さを表すものである。図心（面積の重心）をとおる断面二次極モーメント I_t は、

$$I_t = \int_A \rho^2 dA \qquad \text{式}(7.3.4)$$

ここに、ρ は図心より微小断面積までの距離である。ねじりモーメント M_t が部材にかかるときのせん断応力 τ を求めるとき使う。すなわち、

$$\tau = \frac{M_t}{(I_t/r)} = \frac{M_t}{Z_t}$$

r はその断面の図心よりもっとも遠い距離。

7. 材力で配管支持構造を設計する

7.4 複合的な応力がある場合の強度評価

> **このシートの要旨**
> 複合応力下の圧力容器や配管は、最大せん断応力が引張り試験時の降伏点に達すると破壊するという、最大せん断応力説に基づき、評価されることが多い。最大せん断応力は主応力の1/2である。その応力状態をモールの円で描くと理解しやすい。

1 複合的な応力の場合の評価の仕方

たとえば、ハンガーロッドのような、単に引張り応力だけの場合は、その応力と許容応力を比較すれば、強度評価ができる。しかし、二次元または三次元の応力とせん断応力が存在する場合は、破壊理論に基づく評価が必要になる。破壊理論には、破壊の原因となる応力により、最大せん断応力説、最大主応力説（脆性材料に合う）、せん断ひずみエネルギー説などがある。

延性材料によく合う**最大せん断応力説**は、破壊はせん断から起こるとするもので、せん断応力の最大値が降伏点のせん断応力に達して、破壊に至るという説で、正確さでせん断ひずみエネルギー説に一歩を譲るが、簡単で適用しやすいので、配管、圧力容器にもせん断応力説が採用されている。

ここでは最大せん断応力説に基づき説明する。

2 応力状態をイメージ化したモールの円

図7.4.1、図7.4.2のような二次元（平面）に複合応力 σ_x、σ_y なる x 方向と y 方向の引張り応力、τ_{xy} なる x-y 平面のせん断応力が生じているとき、モールの円により、これらの応力、さらに主応力 σ_1、σ_2 と最大せん断応力 τ_{max} を図7.4.3のようにイメージで掴むことができる。σ_1、σ_2、τ_{max} の各値は次の式(7.4.1)、式(7.4.2)、式(7.4.3)から求められる。最大せん断応力説は、最大せん断応力の2倍 $S_i = 2\tau_{max} = \sigma_1 - \sigma_2$ を破壊の原因となる応力として求め、許容応力と比較するものである。S_i はトレスカ応力と呼ばれる。

$$\sigma_1 = \frac{\sigma_x + \sigma_y}{2} + \sqrt{\left(\frac{\sigma_x - \sigma_y}{2}\right)^2 + \tau_{xy}^2} \quad 式(7.4.1)$$

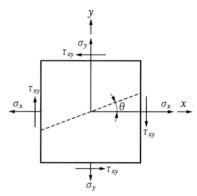

図7.4.1 二次元、微小部分の応力

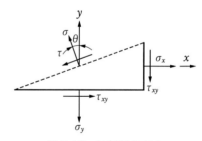

図7.4.2 傾斜部の応力

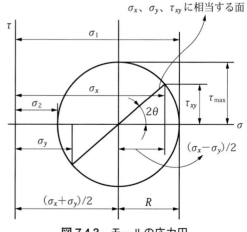

図7.4.3 モールの応力円

7.4 複合的な応力がある場合の強度評価

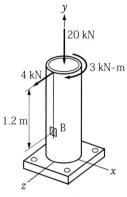

図 7.4.4 円筒の荷重

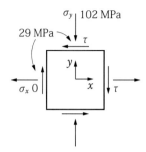

図 7.4.5 微小四方形の応力

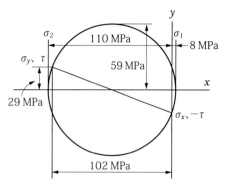

図 7.4.6 例題のモールの円

$$\sigma_2 = \frac{\sigma_x + \sigma_y}{2} - \sqrt{\left(\frac{\sigma_x - \sigma_y}{2}\right)^2 + \tau_{xy}^2} \quad 式(7.4.2)$$

最大せん断応力は次式で表される。

$$\tau_{max} = \sqrt{\left(\frac{\sigma_x - \sigma_y}{2}\right)^2 + \tau_{xy}^2} \quad 式(7.4.3)$$

モールの応力円は、座標の横軸に垂直応力 σ、縦軸にせん断応力 τ をとり、σ-τ 座標において、円の中心を $\{(\sigma_x+\sigma_y)/2,\ 0\}$ に置き、$(\sigma_x,\ \tau_{xy})$、$(\sigma_y,\ -\tau_{xy})$ の 2 点をとおる円を描く。これがモールの円である（図 7.4.3）。

3 実際にモールの円を描いてみる

図 7.4.4 に示す例題により、複合荷重のかかるものの主応力と最大せん断応力を算出し、モールの応力円を描き、最大せん断応力説で評価する。

図 7.4.4 に示す、下端を固定している管（構造用鋼管 STK400、外径 $D=114$ mm、内径 $d=102$ mm）に図に示す荷重がかかるとき、上端より 1.2 m のハッチング部 B の応力を評価。

円筒の断面積
$$A = (\pi/4)(D^2 - d^2)$$
$$= (\pi/4)(114^2 - 102^2) = 2035\ \text{mm}^2$$

断面二次モーメント（付表 5 (p.121) 参照）
$$I_x = (\pi/64)(D^4 - d^4)$$
$$= (\pi/64)(114^4 - 102^4) = 2.977 \times 10^6\ \text{mm}$$

捩り二次モーメント（付表 5 (p.121) 参照）
$$I_t = (\pi/32)(D^4 - d^4)$$
$$= (\pi/32)(114^4 - 102^4) = 5.955 \times 10^6\ \text{mm}$$

y 方向圧縮応力
$$\sigma_y = F_y/A = 20000/2035 = -9.83\ \text{MPa}$$

4 kN の力による曲げモーメント
$$M_x = 4 \times 1.2 = 4.8\ \text{kN·m}$$

M_x による B 部の y 方向の圧縮応力
$$\sigma_y = M_x/Z = 4.8 \times 10^6/(2.977 \times 10^6/57)$$
$$= -92\ \text{MPa}$$

3 kN-m のトルクによる B 部のせん断応力
$$\tau = M_t/Z_t = 3 \times 10^6/(5.955 \times 10^6/57)$$
$$\approx 29\ \text{MPa}$$

$$\sum \sigma_y = -9.8 - 92 \approx -102\ \text{MPa}$$

この応力を微小四方形に描くと図 7.4.5 となる。

$\sigma_y = -102$ MPa、$\sigma_x (=0)$、$\tau = 29$ MPa を主応力の式に入れると、

$$\sigma_1 = -102/2 + \sqrt{(102/2)^2 + 29^2} \approx 8\ \text{MPa}$$
$$\sigma_2 = -102/2 - \sqrt{(102/2)^2 + 29^2} \approx -110\ \text{MPa}$$
$$\tau_{max} = \sqrt{(102/2)^2 + 29^2} \approx 59\ \text{MPa}$$

モールの円を描くと図 7.4.6 になる。

最大せん断応力説の応力強さは、
$$2\tau_{max} = \sigma_1 - \sigma_2 = 118\ \text{MPa}$$

STK400 の許容応力を引張強さの 1/3 とすれば 133 MPa、$f_t = F/1.5$（7.6 節 3 参照）とすれば、156 MPa、で、いずれも OK。

7. 材力で配管支持構造を設計する

7.5 サポート部材の強度

> **このシートの要旨**
> 配管を載せる架台やブラケット、そしてサポート間の配管などは、集中荷重や分布荷重のかかった梁と見なすことができる。荷重のかかった梁に発生する曲げモーメント、応力、たわみ、の式を確認しておく。

1 サポート梁に生じる曲げモーメント

梁の最大曲げモーメントの計算式として、梁の両端を完全固定とした式と、梁の両端をピン支持したとする式とが考えられる。最大曲げモーメント M は両端ピン支持のほうが大きくなる。

長さ L〔m〕の梁中央に集中荷重 W〔N〕、あるいは梁全長に分布荷重 w〔N/m〕が作用したとき、曲げモーメント M は（付表4 (p.120) 参照）、

- ●両端固定の場合

  $M = WL/8$ 式(7.5.1)

  $M = wL^2/12$ 式(7.5.2)

- ●両端ピン支持の場合

  $M = WL/4$ 式(7.5.3)

  $M = wL^2/8$ 式(7.5.4)

鉄骨やラックの柱などに、下向き荷重がかかる梁の両端を固定したとき、溶接しても図7.5.1のように柱のたわみ（特に柱が長い場合）により、固定部が回転するので、両端ピン支持の式を採用するのが安全サイド（保守サイド）である。

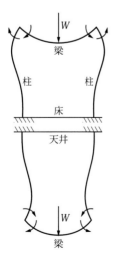

図7.5.1 サポート梁両端の回転

図7.5.2 サポート間の管のたわみ

2 サポート支持間の配管たわみ量の計算

流体の流れる管は分布荷重のかかった梁に相当すると考えられる。分布荷重の梁の最大たわみ量は下記式で計算される（118頁、表4参照）。

- ●両端固定の場合の最大たわみ量

  $\delta = w \cdot L^4 / 384 EI$ 式(7.5.5)

- ●両端ピン支持の場合の最大たわみ量

  $\delta = 5w \cdot L^4 / 384 EI$ 式(7.5.6)

連続する管が一定間隔で支持される場合、図7.5.2のようなたわみになると考えられるが、曲げモーメントもたわみ量も、両端固定と両端ピン支持の各最大値の平均をとるという実務的な選択の仕方がある。その場合、

- ●最大曲げモーメント

  $M = w \cdot L^2 / 9.6$ 式(7.5.7)

- ●最大たわみ量

  $\delta = 3w \cdot L^4 / 384 EI = w \cdot L^4 / 128 EI$

  式(7.5.8)

となる。

ちなみに、連続梁のピン支持の管に生じる曲げモーメントとたわみ量につき、アメリカの文献⑰では、最大曲げモーメントと最大たわみ量を次の式で与えている。

- ●最大曲げモーメント

  $M = w \cdot L^2 / 9.3$ 式(7.5.9)

- ●最大たわみ量

  $\delta = 2.5w \cdot L^4 / 384 EI = w \cdot L^4 / 154 EI$

  式(7.5.10)

7.6 鋼構造設計基準による設計

> **このシートの要旨**
> 荷重のかかる鋼構造の架台、ブラケットなどの強度評価は、「鋼構造設計基準」によるのがよい。"基準"による強度評価は、生ずる複合応力を「せん断ひずみエネルギー説」で評価する。鋼構造に対する許容応力のとり方などが、圧力容器、配管と若干異なる。

1 鋼構造設計基準

鋼構造設計基準は1970年に日本建築学会が公刊した基準である。鋼構造の建築物に対し、材料の許容応力度を使った設計法を定めており、パイプ用の架台、それに類するものの設計に本基準が適用されている。ここでは、管用サポート梁の設計に必要な項目に限定し、抜粋する。以下"基準"とは鋼構造設計基準を指す。

2 せん断ひずみエネルギー説による評価

"基準"による強度評価は、生じている複合応力をせん断ひずみエネルギー説により、許容応力度をもって評価する。

せん断ひずみエネルギー説は、せん断ひずみエネルギーが限界値に達すると、降伏が始まるとするもので、その条件は、

$$(\sigma_1-\sigma_2)^2+(\sigma_2-\sigma_3)^2+(\sigma_1-\sigma_3)^2=2\sigma_{yp}^2$$

ここに σ_{yp} は引張り試験における降伏引張り応力である（σ_1、σ_2、σ_3、σ_x、σ_y については、7.4 節参照）。

応力を直接、降伏応力と比較するため、式(7.6.1)のような組合せ応力度 σ_e を設ける。

$$\sigma_e=\sqrt{(1/2)\{(\sigma_1-\sigma_2)^2+(\sigma_2-\sigma_3)^2+(\sigma_1-\sigma_3)^2\}} \quad 式(7.6.1)$$

二次元では、$\sigma_3=0$ とすることができ、

$$\sigma_e=\sqrt{\sigma_1^2-\sigma_1\sigma_2+\sigma_2^2} \quad 式(7.6.2)$$

となる。

二次元応力場の上の式を7.4節の 2 に示した式を使って、σ_x、σ_y で書き変えると式(7.6.3)となる。

$$\sigma_e=\sqrt{(\sigma_x-\sigma_y)^2+\sigma_x\sigma_y+3\tau_{xy}^2} \quad 式(7.6.3)$$

垂直応力が一軸のみの場合は、

$$\sigma_e=\sqrt{\sigma_x^2+3\tau_{xy}^2} \quad 式(7.6.4)$$

許容応力度を f_t とすれば、$f_t \geq \sigma_e$ を満足させなければならない。

3 許容応力度

長期荷重に対する許容応力度は次のように定められる。F は表 7.6.1 による。

① 許容引張り応力度 $f_t=F/1.5$　式(7.6.5)
② 許容せん断応力度 $f_s=F/1.5\sqrt{3}$　式(7.6.6)
③ 許容曲げ応力度 f_b は下記とする。

● 弱軸まわり（図 7.6.1 左図参照）の場合

円形鋼管、矩形中空断面材、および対称軸を有し、弱軸まわりに曲げを受ける材料は、横座屈（図 7.6.1 右の図参照）の恐れがないから、材料長さに関わらず許容曲げ応力度は、

$$f_b=f_t \quad 式(7.6.7)$$

でよい。

● 強軸まわり（図 7.6.1 右図参照）の場合

圧縮側の許容曲げ応力は、横座屈を考慮した下記算式となる（次ページの備考①参照）。

$$f_b=\left\{1-0.4\frac{(l_b/i)^2}{C\Lambda^2}\right\}f_t \quad 式(7.6.8)$$

$$f_b=\frac{0.434E}{(l_b \cdot h/A_f)}$$

上式に $E=205000$ を代入し、

$$f_b=\frac{89000}{(l_b \cdot h/A_f)} \quad 式(7.6.9)$$

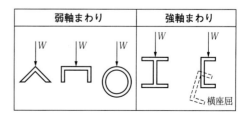

図 7.6.1　弱軸まわり、強軸まわり

7. 材力で配管支持構造を設計する

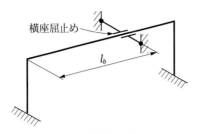

図 7.6.2　材料の長さ L_b

式(7.6.8)、式(7.6.9)の大きいほうの値をとる。
ここに、l_b：材料の長さ（**図 7.6.2** 参照）
i：圧縮フランジと梁の背の一部からなるT字形断面のウェブ軸まわり断面二次半径
C：両端のモーメントから求まる係数
Λ：限界細長比
A_f：圧縮フランジの断面積
h：梁の背（高さ）

〔備　考〕
① f_bの計算式は、従来のH形鋼を対象として、横座屈式を分解した簡略な近似式であったものを、2005年に直接横座屈式から誘導した精度のよい式に改められた。しかし簡略式は建築基準法に取り入れられており、現規準の解説にも記載されているので、ここでは簡略法を紹介した。さらに式(7.6.8)、式(7.6.9)の大きいほうをとれるので、より簡便な式(7.6.9)を強軸まわりの圧縮側許容応力度にとる便法もあろう。
② JISの山形鋼（アングル）は曲げ方向に関係なく$f_b=f_t$でよい。
③ 弱軸、強軸まわりの例を図 7.6.1 に示す。

表 7.6.1　構造用鋼材の F の値

F の値	単位：MPa	
鋼材種別 （右記以外の 鋼材は省略した）	一般構造用 SS400 STK400	溶接構造用 SM400 SMA400
F　厚さ 40 mm 以下	235	235
厚さ 40 mm を超え 　　100 mm 以下	215	215

〔注〕STK400：一般構造用鋼管
　　　SMA400：溶接構造用耐候性圧延鋼材

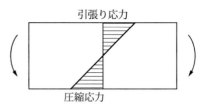

図 7.6.3　曲げによる引張・圧縮応力

表 7.6.1 の他の材料については「基準」を参照。
応力の評価は、垂直応力、曲げ、せん断応力、組合せ応力のおのおのにつき評価しなければならない。曲げは、かならず引張り、圧縮の両方があることに注意する（**図 7.6.3** 参照）。

4 例題：梁の強度を評価する

図 7.6.4 に示すような、両端固定の長さ 2.5 m の溝形鋼（SS400、サイズ：100×50×5/7.5）の梁の中央に 5 KN の集中荷重がかかったとき、梁の応力評価をせよ。

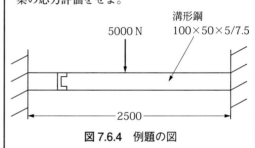

図 7.6.4　例題の図

鋼構造設計基準に従い評価する。
曲げの場合、引張応力と圧縮応力が存在する。
曲げモーメントは、7.5 節の両端ピン支持の梁の式、式(7.5.3)を使う（固定支持より安全サイド）。

$$M = WL/4 = 5000 \times 2500/4$$
$$= 3125000 \text{ N-mm}$$

溝形鋼の断面係数 $Z = 37800$ mm^3（データ表等より読みとる。あるいは付表 6（p.122）から計算）。

曲げによる引張・圧縮応力：
$$\sigma_b = M/Z = 3125000/37800 = 82.7 \text{ N/mm}^2$$

● 引張りの許容応力度

表 7.6.1 より SS400 の $F=235$、および 7.6 節の式(7.6.5)より、

7.6 鋼構造設計基準による設計

$f_t = 235/1.5 = 156 \text{ N/mm}^2$

曲げによる引張りに対する判定：

82.7 N/mm² ＜ 156 N/mm²　OK

● **曲げの圧縮許容応力度**

強軸まわりの曲げなので、横座屈を考慮して式(7.6.9)を使う。

$l_b = 2500$ mm, $h = 100$ mm, $A_f = 375$ mm²であるので（h や A_f は、鋼構造設計規準または形鋼の JIS の表参照）、

曲げの許容圧縮応力度＝
$89000/(2500 \times 100/375) = 133$ N/mm²

曲げによる圧縮に対する判定：

82.7 N/mm² ＜ 133 N/mm²　OK

● **荷重によるせん断応力**

せん断荷重に対し有効な面積は、全断面ではなく、限定された部分である。

溝形鋼やH形鋼の場合、フランジ部分はほとんどせん断荷重を分担することができず、図 7.6.5 の斜線部がせん断荷重を負担する有効断面積である。また、その荷重を分担する部分も端部のほうは、負担力が小さく、ガセットプレートの場合は、断面積の 2/3 をせん断荷重を負担する有効面積と見るべきである（図 7.6.5、文献⑦）。

ほかの部材のせん断有効面積は機械工学便覧などを参照のこと。

7.2 節の**2**に従い、この梁の SFD を描くと図 7.6.6 のようになり、せん断荷重は 5000/2 N である。またせん断有効面積（溝形鋼）は 100×5。

せん断応力度 τ ＝せん断荷重／せん断有効面積
　＝ $5000/(2 \times 100 \times 5) = 5$ N/mm²

許容せん断応力度は式(7.6.6)より、

$f_s = F/(1.5 \times \sqrt{3})$

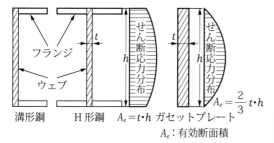

図 7.6.5　せん断有効面積

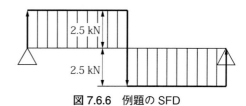

図 7.6.6　例題の SFD

$= 235/(1.5 \times \sqrt{3}) = 90.4$ N/mm²

せん断応力の判定：5 N/mm² ＜ 90.4 N/mm²

● **組合せ応力**

せん断ひずみエネルギー説を使って判定する。

存在する応力は、曲げによる梁長手方向の応力とそれに直交するせん断応力である。

2の式(7.6.4)より、

組合せ応力度＝
$\sqrt{\sigma_b^2 + 3\tau^2} = \sqrt{82.7^2 + 3 \times 5^2}$
$= 83.25$ N/mm²

組合せ応力の判定：許容応力度は引張り許容応力度より小さい、曲げの圧縮許容応力度をとり、

83.25 N/mm² ＜ 133 N/mm²　OK

5 例題：梁溶接部の強度を評価する

梁を柱に両側すみ肉溶接で取り付ける場合の強度評価の方法を図 7.6.7 に、突合せ溶接で取り付ける場合の強度評価を図 7.6.8 に示す。

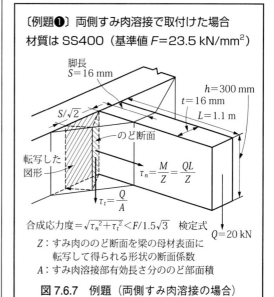

〔例題❶〕両側すみ肉溶接で取付けた場合
材質は SS400（基準値 F＝23.5 kN/mm²）

脚長 $S = 16$ mm
$h = 300$ mm
$t = 16$ mm
$L = 1.1$ m
のど断面
転写した図形
$\tau_n = \dfrac{M}{Z} = \dfrac{QL}{Z}$
$\tau_t = \dfrac{Q}{A}$
$Q = 20$ kN

合成応力度＝$\sqrt{\tau_n^2 + \tau_t^2} < F/1.5\sqrt{3}$　検定式

Z：すみ肉ののど断面を梁の母材表面に転写して得られる形状の断面係数
A：すみ肉溶接部有効長さ分ののど部面積

図 7.6.7　例題（両側すみ肉溶接の場合）

7. 材力で配管支持構造を設計する

すみ肉溶接部両側の断面係数：
$$Z = \frac{1}{6} \times 2a \times h_e^2$$
$$= \frac{1}{6} \times 2 \times 1.12 \times 26.8^2 = 268 \text{ cm}^3$$

ここに、

a：のど厚転写長さ $= \dfrac{t}{\sqrt{2}} = \dfrac{1.6}{\sqrt{2}} = 1.12$

h_e：有効長さ $= (h - 2 \times t)$
$\qquad\qquad = (30 - 2 \times 1.6) = 26.8$

曲げに対する応力度：

〔注〕すみ肉溶接の場合、せん断応力として扱う。

$$\tau_n = \frac{M}{Z} = \frac{20 \times 110}{268} = 8.21 \text{ kN/cm}^2$$

荷重に対する応力度：

$$\tau_t = \frac{Q}{2a \times h_e} = \frac{20}{2 \times 1.12 \times 26.8} = 0.34 \text{ kN/cm}^2$$

すみ肉溶接の合成応力：

$$\sqrt{\tau_n^2 + \tau_t^2} = \sqrt{8.21^2 + 0.34^2} = 8.22 \text{ kN/cm}^2$$
$$< 23.5/(1.5 \times \sqrt{3}) = 9.04 \text{ kN/cm}^2$$

〔注〕許容応力度はせん断の許容応力度 $F/(1.5 \times \sqrt{3})$ をとる（文献⑦）。

〔例題❷〕完全溶け込み突合せ溶接で取付けた場合（図7.6.8）材質は例題❶と同じとする。

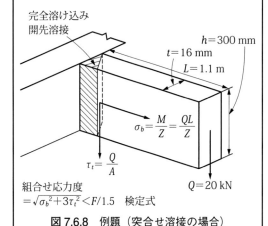

図7.6.8 例題（突合せ溶接の場合）

突合せ溶接部の断面係数：
$$Z = \frac{1}{6} \times t \times h^2$$
$$= \frac{1}{6} \times 1.6 \times 30^2 = 240 \text{ cm}^3$$

〔注〕突合せ溶接の場合、溶接有効長は溶接長さをとる。

曲げに対する応力度：
$$\sigma_b = \frac{M}{Z} = \frac{20 \times 110}{240} = 9.17 \text{ kN/cm}^2$$

荷重に対する応力度：
$$\tau_t = \frac{Q}{A_e} = \frac{20}{32} = 0.63 \text{ kN/cm}^2$$

ここに A_e は突合せ溶接部の有効面積で、全長にわたりせん断応力が均一にならないので、断面積の 2/3 をとる（図7.6.5参照、文献⑦）。

$$A_e = (2/3)t \times h = (2/3) \times 1.6 \times 30 = 32 \text{ cm}^2$$

突合せ溶接の組合せ応力度は、7.6節の式(7.6.4)を使い、それに対する許容応力度は引張りの許容応力度 $F/1.5$ をとる。すなわち、

$$\sqrt{\sigma_b^2 + 3\tau_t^2} = \sqrt{9.17^2 + 3 \times 0.63^2}$$
$$= 9.24 \text{ kN/cm}^2$$
$$< F/1.5 = 23.5/1.5 = 15.6 \text{ kN/cm}^2$$

〔例題❸〕図7.6.9に示すような、両端固定の長さ2.5 mの溝形鋼（サイズ：100×50×5/7.5）の梁の溶接部の応力評価をする。溶接はすみ肉全周溶接で、垂直部（ウェブ）の脚長は4 mm、水平部（フランジ）の脚長は6 mmとする。

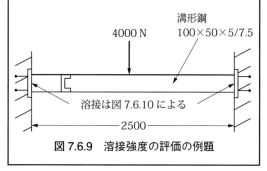

図7.6.9 溶接強度の評価の例題

曲げによる応力計算のため図7.6.10によりすみ肉溶接部の断面二次モーメント、そして断面係数を計算する。

断面二次モーメントの計算。

垂直部（ウェブ）のど厚2.8 mm：
$$2 \times bh^3/12 = 2 \times 2.8 \times 100^3/12 = 466000 \text{ mm}^4$$

7.6 鋼構造設計基準による設計

水平部（フランジ）のど厚 4.2 mm
（付表 5 (p.121) より）、

$$\frac{1}{12}b(h_2^3 - h_1^3) = \frac{45}{12}(101.4^3 - 84.6^3)$$
$$= 1635000 \text{ mm}^4$$

よって、
すみ肉溶接部の断面二次モーメント
$= 466000 + 1635000 = 2101000 \text{ mm}^4$
すみ肉溶接部の断面係数：
$Z = 2101000/(50 + 4.2) = 38800 \text{ mm}^3$
曲げによる応力度（すみ肉溶接なので、せん断応力とみなす）：
$\tau_n = M/Z = (WL/4)/Z$（単純支持梁とする）
$= (4000 \times 2500/4)/38800 = 64.4 \text{ N/mm}^2$

● せん断応力度の計算
$\tau_t =$ せん断力 / のど厚有効断面積
$= (4000/2)/(100 \times 5.6 + 2 \times 45 \times 8.4)$
$= 1.5 \text{ N/mm}^2$

〔備考〕せん断に対する溶接部の有効面積は、全周ののど厚の面積とすることができる。

合成応力度
$\tau = \sqrt{\tau_n^2 + \tau_t^2} = \sqrt{64.4^2 + 1.5^2} = 64.4 \text{ N/mm}^2$

すみ肉溶接のせん断許容応力度は鋼構造設計規準よりもってくる。
$S_a = 235/1.5\sqrt{3} = 90.4 \text{ N/mm}^2$

〔判定〕 $64.4 \text{ N/mm}^2 < 90.4 \text{ N/mm}^2$ OK

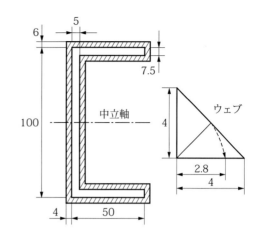

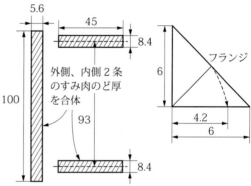

図 7.6.10 溶接寸法と のど厚転写寸法

≪一口メモ≫

JIS、ASME の管サイズと厚さの規格

JIS の場合：
　管サイズと厚さだけの独立した規格はない。鋼種別鋼管の規格、たとえば、JIS G 3452 SGP、G 3454 STPG、G 3455 STS、G 3456 STPT、G 3458 STPA、G 3460 STPL の各規格の中で、管サイズと厚さが規定されている。

ASME の場合：
　管サイズと厚さは、独立して、ステンレス鋼以外の鋼管に対しては ASME/ANSI B36.10M Welded and Seamless Wrought Steel Pipe に、またステンレス鋼管に対しては、ASME/ANSI B36.19M Stainless Steel Pipe. に、規定されている。

　なお、スケジュール番号制定前に、アメリカで 50 年以上使用されていた STD、XS、XXS シリーズは B 36.10M にまだ残されているが、JIS には規定されていない。

付表4　梁の内力とたわみの計算式

以下に、片持梁、両端固定梁、両端単純支持梁に、それぞれ集中荷重、分布荷重が作用したときの、反力（R）、せん断力（F）、最大モーメント（M_m）、最大たわみ（y_m）を示す。

	せん断力図 曲げモーメント図	反力、せん断力	最大曲げモーメント	最大たわみ
片持・集中		$R = W$ $F = -W$	$M_m = Wl$	$y_m = \dfrac{Wl^3}{3EI}$
片持・分布		$R = wl$ $F_m = -wl$	$M_m = \dfrac{wl^2}{2}$	$y_m = \dfrac{wl^4}{8EI}$
単純・集中		$R_1 = W\dfrac{l_2}{l}$ $R_2 = W\dfrac{l_1}{l}$ $l_1 \geq l_2$ で $F_m = -W\dfrac{l_1}{l}$	$M_m = W\dfrac{l_1 l_2}{l}$	$l_1 \geq l_2$ で $y_m = \dfrac{Wl_2(l^2-l_2^2)^{3/2}}{9\sqrt{3}EIl}$
単純・分布		$R_1 = R_2 = \dfrac{wl}{2}$ $F_m = -\dfrac{wl}{2}$	$M_m = \dfrac{wl^2}{8}$	$y_m = \dfrac{5wl^4}{384EI}$
固定・集中		$R_1 = \dfrac{Wl_2^2(3l_1+l_2)}{l^3}$ $R_2 = -\dfrac{Wl_1^2(l_1+3l_2)}{l^3}$ $l_1 \geq l_2$ で, $F_m = R_2$	$l_1 \geq l_2$ で $M_m = \dfrac{Wl_1^2 l_2}{l^2}$	$l_1 \geq l_2$ で $y_m = \dfrac{2Wl_1^3 l_2^2}{3EI(3l_1+l_2)^2}$
固定・分布		$R_1 = R_2 = \dfrac{wl}{2}$ $F_m = \dfrac{wl}{2}$	$M_m = \dfrac{wl^2}{12}$	$y_m = \dfrac{wl^4}{384EI}$

付表5 主な断面の断面性能計算式

以下に、よく使う断面形状の、断面二次モーメント、断面係数、断面二次極モーメントの式を示す。断面性能の計算式は図心（G）を通る中立軸（1点鎖線）まわりの断面モーメントの式を示す。

断面形状	断面二次モーメント I	断面係数 Z	断面二次極モーメント I_t
長方形（$b \times h$）	$\dfrac{1}{12}bh^3$	$\dfrac{1}{6}bh^2$	$\dfrac{1}{3}hb^3\left(1 - 0.63\dfrac{b}{h}\right)$
中空長方形（上下中空、b、h_1、h_2）	$\dfrac{1}{12}b(h_2^3 - h_1^3)$	$\dfrac{1}{12}\dfrac{(h_2^3 - h_1^3)}{h_2}b$	―
中空正方形（h_1、h_2）	$\dfrac{1}{12}(h_2^4 - h_1^4)$	$\dfrac{1}{6}\dfrac{(h_2^4 - h_1^4)}{h_2}$	―
円（直径 d）	$\dfrac{\pi}{64}d^4$	$\dfrac{\pi}{32}d^3$	$\dfrac{\pi}{32}d^4$
中空円（d_1、d_2、d_m）	$\dfrac{\pi}{64}(d_2^4 - d_1^4)$ $\approx \dfrac{\pi}{8}d_m^3 t$ $t \ll d_m$ のとき。	$\dfrac{\pi}{32}\dfrac{(d_2^4 - d_1^4)}{d_2}$ $\approx \dfrac{\pi}{4}d_m^2 t$ $t \ll d_m$ のとき。	$\dfrac{\pi}{32}(d_2^4 - d_1^4)$

（出典：材料力学（上巻）　瀬戸口英善　他著　裳華房）

付表6　主な形鋼の断面性能計算式

以下に、よく使う形鋼の、断面二次モーメント、断面係数を求める計算式を示す。図心（G）を通る図示の中立軸（1点鎖線）まわりの断面モーメントを示す。

断面形状	断面二次モーメント I	断面係数 Z
	$\dfrac{1}{12}\left(b_2 h_2^3 - b_1 h_1^3\right)$ $= \dfrac{b_2 t_2 h_m^2}{h_2} + \dfrac{t_1 h_1^3}{6h_2} + \dfrac{b_2 t_2^3}{3h_2}$	$\dfrac{1}{6}\dfrac{(b_2 h_2^3 - b_1 h_1^3)}{h_2}$ $= \dfrac{b_2 t_2 h_m^2}{2} + \dfrac{t_1 h_1^3}{12} + \dfrac{b_2 t_2^3}{6}$
	$\dfrac{1}{12}\left(b_2 h_2^3 + b_1 h_1^3\right)$	$\dfrac{1}{6}\dfrac{(b_2 h_2^3 + b_1 h_1^3)}{h_2}$
	$\dfrac{1}{3}\left(b_3 e_2^3 - b_1 h_3^3 + b_2 e_1^3\right)$ $= \dfrac{1}{3} b_2 \left(e_1^3 + e_2^3\right)$ $+ b_1 h_1 \left(e_2 - \dfrac{h_1}{2}\right)^2 + \dfrac{b_1 h_1^3}{12}$	$e_2 = \dfrac{b_2 h_2^2 + b_1 h_1^2}{2(b_2 h_2 + b_1 h_1)}$ $e_1 = h_2 - e_2$ $Z_1 = \dfrac{I}{e_1}$ $Z_2 = \dfrac{I}{e_2}$

（出典：材料力学（上巻）　瀬戸口英善　他著　裳華房）

第8章

配管振動に対処する

　配管は細くて長く、一般には管端部以外に固定点は少ない。したがって、配管は本質的に剛性の小さい、軸直角方向の横振動を起こしやすい宿命を持っている。
　振動の原因としては、外部の励振源から伝わる、または管内の流体の乱れにより起こる強制振動、そして配管自らが作り出す自励振動の2つに分けることができる。振動の種類には配管が振動する機械的振動と、流体中の圧力が振動する気柱（または液柱）振動がある。特異な現象として、配管の固有振動数で振動する機械的共振と、圧力波が配管内の気柱固有振動数と共振する気柱共振があり、これら共振は避ける必要がある。
　これらさまざまな振動の特徴、原因、対処法について説明する。

8. 配管振動に対処する

8.1 どんな配管振動があるか

> **このシートの要旨**
> 配管振動が起こる主な原因として、① 流体の圧力変動、または流れの運動量変化（質量流量の変化）が管の壁を断続的に押して起こる、そして他の振動源からの振動が伝達して起こる、強制振動と、② 流れをエネルギー源として、自ら振動を作り出す自励振動、などがある。

■ どんな配管振動があるか

配管に起こる振動には機械振動と音響振動（圧力波、または圧力脈動）がある。

❶ 機械振動は、固体が振れる振動で、たとえば、梁、管、回転軸の横振動（軸直角方向）、コイルスプリングの縦振動（軸方向）と横振動、弁体や弦の振動、などがあり、その振動は図8.1.1のように表せる。

❷ 音響振動は気体、または液体の中を圧力波が伝わる振動で、たとえば、皮を張った太鼓を叩くと、皮が出張ったとき空気は圧縮され（大気圧より高くなる）、皮が引っ込んだときは空気が膨張し（圧力が大気圧より低くなる）、この圧力変化が音速で空中を伝わっていく。このような波を粗密波、または縦波という。この振動は図8.1.2上段のようになるが、定量的にイメージしにくいため、図8.1.2下段のように管内の圧力変化を、横波として表し、圧力の高いところを横波の山、圧力の低いところを横波の谷として表す。

音響振動の例には、配管内流体を伝わる圧力脈動、管楽器内の空気振動、などがある。

❸ 図8.1.1を使い、振動で使う用語を説明する。

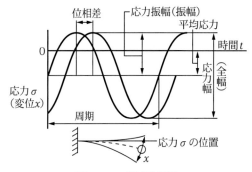

図 8.1.1　機械的振動

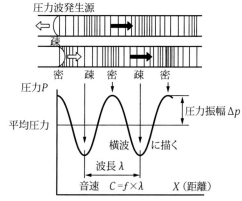

図 8.1.2　音響振動（脈動）

平均応力または**平均圧力**：振動する物体に常にかかっている一定の応力、または圧力。

応力（圧力）振幅：応力（圧力）波形の全幅の半分

周期 T：1波長が伝わる時間（単位は秒）＝ $1/f$、f は振動数、角振動数 $\omega = 2\pi/T$
　毎秒の回転角度〔rad/秒〕

振動（周波）数 f：毎秒の振動数（単位は Hz）
　　　　＝ $1/T$

波長 λ：1サイクルの波の長さ（単位は m）
　　　　＝ C/f　C は音速〔m/s〕

位相差：1つの振動に関連した複数の"波"が同一の振動数を持っており、両者が相対的に時間軸に対してずれている場合、その差をいう。1周期の分数で表す。

❹ 振動の基本的性質
① 正弦波の組合せ：
周期的に同じ波形を繰り返す振動は、どんなに複雑な振動であっても、正弦波の組合せからなっている。
② 振動が起こるには：

8.1 どんな配管振動があるか

表8.1.1 配管に関連する振動の分類

振動の分類	励振源を作り出すもの	補足説明
❶：強制振動	外部励振源からの機械的伝達	例：回転機器からの振動伝達
	圧力脈動	管固有振動数に近いと機械的共振、気柱共振周波数に近いと気柱共振
	気液二相流	不定期に管固有振動数と一致
	流れによるランダム振動	高流速の流れの乱れや渦による
❷：流体励起振動	1個の円柱によるカルマン渦	渦振動数と固有振動数が近いと共振
	キャビティトーン	流れが励起する振動数と管等の固有値が近いと共振
❸：自励振動	隙間流れ	例：微開バルブのリング状ポート
	フラッタ	例：全開のバタフライ弁
	ギャロッピング	流れに対し直交する方向に振動
	コラシブルチューブ	生体器官、人工器官

本表の作成にあたっては、文献⑩を参考にした。

(1) 物体が質量を持ち、運動により運動エネルギーを持っていること
(2) 運動による変形によりエネルギーを蓄えられること
③ 振動数に影響を与える因子：
系の重さが増えると振動数は減少し、剛性が増えると振動数が高くなる。系の重さと剛性を知れば、固有振動数を計算できる。

❷ 振動の起こり方

振動の起こり方に、次のようなものがある。（表8.1.1 参照）

❶ **強制振動**：物体に外部から周期的な変位、または力が与えられ、その物体が同じ周期で振動すること。外からの刺激が止めば止む。

原因となるものに、ポンプ、圧縮機の脈動、二相流、バルブによる流れの乱れ、配管が接続する回転機振動の伝達、などがある。外力の振動数と固有振動数が一致すると、共振となる。

❷ **流体励起振動**：振動要素のない流れから起こる振動であるが、必らずしも系の固有値だけで振動するわけではない点が自励振動とは異なる。例としては、流れとその流れの中の物体との相互作用で、規則正しく発生する渦により励起される物体の振動、流路にあるキャビティ（凹み）で発生するキャビティトーン、ベローズの谷間で起こる振動などがある。

❸ **自励振動**：その系内の要素が何らかの原因で、若干動いたり、系の圧力が若干高まったりする変動を契機として、その系が振動成分のない流れからエネルギーを貰い、系の要素が持つ揚力、弾性（ばね）力、慣性力などの組合せにより振動力を生み、圧力変動や機械的振動を増大させていくこと。すなわち、最初の刺激を受けると、その刺激により、自励的に固有振動数で、振幅が、減衰とバランスするところまで増大していく振動。

例：全開バタフライ弁のフラッタ、微開絞り弁の弁体の振動、隙間流れ、などがある。

以上の振動の特異なものとして、2つの共振現象がある。

① **機械振動の共振**：物体がその物固有の、もっとも振れやすい振動数 – 固有振動数 – と同じ振動を外部から受けたとき、大きく振動すること。

例：ポンプの振動数が接続する配管の固有振動と一致したとき、など。

② **気柱振動の共振**：管などの空洞には、その空洞固有の最も圧力変動しやすい振動数がある。すなわち、この気柱固有振動数と同じ振動数の圧力変動を外部からもらうと、空洞内で共振し、その振動数で空洞が大きく圧力変動をする。

例：フルートや尺八から出る音。口から吹き込まれた空気の渦の周波数から管の長さで決まる周波数が選択され、共振する（音が出る場合は共鳴という）。

8. 配管振動に対処する

8.2 機械振動と棒の固有振動数

> **このシートの要旨** 系の質量や剛性に関するデータがあれば、その固有振動数を計算することができる。一般に、質量が増加すると固有振動数は低下し、系の剛性の増加は固有振動数を上げる。

1 錘の付いたばね、もっとも簡単な式

図 8.2.1 のような、吊り下げばねの下端に質量 m の錘をつけたばね系の振動の式を考える。重力の加速度は無視する。

図 8.2.1 において、中立位置からの変位量 y とばねの弾性力 F の関係は、フックの法則が成り立つので、ばね定数を k とすれば、

$$F = -ky \qquad 式(8.2.1)$$

一方、力は加速度 α と質量 m の積で、加速度は変位を2度微分すると得られるから、

$$F = m\alpha = m\frac{d^2y}{dt^2} \qquad 式(8.2.2)$$

式(8.2.1)と式(8.2.2)から、

$$m\frac{d^2y}{dt^2} = -ky \quad さらに$$

$$\frac{m}{k}\frac{d^2y}{dt^2} = -y$$

ここで、$\omega = \sqrt{k/m}$ とおくと、

$$\frac{d^2y}{dt^2} + \omega^2 y = 0 \qquad 式(8.2.3)$$

この一般解は、

$$y = A\sin(\omega t + \beta) \qquad 式(8.2.4)$$

すなわち、正弦波である。

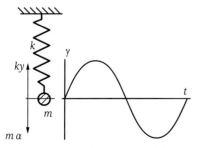

図 8.2.1 錘の付いたばねの振動

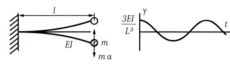

図 8.2.2 片持ち棒の横振動

ここに、A：振幅、ω：角振動数、β：初期位相

2 剛性のある片持ちの棒の横振動

弾性体である棒の一端を固定し、他端に質量 m の錘をつけた振動を考える（図 8.2.2）。棒の自重、重力の加速度はここでは考えない。

棒の長さを l、棒の断面二次モーメントを I、縦弾性係数を E とする。錘のところに働く力 F は、錘の位置のたわみ量を y とすると、

$$F = -\frac{3EI}{l^3}y \qquad 式(8.2.5)$$

（付表4参照（p.120））

一方、ばね系の振動と同じように、力は加速度 α と質量 m の積で、変位を2度微分したものが加速度であるから、

$$F = m\alpha = m\frac{d^2y}{dt^2} \qquad 式(8.2.6)$$

式(8.2.5)と式(8.2.6)から、

$$m\frac{d^2y}{dt^2} = -\frac{3EI}{l^3}y \qquad 式(8.2.7)$$

ここで $\omega = \sqrt{3EI/ml^3}$ とおくと

$$\frac{d^2y}{dt^2} + \omega^2 y = 0$$

この一般解は、

$$y = A\sin(\omega t + \beta) \qquad 式(8.2.8)$$

すなわち、正弦波である。

周期は、
$$T = 2\pi/\omega = 2\pi\sqrt{ml^3/3EI} \quad 式(8.2.9)$$

3 減衰(ダンピング)のある振動の運動方程式

系に減衰がある自由振動*の場合、減衰が空気抵抗のように速度 dy/dt に比例し、$-\eta(dy/dt)$ の場合、運動方程式は、

$$m\frac{d^2y}{dt^2} = -\eta\frac{dy}{dt} - ky$$

両辺を m で割り、

$$\frac{d^2y}{dt^2} + \gamma\frac{dy}{dt} + \omega^2 y = 0 \quad 式(8.2.10)$$

ここに、$\gamma = \eta/m$、$\omega = \sqrt{k/m}$
振幅(波形)の式は指数関数で与えられる。

*自由振動:物体を急に動かしたり、打撃を与えたとき起こる振動。その振動数が固有振動数。

4 強制振動の運動方程式

さらに、外から繰り返す力が加わる強制振動の場合、外力を $F(t)$ とすると、

$$m\frac{d^2y}{dt^2} = -\eta\frac{dy}{dt} - ky + F(t)$$

両辺を m で割り

$$\frac{d^2y}{dt^2} + \gamma\frac{dy}{dt} + \omega^2 y + f(t) \quad 式(8.2.11)$$

ここに $f(t) = F(t)/m$
振幅(波形)の式は指数関数で与えられる。

5 棒の横振動の振動数

棒の横振動数(自由振動数、固有振動数)は連続した均一な棒の運動方程式(偏微分方程式)を解くことにより得られる。真直ぐなあまり太くなく一様断面の棒が中立軸を含む面内に横振動(軸と直角方向の振動)をするとき、n 次の固有振動数、f_n [Hz]は次式で求められる。

$$f_n = \frac{1}{2\pi}\left(\frac{\alpha_n}{L}\right)^2\sqrt{\frac{E \cdot I}{\rho \cdot A}} \quad 式(8.2.12)$$

ここに、
α_n:n 次のときの係数(**図 8.2.3** による)
n:次数 1、2、3、…

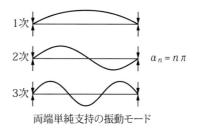

両端単純支持の振動モード
$\alpha_n = n\pi$

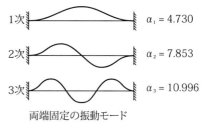

両端固定の振動モード
$\alpha_1 = 4.730$
$\alpha_2 = 7.853$
$\alpha_3 = 10.996$

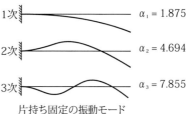

片持ち固定の振動モード
$\alpha_1 = 1.875$
$\alpha_2 = 4.694$
$\alpha_3 = 7.855$

図 8.2.3 棒の共振モードと係数 α_n

L:サポート間配管長さ[m]
E:縦弾性係数[Pa]
I:断面二次モーメント[m^4]
A:棒の断面積[m^2]
ρ:密度[kg/m^3]

《一口メモ》

複雑な振動波形を正弦波に分析する調和分析

複雑に見える振動波形も、規則正しく繰返さる振動波形の場合は、正弦波に分解することがき、振動を扱うとき便利である。複雑な振動波がどのような正弦波が組み合わされているかを出すことを、調和分析という。

調和分析は波形分析装置により、簡便に行うことができる。

8. 配管振動に対処する

8.3 圧力波と気柱振動数

> **このシートの要旨**
> 圧力波（圧力脈動）は、一般には横波である機械的振動と異なり、粗密波である。粗密波は強制振動を起こす（8.4 参照）が、粗密波が管路の気柱固有振動数と一致すると、気柱共振を起こし、圧力振幅の大きな定在波を作り、激しい振動を引き起こす。

1 圧力波による振動

圧力波は気体、または液体中を圧力変動が音速で伝わるものである。圧力の変化は密度の変化を伴うので、粗密波とも呼ばれる。

8.1 節で述べたように、粗密波は見てわかりやすいように、横波と同じように表す。

連続する圧力波の代表的なものとしては、ポンプやコンプレッサの圧力脈動、過渡的な圧力波の代表的なものとして、流水がバルブ急閉により急減速するとき発する圧力波（水撃）がある。

連続する圧力波により強制的に機械振動を起こす可能性があるが、特異な場合には圧力波の波長と管の長さとがある関係となって起こる気柱共振により、増幅された圧力波で強制的な機械振動を起こす。当然、後者のほうが大きな機械振動となる。

2 気柱共振

管路を伝わる圧力波は、管端が閉じていても、開いていても、管端で反射する性質がある。すなわち、管の一端から入った圧力波（進行波）は管の他端において反射し、その反射波は減衰しつつ往路を戻って、最初に圧力波が入った端部に到達し、そこでまた反射し…、とこれを繰り返しつつ減衰する。

反射を繰り返す管の長さ（両端間の距離）と波長（音速／周波数）との関係で、進行波と反射波の位相が一致すると、両者の合成された波は進行せず、定位置に留まり、合成して大きくなった圧力振幅で振動する。進行波と反射波の合成された波の位置は動かないので、「定在波」または「定常波」という。

定在波の形成により、圧力振幅の幅が大きく

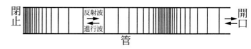

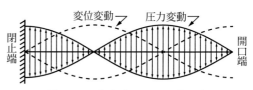

図 8.3.1　定在波の 2 つの表し方

なれば、それによる機械振動も大きくなるので、気柱共振は避けなければならない。

定在波を横波で表す場合、圧力変動で表す場合と変位変動で表す場合とがある。本書は圧力変動で表す。圧力変動の大きいところは、変位変動の小さいところ、またその逆も真で、図 8.3.1 に示すように、圧力変動と変位変動の波は 90 度位相がずれる。図 8.3.2 は圧力変動で示す共振モードである。

気柱共振である定在波を作る気柱の振動数 f_{an} は、一様な流路断面を有する真直ぐな管路において、次の式で求められる。

$$f_{an} = \frac{\alpha_n \cdot C}{2L_e} \qquad 式(8.3.1)$$

また $\lambda = C/f$ より、このときの波長は、

$$\lambda = 2L_e/\alpha_n \qquad 式(8.3.2)$$

ここに、f_{an}：n 次の音響固有振動数〔Hz〕
　　　α_n：n 次の係数、図 8.3.2 による。
　　　n：固有振動の次数 1、2、3、…
　　　L_e：配管の相当長さ〔m〕
　　　C：音速〔m/s〕

❶ 配管の相当長さ L_e の算式

定在波の開口端は、実際の開口端の少し先にあり、相当長さは以下のようになる。

8.3 圧力波と気柱振動数

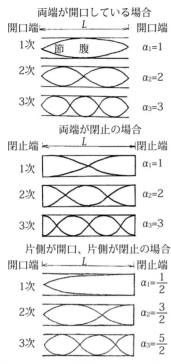

図 8.3.2 気柱共振のモードと係数 α_n

両端開口の場合：$L_e = L + 1.2d$
片側開，片側閉の場合：$L_e = L + 0.6d$
両端閉止の場合：$L_e = L$
ここに、L：配管実長、d：管内半径

❷ 開口と閉止の区別の目安

実際の配管で開口端、閉止端の例を示す。
① 閉止端：閉止フランジ、圧縮機との取合い、玉形弁、オリフィスなど。
② 開口端：大気への出口、水槽との接続、ポンプとの接続、接続先の径が当該配管の2倍以上の管・機器

❸ 定在波のできる仕組み

気柱振動において、定在波のできる仕組みを図8.3.3を使って説明する。

図8.3.3は、閉止端と開口端の管の2次の気柱振動モードの定在波ができる過程を示している。

管内を進行する圧力波は、閉止端で反射するとき、壁に到達した圧力で、反射するが、図8.3.3①で見るように、壁がなかったとして進

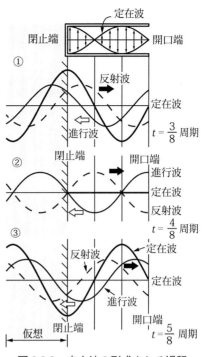

図 8.3.3 定在波の形成される過程

んだ波形を壁の線を軸に管側へ180°反転させた波形となる。

したがって、壁のところで進行波である$+P$の圧力が壁に反射したとき、圧力$+P$の反射波が生まれ、合成される定在波は$+2P$となる。進行波の最大圧力がPのときは、定在波に$2P$を超える圧力は存在しないので、壁のところに圧力変動の腹ができる。

図8.3.3の影をつけた部分の波は反射波作図のための仮想のもので、実際には存在しない。

開口端では、管長さが気柱共振の起こる条件の場合は、閉止端で反射して返って来た波は図8.3.3の③で圧力$-P$で開口端に達し、反射時に圧力を反転させ、$+P$で、最初の進行波と同じ位相で再び閉止端へ向かって進む。開口端では、合成された定常波の圧力波は$-P+P=0$となり、常に大気圧である。

以上より、定在波の圧力変動は閉止端では、腹、開口端で節となる。

8. 配管振動に対処する

8.4 励振源により起こる強制振動

> **このシートの要旨**
> 外部の振動源から伝わる振動、あるいは流体の持っている振動成分によって、振動させられる（励振という）振動である。励振振動数が、管路の固有振動数に一致している特別の場合の強制振動は、特に共振という。

1 強制振動

配管における多くの振動が強制振動に属する。強制振動は振動している物体、あるいは変動している流体により配管が励振される現象をいう。

励振源として、配管が接続する主として回転機器からの振動、質量流量の微小時間内の変動（たとえば、気液二相流）、圧力脈動、ランダムな流れの乱れなどがある。

流体による振動は、運動量の変化、あるいは、圧力脈動が、エルボや分岐などの壁に働く変動力と、その壁と距離的に離れている対面の壁に働く変動力との位相差により、対向する力の合力が変化し、起振力となる。

また、絞り弁、減圧オリフィスなどによる絞り後の、激しい乱れや、流速の速い高エネルギーの流体は、小径配管や、口径の割に厚さが比較的薄い、剛性の低い配管において、高周波の振動を起こしやすい。

2 回転機械からの振動伝達による強制振動

回転機器である遠心ポンプ、送風機、圧縮機などの、不平衡力（羽根車の重心のズレなど）やミスアライメント（ポンプ羽根車軸とモータ回転軸のセンターのズレ）によって出た振動が、配管と取り合うフランジを介して配管に伝わるものである。

ポンプから直接伝わる他に、図 8.4.1 のように、同じ架台にあるほかの配管から架台を介して別の配管に振動が伝わる場合もある。

振動数は、回転機の回転数を N rpm とすると、不平衡力は、$N/60$ Hz、ミスアライメントによるものは、$nN/60$ Hz（n は整数）である。

対策として、ポンプと配管の接続部にフレキ

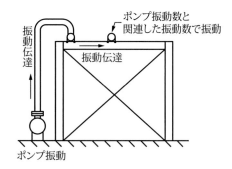

図 8.4.1 回転機器から伝わる強制振動

シブルメタルホースやベローズ式伸縮管継手を入れ、ポンプからの振動を遮断する方法もあるが、その場合、配管側を固定しないと、配管はかえって振れやすくなる可能性がある。

3 圧力脈動による強制振動

往復動圧縮機やポンプ、遠心式圧縮機やポンプから出る圧力脈動が、配管の強制振動の原因となる。圧力脈動の大きさを $\pm\Delta P$ とすれば図 8.4.2 に示すように、配管内部の壁に $P\pm\Delta P$ の圧力が周期的に変化して作用する。管の曲がり部や分岐部には（管内断面積×圧力）の力が外側へ向かって働いている。

図 8.4.2 に見るように、右端のエルボには $+X$ 方向の、左端の T には $-X$ 方向の、圧力による力が働くが、圧力波の波長 λ と管の長さ L の特別の関係のとき、$+X$ と $-X$ の力が釣り合い、互いに打ち消す場合もあり得るが、一般には両者の合力は刻々変化し、配管の起振力となる。

圧力脈動の振動数は、往復動の場合はピストンの動きに応じ、間欠的に流体を吸い引み、吐き出す周期的な流動変動が起き、圧縮機の場合は $nN/60$ Hz、ポンプの場合は $nNP/60$（P は

8.4 励振源により起こる強制振動

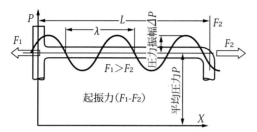

図 8.4.2 圧力脈動による強制振動

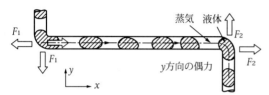

図 8.4.3 気液二相流による強制振動

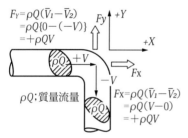

図 8.4.4 流れの曲がりによる運動量変化

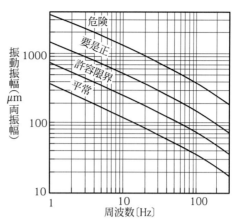

図 8.4.5 SwRI の配管振動 判定基準

プランジャ数)となる。また、遠心式の場合は、$nN/60$、または $nBN/60$(B は渦巻きポンプの場合、羽根枚数)である(3.1 節の図 3.1.1 参照(p.46))。

4 気液2相流による強制振動

液体と気体が混じって流れる気液二相流は流動様式にさまざまなものがあるが、振動が起こりやすいのは、プラグ流とスラグ流のような質量の大きな液体の部分と質量の小さな気体の部分が断続的に通過する流れ(図 8.4.3)において、曲がりを通過するとき、図 8.4.4 で見るように壁に作用する運動量が変化し、振動の原因となる。

力学上の力は $F=m\alpha$ で表せるが、流体が曲がるとき壁に及ぼす力は、下記式

$$F=\overbrace{\rho Q \Delta t}^{m}\overbrace{\{(\overline{V_1}-\overline{V_2})/\Delta t\}}^{\alpha}$$

ここに、Δt は微小時間。流体の場合、力は運動量の変化量として表される。$\overline{V_1}$ は曲がる前、$\overline{V_2}$ は曲がった後の、流速ベクトルである。

質量流量 ρQ が、90°ベンドを曲がると、図 8.4.4 で見るように、

$F_x = \rho QV$, $F_y = \rho QV$

の力となり、$\sqrt{2}\rho QV$ の合力がベンドの壁に作用する。

流体が液体と気体では ρ が 1,000 倍程度異なるので、液体と気体が交互にくるプラグ流やスラグ流では、かなりの起振力が発生する。液相と気相のピッチは規則正しくないのが普通であるから、通常は不規則な振動となる。

5 振動に対する判定基準

配管振動を評価する基準としては、1970 年代に SwRI(Southwest Research Institute)が作成した往復動圧縮機・ポンプの配管振動評価基準がある(図 8.4.5)。

図 8.4.5 で、「平常」は適切な配管であっても起こり得る振動領域。「許容限界」は大きいが許容できる領域。「要是正」は配管を改造し、振動を減少させることが望ましい領域、「危険」は直ちに運転を停止し、配管を改造せねばならない領域を意味する。

8. 配管振動に対処する

8.5 自励振動と流体励起振動

> **このシートの要旨**
> いずれも、流れ自体に圧力脈動や質量流量の変化などの振動成分がないのに、流体中の物体が振動を起こす現象で、前者は物体の動きと流れとの連成により、後者は物体の下流にできる渦などによって起こる。前者は必ず物体の固有振動数で振動する。

1 自励振動と流体励起振動

流体関連振動とは、流体が関与して起こすさまざまな振動を指すが、流れに振動要素がなくて振動を起こすものに、自励振動と流体通過時に生じる渦などにより起こる流体励起振動がある。

自励振動は複数の動的な要素が、動的な絡み合いによって、振動要素を作り出し振動するもので、必ず振れやすい振動数、すなわち固有値で振動し、共振状態になる。

自励振動に関与する動的なもとして、恒常的な流れのほかに、弾性（ばね）力、揚力、摩擦力、慣性力などの組み合わせにより起こるもので、異なる位相の2つの力が発生し、その相互作用で励振力が発生し振動するものである。自励振動には弾性力が関与していることが多く、また振動は流れの方向に直交する方向に出るのが多い。

配管装置の自励振動の例としては、バタフライ弁全開時のフラッタ（揺動すること）、微小開度の減圧弁（図8.5.1）、円柱群（たとえば、伝熱管）の流力弾性振動、配管ではないが、楽器のリード（音を出す薄い弾力のある板）もその1つである。

自励振動の対策として固有振動数を変えても、またその振動数で起こる。弾性部分の剛性を上げることで抑制はできるが、振動をなくすことはできない。

一方、流体励起振動は、「ある特定の形状のもの」を流体が通過するとき、流体と形状がある条件を満たすとき、流れに振動成分を作り出し、それにより「もの」が振動する現象である。その振動数が「もの」の固有値と一致していないときは強制振動、一致すると共振を起こす。

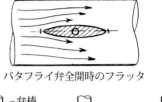
バタフライ弁全開時のフラッタ

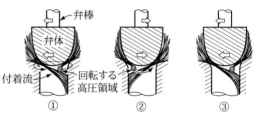
微小開度の減圧弁の自励振動

図8.5.1　バルブ類の自励振動の例

この点が自励振動と異なる。

流体励起振動は、元来は振動要素のない流れであるが、通過する物体により、断続的にできる渦、あるいは、付着流などが振動源となるもので、流れが、円柱（たとえば、温度計ウェル）、キャビティ（たとえば、安全弁管台）、厚いオリフィス、ベローズ、狭い隙間、などを通過するとき、流力的に定まる振動数を持った渦などを発生、その圧力波がその周囲の配管装置に作用して、振動するケースである。その振動数がもしも機械固有振動数、または気柱振動数と一致したときには共振する。

2 自励振動のメカニズム

配管装置ではないが、自励振動のメカニズムを理解しやすい2つの例で示す。

1つは図8.5.2に示すように、断面が半円の棒を水平にして、その上と下をばねでサポートした状態にしておいて、半円のフラットのほう

8.5 自励振動と流体励起振動

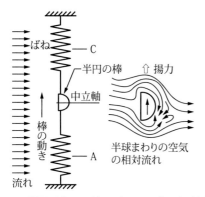

図 8.5.2 断面が半円の棒とばねから成る自励振動系

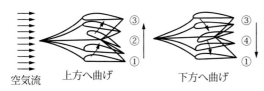

図 8.5.3 空気の流れの中で起こる翼のフラッタ

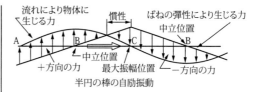

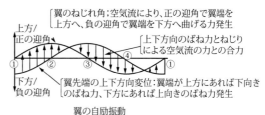

図 8.5.4 ばねによる力と流力的力の位相差による振動

から変動成分のない風を当てる。棒が何らかの原因で少し動くと、以下の理由で、半円の棒が上下に振動を始める。半円の棒には、棒に生じる揚力（棒が動いている方向の半円部の流速が反対側の流速より早いため、ベルヌーイの法則で圧力が低くなり、棒の進行方向に作用する揚力が生じる）と、ばねの変位によるばねの力が働く。両者の力は図 8.5.4 の上段に示すように、90 度の位相差ができるため、その合力として、棒に上向きの力と下向きの力が交互に働き、上下振動を繰り返す。

この場合、自励振動の発生に寄与するものは、流れにより棒に生じる揚力、棒に作用するばね力、それに棒の慣性力である。

もう 1 つ例は、図 8.5.3 のように、空気の流れの中の翼の自励振動である。

左から右へ流れる空気流の中の翼が①と②の中間あたりにおいてたまたま正の迎角のねじれを起こすと、翼は流れを受けて上向きの力が生じ、翼端が上方へ動く。②と③の中間あたりで迎角のねじれによる上向きの力と翼の下向きのばね力とがバランスするが、慣性で③まで達し、そこで下向きのばね力が勝って、下方向への動

きに転じる。翼のねじれは慣性で負の迎角のねじれとなり、流れによる下向きの力を生じ、④を経て①の状態に戻る。これを繰り返し、自励振動（曲げ振動）となる。

図 8.5.4 の下段に、流れにより翼に生じる流力的力と翼の片持ちはりの弾性力が 90 度の位相差を持ち、その差の時々刻々の変化が自励振動を引き起こす様子を示している。対策の 1 つは、翼の剛性を上げることである。

この例で、自励振動の発生に寄与するものは、流れにより翼に生じる力、翼の弾性力、翼の慣性力である。

❸ 流体励起振動のメカニズム

流れと流れに接するものとの相互作用でできる渦に起因して起きる流体励起振動の例を説明する。

❶ カルマン渦による振動

流れの中に突起した物体（たとえば、煙突や温度計用ウェルなど）があると、物体の後流に千鳥の位置に渦を発生する（図 8.5.5）。これを

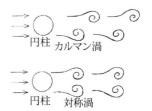

図 8.5.5 カルマン渦と対称渦

8. 配管振動に対処する

カルマン渦という。ほかに、流速の違いによっては対称位置にできる渦もある。

これらの渦が「もの」から剥離するとき「もの」は力を受ける。その周波数が「もの」の固有振動数に近いと、「もの」は機械的共振で大きく振れる。以下、円柱の場合を考える。渦の発生振動数は、式(8.5.1)で表される。

$$f = S_t \frac{U}{d} \qquad 式(8.5.1)$$

ここに、
f：カルマン渦の発生振動数〔Hz〕
S_t：ストローハル数
U：円柱間の隙間を流れる平均流速〔m/s〕
d：円柱の直径〔m〕

ストローハル数（無次元）は、物体の形状・配置およびレイノルズ数により変わるが、円柱単独の場合は、レイノルズ数<10^5において、約0.2と考えてよい。

振動する物体の減衰が小さい場合、物体の後流にできるカルマン渦の振動数は、共振付近で系の固有振動数に引き込まれてしまう「ロックイン現象」が生じる場合がある。このときは流速を僅かに変えても、渦の発生振動数は変化せず、系の固有振動数となる。

なお、円柱構造物のカルマン渦による共振を防ぐ方法は、文献⑩参照。

❷キャビティトーンによる気柱共振（文献⑨）

1/4波長の気柱共振モードの「キャビティトーン（Cavity Tone）」はキャビティ（ここでは、二次元の矩形の凹みとする）の開口部を流れが過ぎるとき、大きな騒音を発する現象である。

キャビティトーンの発生メカニズムは図8.5.6に示すように、管壁に沿って来た流れがキャビティの前縁で変動し渦が発生、その渦がキャビティ後縁に衝突したとき、圧力波を発生する。その圧力波がキャビティの奥へ伝播し、キャビティの開口端と閉止端の間で反射を繰り返す。その圧力波の1/4周期がキャビティの有効長さと一致すると、一次の気柱共振モードとなり、激しい騒音と振動をもたらす。

キャビティを発生させない対策としては、渦の発生、崩壊を防ぐためキャビティ入口に大きなまるみやテーパーを持たせたり、圧力波を減衰させるため、キャビティ内部の形状を変える方法などがある。

キャビティの事例：主蒸気管から分岐した安全弁入口管（管台）の管台入口が開口端、安全弁弁体が閉止端となるキャビティにおいてキャビティトーンが発生、その圧力波の1/4波長が閉止-開口の管長さと一致したため気柱共振を起こし（8.3節　図8.3.2参照）、その圧力脈動が主蒸気管を経て、その先にある蒸気乾燥器を損傷させた（日本原子力学会　熱流動部会ニュースレター第67号　2010.1.26　より）。

❸ベローズの流れによる振動

ベローズ式伸縮管継手のベローズのコンボリューション（波形）を流体が横切るとき、コンボリューションが形成する一種の凹み（キャビティ）を横切ってできる自由せん断層が周期的な圧力変動を起こし、この振動数がベローズの機械的固有振動数、あるいは管路の気柱固有振動数と一致すると、大きな振動となる（図8.5.7）（文献⑩参照）。

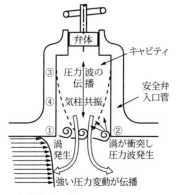

図8.5.6　安全弁入口管におけるキャビティトーン

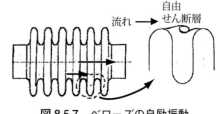

図8.5.7　ベローズの自励振動

8.6 流速の急変で起こるウォータハンマ

> **このシートの要旨**
> ウォータハンマは、バルブ急閉などによる液柱の急激な流速変化、空間部を走る液柱が壁や他の液柱に衝突、あるいは大きなボイドが冷却や圧力増加で凝縮する瞬間の液同士の衝突、などで起こる。バルブ閉による圧力上昇は急閉と緩閉で、上昇値が異なる。

1 ウォータハンマとはどんな現象

ポンプ起動、停止、あるいは弁急閉などで、管内流速が急変すると、それに伴い圧力が急変する。圧力の急変は圧力波として管路内を流体の音速で伝播し、管路内に大きな圧力変動をもたらす。この現象をウォータハンマ、または水撃という。

音速で管内流体中を伝播する圧力変動は管の他端、そこが開口端であっても閉止端であっても、反射して引き返し、また反射して、と反復しつつ減衰する。

ウォータハンマで問題なのは、その圧力波の圧力が高いことにある。

2 ウォータハンマによる発生圧力

❶ バルブが瞬時閉で起こるハンマ

流速 V〔m/s〕の流体が瞬時に流速 0 になるとき、この流体を伝わる音速を C〔m/s〕とし、生じる圧力上昇 ΔP は、

$$\Delta P = \rho C V \;\text{〔Pa〕} \qquad 式(8.6.1)$$

となる。この式は、Joukowski の式と呼ばれる。

ここに、ρ：密度〔kg/m³〕、C：その流体のそのときの温度の音速〔m/sec〕、V：流速〔m/sec〕

バルブが瞬時閉でなくても、バルブ閉による圧力波が音速で管路の他端に達し、反射してバルブに戻ってきたとき、バルブが全閉していれば（すなわち、バルブ全閉時間 ≦ $2L/C$、L はバルブから他端までの管路長さ m）、同じ結果となる。

❷ バルブがゆっくり閉まり、バルブ閉時間 > $2L/C$ の場合、

この場合の圧力上昇値 ΔP は次のアリーヴィ（Allievi）の式で計算される。

$$\Delta P = \frac{a}{2}\left(a + \sqrt{a^2 + 4}\right)\rho g H_0 \qquad 式(8.6.2)$$

ここに、$\quad a = \dfrac{LV}{gH_0 T} \qquad 式(8.6.3)$

g：重力の加速度〔m/sec²〕
H_0：管路のバルブ閉以前の圧力水頭〔m〕
L：管路の長さ〔m〕
T：バルブの締切るまでの時間〔s〕

―〔例 題〕――――――――――――
配管長さ $L = 500$ m、流速 $V = 1.5$ m/sec、当初の圧力水頭 $H_0 = 30$ m、流体密度 $\rho = 1,000$ kg/m³、流体の音速 $C = 1400$ m/sec の場合、バルブの急閉止と緩閉止（全閉までに1秒）の場合の圧力上昇値を比較する。

管路を圧力波が往復する時間は、
　$2L/C = 2 \times 500/1400 = 0.71$ sec
バルブを 0.7 秒以下で閉めれば、急閉鎖となる。その場合の圧力上昇は式(8.6.1)より、
　$\Delta P = \rho C V = 1000 \times 1400 \times 1.5$
　　　$= 2.1 \times 10^6$ Pa $= 2.1$ MPa
バルブを1秒間で全閉した場合は緩閉止となり、式(8.6.3)と式(8.6.2)より、

$$a = \frac{LV}{gH_0 T} = \frac{500 \times 1.5}{9.8 \times 30 \times 1} = 2.55$$

$$\Delta P = \frac{a}{2}\left(a + \sqrt{a^2 + 4}\right)\rho g H_0$$

$$= \frac{2.55}{2}\left(2.55 + \sqrt{2.55^2 + 4}\right)10^3 \times 9.8 \times 30$$

$$= 1.74 \times 10^6 \text{ Pa} = 1.74 \text{ MPa}$$

となり、緩閉止のほうの圧力上昇が抑えられている。バルブの閉止時間をもっと長く遅くすれば、圧力上昇値をさらに小さくできる。

8. 配管振動に対処する

図 8.6.1　液柱分離と再結合によるハンマ系

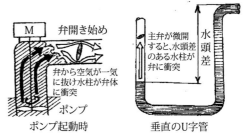

図 8.6.2　バルブ直前の空間によるハンマ

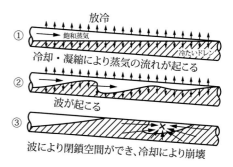

図 8.6.3　蒸気凝縮によるハンマ

3 いろいろなウォータハンマ

配管装置において、次のような流速の急変時にウォータハンマが起こる。

❶　流れがバルブの急閉により急停止したとき、流れの急減速により、バルブの上流で圧力が急増する（❷参照）。

対策：バルブをゆっくり閉める。

❷　停止流体がバルブの急開により急加速し、バルブの上流で圧力急減。

対策：バルブをゆっくり開ける。

❸　ポンプが急停止したとき、ポンプ直後の流路上流では流速が急速に下がるのに対し、下流の流体は慣性力により流速を維持する。上流、下流の狭間において、圧力が下がり、流体の飽和蒸気圧まで下がると、ボイドが発生、さらに液柱分離を起こす。その後、負圧のボイド部により、分離した液柱の揺り戻しが起こり、液柱が再結合するとき、ウォータハンマが起こる（図8.6.1参照）。

対策：ポンプにフライホイールをつけ、回転慣性を大きくし、動力喪失時の急激な回転速度の低下を防ぐ。

❹　バルブと流体である水の間に空間がある場合、バルブが開き初めると、大気側に空気が一気にはき出され、水柱がバルブに衝突、衝撃を生じる。

起こるケース：ポンプ起動時。垂直Ｕ字状管。
（図8.6.2参照）

対策：前者；ポンプ起動時このような空間を作らない。後者；小弁を設け、主弁を開ける前に小弁を開け、徐々に空気を逃がす。

❺　飽和蒸気が飽和水と管壁等により密閉された状態で冷却され、蒸気が凝縮するとき、この空間が一気に潰れ、水同士が衝突、衝撃を発す。蒸気凝縮ハンマという（図8.6.3参照）。

対策：蒸気が水などにより密閉されない配管勾配（たとえば、1/24以上）をとる。バルブ操作手順を考える、など。

❻　蒸気配管において、ドレンの滞留するドレンポケットに蒸気が高速で進入してきたとき、蒸気がドレンを浚うように下流へ運び、エルボなどに衝突、衝撃を与える。

対策：間欠運転の蒸気ラインはフリードレンポケットとする。ポケットが避けられない場合、確実に常時ドレンの溜まらない設計とする。

8.7 振動による疲労破壊

> **このシートの要旨**
> 振動する配管、装置に対しては、疲労による破壊を防がねばならない。振動サイクル数が 10^7 を超える高サイクル疲労に対しては、修正グッドマン線図で疲労強度の評価ができる。10^7 に達しない振動では、S-N曲線より、寿命評価ができる。

1 疲労という破壊

振動のような繰返し応力がかかると、その発生応力が降伏点以下でも、ある値以上の応力で損傷することがある。これを疲労破壊という。図 8.7.1 は繰返し応力のサイクルを示す。繰返し応力は、次のいずれかを使って表す。

① 平均応力 σ_m と応力振幅 σ_a、または、
② 応力幅 $\Delta\sigma = 2\sigma_a$ と最小、最大応力比 $R = \sigma_{min}/\sigma_{max}$

疲労で支配的なのは、応力振幅 σ_a (または応力幅 $\Delta\sigma = 2\sigma_a$) である。平均値 σ_m、応力比 R の影響はそれほど大きくない。

2 S-N曲線とグッドマン線図

部材の疲労を評価するために、必要なものにS-N曲線がある。これは応力振幅(縦軸)とその応力振幅における破壊までの繰返し数(横軸)の関係を両軸ともに対数目盛りで表したものである。下降線が下げ止って水平になったところの応力振幅が疲労限度で、この応力以下であれば、疲労破壊しない。

図 8.7.2 は疲労限度線図(修正グッドマン線図ともいう)と呼ばれているもので、横軸に平均応力 σ_m、縦軸に応力振幅 σ_a をとっている。

図のように、縦の応力振幅 σ_a の軸上に、対象材料の両振りの疲労試験結果から得た疲労限度 σ_{wo} を、また横軸の平均応力 σ_m の軸上に引張試験結果からの引張り強さ σ_b (破断強度/試験前の試験片断面積) をとり、両点を結んだ線が、「疲労限度線」である。図でわかるように、疲労限度の振幅は平均応力 σ_m が高いほど低い。

次に、平均応力の軸上に降伏点 $+\sigma_y$、$-\sigma_y$、応力振幅の軸上に $+\sigma_y$ の3点をとり、各点を結んで三角形を作る。この三角形の内部が設計応力 ($\sigma_a + \sigma_m$) が降伏応力に達しない範囲である。

この三角形と疲労限度線の下側に囲まれた斜線の部分が、疲労破壊も降伏もしない領域となる。これに適切な安全係数を考慮して設計に使う。

引張強さの代わりに真破壊応力を使ったものが、グッドマン線図であるが、修正グッドマン線図のほうがやや安全サイドになる。

応力を受ける部分の形状や寸法が急変するところ、たとえば、部材の切欠きや孔が開いているようなところはその付近で応力線の密度が高くなり、孔から遠い場所の応力に比し、α 倍の応力が働く。この α を応力集中係数という。疲労の評価においては、応力集中による応力増加を考慮せねばならない。

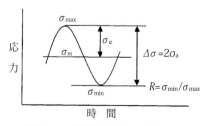

図 8.7.1 繰返し応力のサイクル

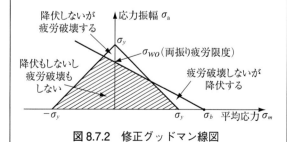

図 8.7.2 修正グッドマン線図

8. 配管振動に対処する

〔例 題〕

直径 $D=914$ mm、肉厚 $t=9.5$ mm の管が1時間ごとに 10 回の圧力変動（最小圧力 $P=0$ から最大圧力 4 MPa ゲージ）を受ける。次のものを求めよ。

(a) 容器の周方向応力を求めよ。
(b) 長手継手止端部の最大応力を求めよ。
(c) 容器の耐用年数を求めよ。
(d) 上記条件で 6 か月運転した後、問題に気付き、最大圧力を元の最大圧力の 7 割に軽減できたとした場合、残りの寿命（耐用期間）を求めよ。

ただし、長手継手止端部の応力集中係数は $\alpha=1.5$、材料の S-N 曲線は図 8.7.3 で与えられるものとする。

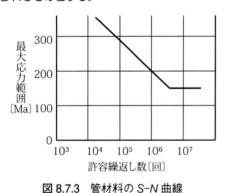

図 8.7.3　管材料の S-N 曲線

〔解　答〕

(a) 薄肉円筒と見なして、管の周方向応力（フープ応力）を求める。

最高使用圧力は、4 MPa であるから、
$$\sigma = \frac{PD}{2t} = \frac{4 \times 0.914}{2 \times 0.0095} = 192 \text{ MPa}$$

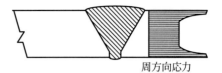

図 8.7.4　開先部応力集中のイメージ図

(b) 周方向応力は、長手継手のビードに垂直に作用する。止端部（ビードと母材の境界）の周方向応力は、応力集中係数がかかるので（図 8.7.4 参照）、止端部の最大応力 σ_{max} は、
$$\sigma_{max} = \alpha\sigma = 1.5 \times 192 = 288 \text{ MPa}$$

(c) 図 8.7.3 より、最大応力 288 MPa の繰返し回数を読むと、1.1×10^5 回である。1 時間に 10 回の圧力変動であるから、1 年に $10 \times 24 \times 365 = 0.876 \times 10^5$ である。
1.1×10^5 回に達する耐用年数は、
$$1.1 \times 10^5 / 0.876 \times 10^5 = 1.25 \text{ 年}$$
となる（ここでは安全係数をとっていないので、耐用年数はもっと低くなることもある）。

(d) 元の運転条件での 6 か月は全寿命の、
$$0.5/1.25 = 0.4$$
すなわち、残り寿命年数は耐用年数の 6 割を残していることになる。

最大圧力を 7 割に減じると、ビード止端部の最大応力も、当初の 7 割となり
$$288 \times 0.7 = 202 \text{ MPa}$$
となる。S-N 曲線からこの応力の耐用繰返し数を読むと、1.0×10^6 回数となる。その年数は、
$$1.0 \times 10^6 / 0.876 \times 10^5 = 11.4 \text{ 年}$$

その 6 割が寿命として残っているから、今後の耐用年数は
$$11.4 \times 0.6 = 6.8 \text{ 年}$$
となる。

（破壊力学 小林英男 著 共立出版 を参考にした）

第9章
腐食、侵食に対処する

　配管における腐食トラブルは、疲労破壊と並んで、配管においてもっとも多いトラブル要因のひとつである。
　配管の腐食は、水の介在する電気化学的腐食が関与している場合が多い。電気化学的腐食が起こる条件は、電位差のある金属、金属間の導通、そして金属に接する電解液が同時に存在することである。電気化学的腐食のメカニズムを理解しておけば、それに関連するさまざまの腐食の原因、対策の理解もはやい。
　一方、侵食（エロージョン）は、化学的作用ではなく、流速という物理的作用によって減肉する腐食形態である。
　本章では、腐食（コロージョン）のほかに、侵食（エロージョン）についても説明する。

9. 腐食、侵食に対処する

9.1 腐食の多くは電気化学的に起こる

> **このシートの要旨**
> 配管で起こる腐食の多くは、水の介在する湿式腐食であり、その大半に電気化学的腐食が関与している。電位化学的腐食は導通のある2つ以上の金属のうち、自然電位が低い金属がアノード（腐食される側）となり、高いほうがカソード（防食される側）となって起こる。

1 電気化学的要因による腐食のメカニズム

鉄の原料である鉄鉱石は、酸化した鉄を含んだ形態で安定した姿をしている。われわれが使う鉄は鉄鉱石に高エネルギーを加えて、還元した不安定な存在で、元の安定した酸化鉄へ戻ろうとする。それが腐食という現象である。

鉄は腐食するとき、溶液（電解液）と接する鉄の表面は溶出し、その溶出した鉄と水と酸素が化合して、鉄の表面をかさぶたのように赤茶色の錆で覆う。この赤錆はもろく緻密でないので、剥離したり、水と酸素が赤錆を浸透したりして、さらに鉄を腐食させていく。

腐食の起こるメカニズムには電気化学的なものと物理的なものとがあるが、多いのは電気化学的要因のほうで、少数のものが電気化学的と物理的なものとの複合要因で起こる。

図9.1.1は電気化学的腐食について説明している。電気化学的腐食の起こる条件として、図9.1.1にあるように4つある。すなわち、

① 金属の2点間に電位差があること
② 金属間に導通のあること
③ 上記2点は電解質溶液（電気をとおす溶液）と接していること
④ 電解質溶液が中性、アルカリ性のときは、溶存酸素が存在すること。酸性のときは必要ない

そして、電気化学的腐食のメカニズムは次のようになる。

❶ 電解質溶液はプラスイオンとマイナスイオンを含みやすく、プラスイオンとマイナスイオンが多ければ電流が流れやすい。金属または導線の回路と、電解質溶液の回路により、電流が流れる回路が形成される。

❷ 異なる金属間、あるいは同じ金属内の異なる2点間に電位差があると電流が流れる。

金属は固有の自然電位（**3**参照）を有しており、溶液中に導通した2つ金属があった場合、自然電位の低いほうの金属（卑の金属ともいい、活性である）はアノード、自然電位の高いほうの金属（貴の金属ともいい、非活性である）はカソードと呼ばれる。

アノードとカソードでは次のような現象が起こっている。

❸ アノードは、図9.1.1の右側の部分にあたり、活性でイオン化しやすく、腐食されやすい。この状態を卑であるという。

アノードとなった鉄 Fe は Fe^{2+} イオンを水中に溶出し、電子 $2e^-$ を鉄中に残す。これをアノード反応といい、次式で表す。

$$Fe \rightarrow Fe^{2+} + 2e^- \qquad 式(9.1.1)$$

❹ 残された電子 $2e^-$ は鉄の中をカソードに移動、溶液と接する鉄の表面で、溶液中の溶存酸素 O_2、水 H_2O と反応し、水酸化イオン $2OH^-$ を生成する。

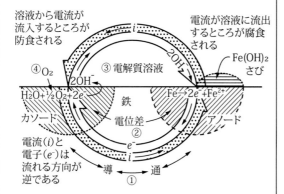

図9.1.1 電気化学的腐食のメカニズム

9.1 腐食の多くは電気化学的に起こる

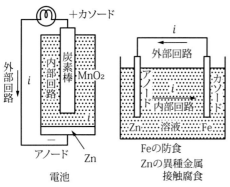

図9.1.2 電池と異種金属接触腐食

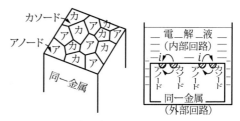

図9.1.3 均一腐食

$$2e^- + H_2O + \frac{1}{2}O_2 = 2OH^- \quad 式(9.1.2)$$

これをカソード反応という。この部分の鉄は変化をしない。すなわち、防食される。

❺ 式（9.1.1）の Fe^{2+} と式（9.1.2）の $2OH^-$ とが反応し、水酸化第一鉄を作る。

$$Fe^{2+} + 2OH^- = Fe(OH)_2 \quad 式(9.1.3)$$

❻ さらに水酸化第一鉄は酸素と化合して、酸化第二鉄（赤錆）を作る。

$$Fe(OH)_2 + \frac{1}{2}H_2O + \frac{1}{4}O_2 = Fe(OH)_3$$
$$式(9.1.4)$$

以上をまとめると、電位の低い金属、アノードでは式（9.1.1）の反応により金属が腐食し、電位の高い金属、カソードでは式（9.1.2）の変化により防食される。

そして、❸から❻の過程で電子 e^- は図9.1.1において時計回りに流れ、電流 i はその反対方向、すなわち反時計方向に流れる。

また、電気化学的腐食の腐食速度は、次の条件で大きくなる。

① アノード、カソード間の電位差が大きいほど
② アノードとカソードの溶液中の距離が近いほど
③ 電解質溶液に含まれるイオンが多い（溶液の電気抵抗が小さい）ほど
④ アノード面積がカソード面積に対し、小さいほど大きくなる。

2 異種金属腐食と均一腐食

アノードとカソードが異種金属の場合は、異種金属接触腐食、またはガルバニック腐食と呼ばれ、局部的だが深く腐食されることが多い。

異種金属接触腐食を、原理の似ている電池と対比させたのが図9.1.2である。

同一金属内にあっては、液に接する表面の化学成分や冶金学的のわずかな不均一性により、アノードとカソードが形成されるが、両者は互いに容易に入れ替わる。緩やかで全面的な腐食となり、均一腐食と呼ばれる。水や湿分による通常の腐食はこのタイプである（図9.1.3）。

3 自然電位と電位差による腐食

電解質溶液に金属が単独で存在し、電位的に平衡状態のとき、その金属固有の電位と基準電極（銀‐塩化銀電極、またはカロメル電極など）との電位差を、自然電位または腐食電位といい、微量に流れている電流を自然電流という。

表9.1.1は各種金属のカロメル電極基準による自然電位と、金属組合せにより起こる可能性のある、電位差により起こる腐食を示す。

表9.1.1 自然電位と電位差による腐食

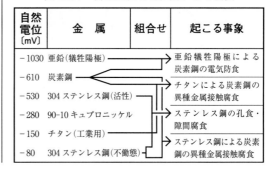

9. 腐食、侵食に対処する

9.2 分極で腐食・電気防食を考える

> このシートの要旨
>
> 電気化学的腐食においては、分極という現象が現れる。金属から電解質溶液に電流が流出入するとき、金属の電位が変化することをいう。電気化学的腐食と電気防食には、分極が深く関わりあっている。

1 分極とは

電気化学的腐食において、腐食されるアノード役の金属から電流が電解質溶液中に流出するとき、金属の電位が上がり、防食されるカソード役の金属に電流が流入するとき、金属の電位が下がる現象が起こる。このように、電流の流出、流入により電位が変わることを分極という。

図9.2.1で説明する。分極図の縦軸は金属の電位、横軸は電流で、金属から溶液への流出をプラス（右）側に、流入をマイナス（左）側に描く。

電解液中に金属が単独で存在する場合は、その金属本来の自然電位にあり、流れる電流はわずかである。

電解液中で自然電位にある金属が、異種金属接触腐食によってアノードになると、右斜め上にゆく実線のように電流を溶液中に流出させ電位が上昇する。これをアノード反応、あるいはアノード分極という。

また、ある金属が異種金属接触腐食におけるカソードになると、左斜め下にいく実線のように電流を溶液から流入させ、電位が下降する。これをカソード反応、またはカソード分極という。

ところで、カソード分極の電流を絶対値にすると、図9.2.1の破線のように右側の象限へ移る。つまり、自然電流の縦軸に対し、鏡対象の線となる。このほうが視覚的にわかりやすいので、以後は破線を実線に変え、このような描き方をする。

2 分極を使って異種金属接触腐食を説明する

アノード役となる鉄とカソード役となるチタンを導線でつないでも、別個の容器の溶液中に置けば、溶液がつながっていないので、内部回路が形成されないため、電流は流れず、おのおのの自然電位を保ったままである。

図9.2.2は、モデル化された異種金属接触腐食で、同じ容器内の電解溶液中（たとえば海水）に、電位差のある2つの金属を互いに比較的近傍に置き、溶液の外部において導線でつなぎ、容器内部（内部回路）および容器外部（外部回路）に電気回路が形成され、溶液中ではアノー

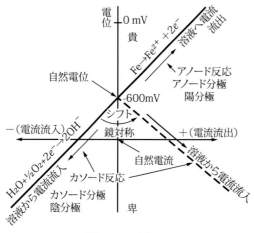

図9.2.1　分極図

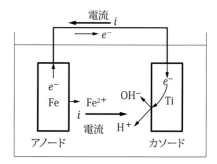

図9.2.2　異種金属接触腐食の模式図

9.2 分極で腐食・電気防食を考える

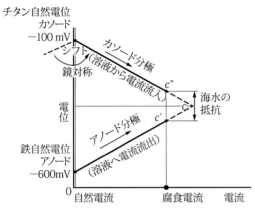

図 9.2.3　異種金属接触腐食の分極

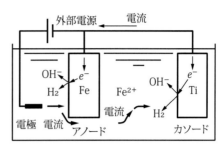

図 9.2.4　外部電源による電気防食

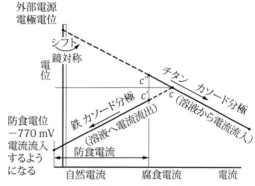

図 9.2.5　外部電源電気防食の分極

ドからカソードへ向けて腐食電流が流れる。この現象を、縦軸：金属の電位、横軸：腐食電流の分極図で描くと、**図9.2.3**になる。上の実線は、溶液からカソードに流入する電流により、カソードの電位を下げ、下の実線は、アノードから溶液へ流出する電流によりアノードの電位をあげ、両者の電位が等しくなるところ（c 点）で平衡に達する。実際は溶液に電気抵抗があるので、それに見合う c'-c'' のところで平衡に達し、ここでの電流が腐食作用を行う腐食電流である。

溶液の電気抵抗（分極線の勾配）が同じとして、異種金属の自然電位の差が小さければ、平衡状態となる電流量も小さく、腐食速度も小さくなる。このことが図 9.2.3 から見てとれる。

❸ 外部電源による電気防食を分極で説明

異種金属接触腐食を起こさせない電気防食法に、流電陽極法と外部電源による方法とがある。

鉄よりも自然電位が卑（-側）の亜鉛を鉄近傍の適切な位置に配置すれば、亜鉛がアノード役、鉄がカソード役となり（このとき、チタンもまたカソード役である）、アノード役の亜鉛は腐食、減耗するが、その犠牲のもとにカソード役の鉄は防食される。消耗していく亜鉛は犠牲陽極と呼ばれ、このような防食法を流電陽極法という。

外部電源からの電流を非消耗電極から溶液中に流し、アノード役の鉄に強制的に電流を流入させることにより、鉄をカソード化（電流が溶液中へ流出する状態から、溶液中より流入する状態へ移行）する方法が外部電源による防食法である（**図9.2.4**）。

その分極図を**図9.2.5**に示す。図 9.2.3 の異種金属接触腐食の起こっている c'-c'' の状態において、非消耗電極により電流を被食体である鉄に流入させカソード分極を起こさせ、鉄の完全防食となる -770 mV まで電位を下げる（左下へ下る実線）。この方式では、結果的にチタンにも電極から溶液を介して電流が流入するので、チタンは、カソード分極して電位が下がる（右下へ下る実線）。

この場合、チタンは水素脆化防止のため、-660 mV 以上の電位に保つ必要がある。すなわち、鉄の電位は完全防食状態とするため、-770 mV 以下に、チタンの電位は水素脆化防止のため、-600 mV 以上に電位が保たれるように、電極設置位置の選定と、防食が必要な鉄部とチタン部の電位等を測定し、電位電流等を調節する必要がある。

9. 腐食、侵食に対処する

9.3 電気絶縁して防食する

> **このシートの要旨**
> 電気化学的腐食を防ぐ方法として、腐食電流の回路を断つ「電気絶縁」がある。電気絶縁法では、電流の通り道を完全に遮断することが肝要で、被防食体のサイズの規模などにより、どこかに電気の通り道が残っていると、電気絶縁の効果が出ない。

1 電気絶縁という方法

異種金属接触腐食は9.1節に見るように、電解液中の異種金属が電気回路を形成することにより起こる。したがって、異種金属接触腐食を起こさせないためには、図9.3.1のように電気の外部回路を途中で絶縁することにより、回路を断ち切ればよい。

絶縁は通常、電気絶縁フランジを管路途中に設置することにより行われる。絶縁フランジは図9.3.2のように、樹脂でコーティングした絶縁ボルト、絶縁性のあるフェノール樹脂（ベークライト）製の絶縁ワッシャと絶縁板により、絶縁フランジ左右の管路間を電気絶縁する。

絶縁ボルトは、コーティングの代わりに絶縁スリーブの中をとおす方法もある。

2 隠された電流通路

管路における一般的な電流通路は図9.3.3のように、溶液に接したアノード役の金属（炭素鋼）からカソード役の金属（ステンレス鋼）へ液中を電流が流れ、カソードに流入した電流はパイプの壁を通りアノードへ戻る。この場合、フランジ部を絶縁フランジとし、管壁を通って戻る電流を遮断すれば、回路が形成されないはずである。しかし、実際は図9.3.4のように、配管サポートやアンカボルトなどがコンクリート内の鉄筋に接触し、鉄筋を介して電流通路が形成されることが多い。

3 電気絶縁の実施例

図9.3.5は、図9.3.4の管路以外に電流通路がある場合、液側の電気抵抗を大きくすることにより、電気回路を断つ方法である。

淡水の場合、最低、500 mmか管内径の6倍

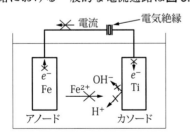

図9.3.1 電気絶縁の原理

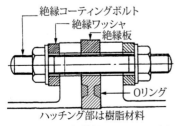

図9.3.2 電気絶縁フランジの例

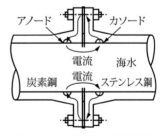

図9.3.3 一般的な電流通路

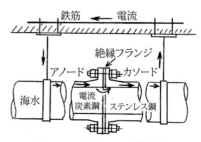

図9.3.4 隠された電流通路

9.3 電気絶縁して防食する

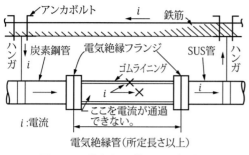

図9.3.5 絶縁管を使った電気絶縁

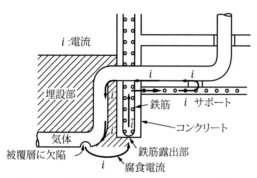

図9.3.6 埋設管と鉄筋とのマクロセル腐食

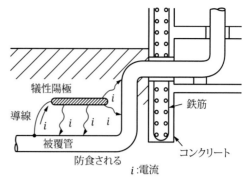

図9.3.7 流電陽極法による防食

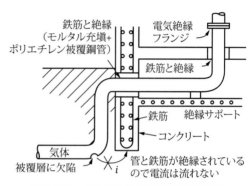

図9.3.8 ガス流体の埋設管の電気絶縁

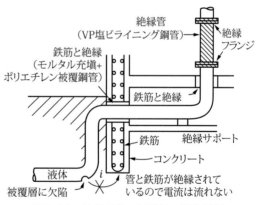

図9.3.9 液体流体の埋設管の電気絶縁

の大きいほう以上の長さの絶縁管(内面をゴムライニングなど施工)を設け、液中を電流がバイパスしないようにする(国土交通省監修「機械設備工事標準書」による)。

図9.3.6はコンクリート構造物から出て埋設される管のマクロセル腐食の起こるメカニズムの説明である。コンクリート内の鉄筋と埋設管外面の鉄が導通していると、管側がアノード、鉄筋側がカソードとなり、管外側の被覆に傷ができると、急速に腐食が進む。これをマクロセル腐食と呼び、次のような防食方法がある。

① 管外面を塗覆装し、土と絶縁する。しかし、塗覆装が傷つけば、局部腐食となり、進行速度が極めて速い。

② 管と鉄筋の間を絶縁する。しかし接触の可能性のある場所が多く、完全な絶縁を期しがたい。

③ 埋設管近傍に埋設したマグネシュームの犠性陽極を埋設管に導通させ、陽極から鉄露出部へ防食電流を流し、防食する(図9.3.7)。

④ アノード側の管とカソード側の管の間で電気絶縁する。流体が気体の場合は絶縁フランジでよい(図9.3.8)。

液体の場合は電流が流体をとおり、絶縁フランジ部をバイパスするので、流体の電気抵抗によりバイパスしない長さの絶縁管が必要である(図9.3.9)。

9. 腐食、侵食に対処する

9.4 典型的な電気化学的腐食

> **このシートの要旨**　代表的な腐食である孔食、隙間腐食、応力腐食など、の腐食メカニズムには電気化学的なものが深く関与していることを説明する。

1 どんな種類の腐食があるか

電気化学的腐食の、あるいは電気化学的腐食が関与する代表的なものとして、9.1節の異種金属接触腐食の他に、①孔食、②隙間腐食、③応力腐食、④埋設管のマクロセル腐食、などがある。

①〜③は、同一金属内の電気化学的相違に起因して、アノード、カソードを形成し腐食を促進するもので、④は、環境の異なる同種金属間の電位差により、アノード、カソードを形成して起こるものである（9.3節 3 参照）。

これらの電気化学的腐食の腐食速度に9.1節の「腐食速度が大きくなる条件」があてはまる。

2 孔食と隙間腐食

①　**孔食**：孔食は深いピンホール状の孔を作る腐食で、厚さの薄いオーステナイト系ステンレス鋼管では使用しだしてから短期間のうちに貫通孔をもたらすことも珍しくない。

孔食は溶存酸素と塩化物イオン（Cl^-）が含まれる溶液、たとえば海水と不働態被膜を作る金属、たとえば、オーステナイト系ステンレス鋼が共存するときに起こる。その腐食が加速するメカニズムを図9.4.1で説明する。

❶　不働態皮膜は環境に塩化物イオンがあると、被膜に穴が開いた状態になり、修復されない状態がつづく。すると、鉄が剥きだしになった部分がアノード、不働態被膜の健全な部分がカソードに固定化され、溶液中をアノードからカソードに流れる電流によりアノード部からFe^{2+}が溶出する。

❷　アノード面積がカソード面積に比し圧倒的に小さいため、アノードは急速に腐食され、ピットを深くし、ピット内の電気的中性を保つ

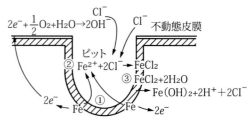

図9.4.1　孔食の腐食が加速するメカニズム

ため、溶出したFe^{2+}に引き付けられてCl^-がピット内へ入ってくる。

❸　ピット内で生成された$FeCl_2$は濃縮し、それが加水分解し、H^+を生成し、酸性となるため、腐食を加速させる。

対策：海水には18-8オーステナイトステンレス鋼の配管の使用を避ける。

②　**隙間腐食**：塩化物のある溶液中において、不働態皮膜を作る金属で構成するきわめてせまい隙間、たとえば、フランジ継手のガスケットとメタルの隙間で起こる。オーステナイトステンレス鋼だけでなく、炭素鋼などもアルカリ性環境で不働態化するが、塩化物があると、隙間内において不働態でなくなり、不働態部分との電位差で隙間腐食を起こす。ステンレス鋼では、隙間内の酸素不足による不働態被膜が損傷し、そのあとのメカニズムは孔食と同じである。

隙間腐食生成のメカニズムを図9.4.2に示す。

対策：密着性のよい、塩化物を含まないガスケットを使う。

3 応力腐食割れ

応力腐食割れ（略称SCC）には孔食、隙間腐食を起点として起こり、粒内を亀裂が走る粒内応力腐食割れと、鋭敏化した結晶粒界が選択

9.4 典型的な電気化学的腐食

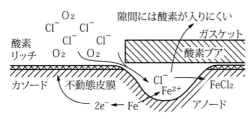

図9.4.2 隙間腐食生成のメカニズム

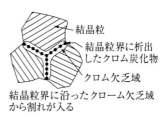

図9.4.5 鋭敏化

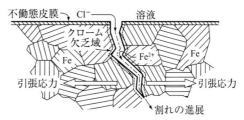

図9.4.6 粒界腐食割れのメカニズム

的に腐食し、割れが入る粒界応力腐食割れとがある。いずれの場合も、引張り応力がかかることにより、腐食先端が腐食と引張りの重畳作用により割れが進展する。

オーステナイト系ステンレス鋼の応力腐食割れは図9.4.3に示すように、材料、環境、応力の3つの条件が揃って初めて起こることが知られている。

❶ 粒内応力腐食割れの要因

ステンレス鋼の不働態皮膜が破壊され、孔食や隙間腐食と同じメカニズムで腐食が起こるが、さらに、腐食部に働く引張応力により、アノードとなる腐食部先端に割れが生まれ、その割れ部が優先的に腐食、腐食したその先が引張応力でまた割れが入りと、腐食と引張応力が重畳的に

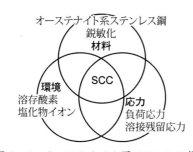

図9.4.3 オーステナイト系ステンレス鋼の
応力腐食割れ（SCC）条件

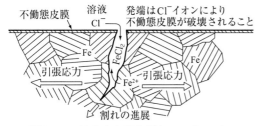

図9.4.4 粒内応力腐食割れのメカニズム

作用して割れが進展する。割れの幅は狭く、結晶粒内を貫通する（図9.4.4）。

引張応力は、外力、溶接や表面加工により発生する残留応力で生じる。もう1つの要因である塩化物イオンの存在は、海水、水道水、そして保温材中の塩化物が雨水に溶け、管外表面で濃縮される場合などがある。

対策：溶接時、残留応力の発生を極力抑える。環境の塩素成分の混入を避ける。たとえば、塩化物の少ない保温材を選択する。

❷ 粒界応力割れ腐食の要因

応力腐食割れには、オーステナイト系ステンレス鋼の溶接部で起こる、結晶粒界に沿って割れるものがある。図9.4.5に示すようにステンレス鋼の溶接部二番（熱影響部）では結晶粒界に炭素とCrが結合したクロム炭化物が析出、そのため粒界に沿ってクロムが欠乏し、不働態皮膜を作れなくなり、応力腐食割れに対する感受性が高くなる、このことを鋭敏化という。この部分では、引張応力により結晶粒界に沿って腐食を伴った割れが進展する（図9.4.6）

対策：クロム炭化物の析出が押えられる低炭素ステンレス鋼の使用。環境に塩化物の混入を避ける。

9. 腐食、侵食に対処する

9.5 流れが関与する流れ加速腐食（FAC）

> **このシートの要旨**
> 流水中の金属の表面は、マグネタイトのような強固な防錆皮膜が存在しても、流れとの接触面に溶出イオンの濃度境界層ができ、流速が速くなるとその層が薄くなり、濃度勾配が急となる。この濃度勾配が急なほど鉄イオンの溶出、すなわち腐食が激しくなる。

1 流れ加速腐食とは

流れ加速型腐食はFAC（Flow Accelerated Corrosion の略）と略称されることが多い。

1986年、米国サリー原子力発電所で、FACにより、給水管が破断し、その存在がクローズアップされた。わが国では、2004年美浜3号機で復水管が破断したが、その現象はサリーと同様のものであった。原子力プラントにおいてFACは、特に注視していかなければならない腐食形態の1つである。

FACは化学作用と物理作用を相乗的に働かせながら進む減肉現象で、かつてはエロージョン・コロージョンと呼ばれた。

FACの起こるメカニズムを図9.5.1に従い説明する。

① 水と接する鉄（Fe）が電子を放出して鉄イオン Fe^{2+} となり、
② その一部は沖合（注）に拡散、
③ また一部は鉄表面で水と反応し、水酸化第二鉄 $Fe(OH)_2$ を作る。
④ 次いで水酸化鉄から堅牢な皮膜マグネタイト Fe_3O_4 に変化する。
⑤ マグネタイトの溶解Ⓑは、Fe^{2+} の鉄と水との接触面と沖合の濃度差（図9.5.1のⒶの濃度勾配）を駆動力として行われる。このマグネタイトの溶解が腐食速度を支配する。

そして、流速の増大が濃度勾配を増大させる。

〔注〕沖合：金属と溶液との間の電気化学反応が行われていない領域。

2 FACの特徴

FACは経験的に、以下のような条件のところで起こりやすい。

❶ 温度：150～180℃付近で最大となる（図9.5.2参照）。pHにより、減肉速度最大となる温度が変わる。温度が減肉速度に影響するのは、マグネタイトの溶解度が温度に関係するためである。高温側で減肉速度が小さくなるのはマグ

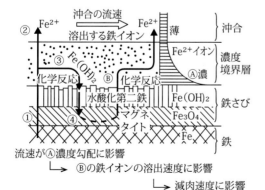

図9.5.1　FACのメカニズム

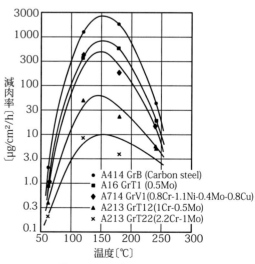

図9.5.2　温度の影響（文献⑥）

9.5 流れが関与する流れ加速腐食（FAC）

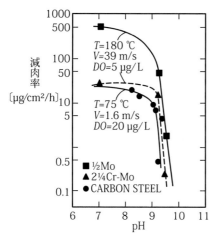

図 9.5.3 pH の影響（文献⑥）

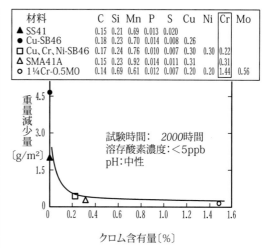

図 9.5.5 Cr 含有量と腐食の相関（文献⑪）

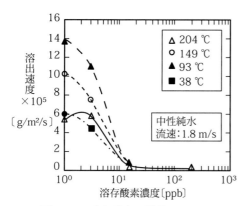

図 9.5.4 溶存酸素の影響（文献⑥）

ネタイトの空隙率が小さくなって酸化被膜の保護効果が高まることも理由とされている。

❷ **pH**：pH の影響を図 9.5.3 に示す。pH 9.2 付近から pH の上昇に伴い炭素鋼の減肉速度が急速に低下し、pH 10 程度まで高めると非常に小さくなることが、図からわかる。pH が高くなると減肉速度が小さくなるのは、マグネタイトの溶解度が pH の上昇に伴い小さくなるためとされている（文献⑥）。

❸ **溶存酸素**：約 15 ppb 以上で腐食を抑制する（図 9.5.4 参照）。BWR（沸騰水型炉）では給水系材料の腐食抑制のため、給水中に溶存酸素が添加されている（管理値 20 〜 200 pb）。

酸素による FAC 抑制効果は、安定な鉄酸化物の形態がマグネタイト Fe_3O_4 から溶解度の小さいヘマタイト Fe_2O_3 に変化するためと考えられている（文献⑥）。

❹ **流速**：流速あるいは流れの乱れにより、水酸化第二鉄（$Fe(OH)_2$）などの物質移動が促進されることにより、平均流速の速い方が減肉速度が大きい。ただ、平均流速が遅くても、流路形状によって壁面近くの乱れが大きい場合、FAC が起こることから、FAC の発生する臨界流速が存在しないと考えられるようになってきた。

❺ **流路形状**：流れが乱れたり、渦のできるところは物質移動が活発になるので、流速の関係と同じように、FAC が起こりやすい。

FAC に対する配管形状の影響を「形状係数」というもので、評価する試みがなされている。これは、壁近くで起こる物質交換の程度を、もっとも激しい、流体が壁に直角に当たるときを 1 として表したもので、1 に近いほど、減肉が激しい。T で枝管から入り、主管の壁にぶつかる場合 0.8、ロングエルボ 0.4、オリフィスなどの下流 0.2、直管 0.04 などとしている（文献⑥）。

❻ **材料**：クロム（Cr）が FAC の抑制に特に効果がある。試験では図 9.5.5 のように、Cr 含有量が 0.5 % 以上存在すれば、減肉速度は十分抑制されると出ているが、実際面では、1.25Cr-0.5Mo（STPA23）や 2.25Cr-1Mo（STPA24）などが、FAC 対策として使われる。

9. 腐食、侵食に対処する

9.6 物理作用により起こるエロージョン

> **このシートの要旨** エロージョンは液体、または液と蒸気の混合物、あるいは液滴が高流速で壁に衝突、あるいは壁をこすって、壁を比較的短期間に物理的に損耗させる現象である。

1 流れの物理作用による減肉消滅

配管は腐食だけでなく、流れが管壁に及ぼす物理作用によっても減肉する。流れの物理作用に関係する減肉の原因に表9.6.1のようなものがある。

2 エロージョン

流れが、バルブ（調節弁、玉形弁、バタフライ弁など）やオリフィスなどで、絞られることで減圧し、液体の一部がフラッシュ、比容積が増えて高流速となり、かつ流路形状の急変により起こる渦、乱れによりメタルが損傷し、えぐられるように減肉する現象である（図9.6.1）。

表9.6.1 流れの物理作用による減肉現象

FAC	腐食と穏やかな物理作用の重畳作用による。（9.5節参照）
エロージョン	高流速、乱れによる侵食
液滴エロージョン	蒸気中を高速で飛ぶ液滴衝突による衝撃
キャビテーション・エロージョン	フラッシュによる気泡、圧壊時の衝撃（3.5節参照）。
サンドエロージョン	気体‐固体（砂など）系の流れによる侵食
スラリーエロージョン	液体‐固体系のスラリー流れによる侵食

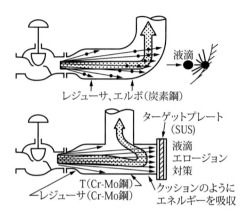

図9.6.3 液滴エロージョンとその対策

減圧比（一次圧力と二次圧力の比）が大きいとき、液温が飽和温度に近いときなどに起こりやすい。

対策としては、弁箱、下流のレジューサ、エルボ、Tなどの管継手、管のCr-Mo化などがある。バルブの弁箱側シートを多孔の円筒にして、エネルギーの分散をはかったケージ弁（図9.6.2）採用などの対策もある。

3 液滴エロージョン

液体流体の絞りなどによるフラッシュでできた気相が増え、液滴が気相の中を飛ぶようになると、図9.6.3上段の図のように高流速の液滴がメタルに衝突することにより、エロージョンが起こる。対策としては、図9.6.3下段のように、交換可能なSUS製のターゲットプレートを入れる方法がある。

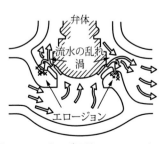
図9.6.1 バルブ下流のエロージョン

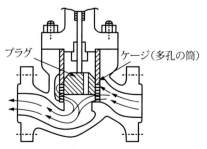
図9.6.2 ケージ形調節弁

9.7 保温材下で起こる配管外部腐食（CUI）

> **このシートの要旨**
> 屋外の管の保温下に雨水が浸み込むと、湿分が保存され、腐食に適温で、塩化物の濃縮が起こるなどの腐食に適した条件が揃っているため、腐食が進みやすく、人の眼に触れないところから、もれはじめてから気づくことが多い腐食である。

1 保温下の見えない所で進む腐食

屋外配管の保温材、保冷材の下は非常に腐食が発生しやすく、かつ発見が遅れ、漏れ出してから腐食に気付くというようなことがある。

保温材下の管の外部腐食は、Corrosion Under Insulation の頭文字をとり、CUI と略称される。

CUI は次のような状況下において発生する（図 9.7.1 参照）。

① 保温があるために、管の外表面の状態を点検できない。
② 保温外皮の接合部は施工条件や経年的に、完全に防水できていない場合があり、そのような箇所から、雨水や海水の飛沫などの浸入を許す。
③ いったん浸入した水分は保温で覆われているため、蒸発してなくなるまで時間がかかる。
④ 管外表面にできた錆は層状をなし、外側に接して保温材があるため、管外側の錆の隙間に入った水はなかなか乾き切らない。
⑤ CUI と温度の関係は、保温に浸入した水温が 70 ～ 100 ℃で、反応のもっとも進みやすい温度と考えられる。

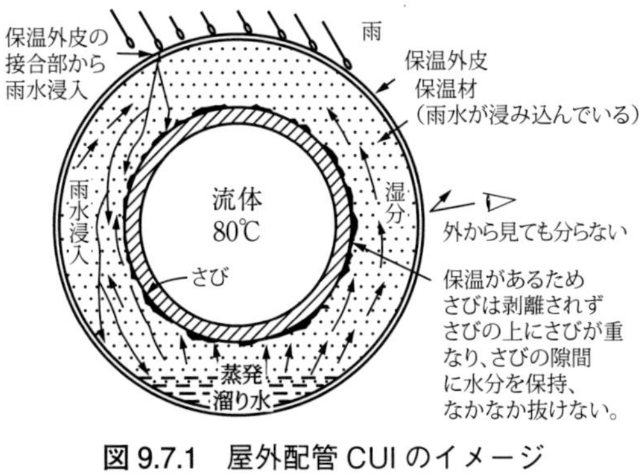

CUI の発生の仕組みは次のように考えられる。

保温材の下では、保温材に含まれる塩素イオンが雨水で溶け出し、また海の近くでは飛ばされてくる海水のしぶきなどが浸入し、乾湿の繰り返しにより塩素イオンの濃縮が起こる。

塩素イオンの存在は、オーステナイト系ステンレス鋼では応力腐食（SCC）により、また炭素鋼や低合金鋼では $FeCl_2$ をつくり、これが加水分解して水素イオンを産み、pH を下げるので腐食反応が進む。なお、ケイ酸カルシウム保温材は元来アルカリ性なので、腐食速度がロックウールやガラスウールに比し遅くなる。

2 CUI の被害を軽減する方法

JEAC C3706「圧力配管及び弁類規定」では、次のようにその対処法を規定している。

① 屋外配管で温度 100 ℃以下の炭素鋼、低合金鋼配管は、配管外面に防錆塗装を施すこと。100 ℃以上でも配管外面に防錆塗装

図 9.7.1 屋外配管 CUI のイメージ

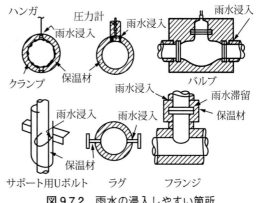

図 9.7.2 雨水の浸入しやすい箇所

9. 腐食、侵食に対処する

するのが望ましい。

② オーステナイト系ステンレス鋼の場合、屋内も含め、SCC を防ぐため、塩素イオン濃度は、ケイ酸ナトリウム濃度との比において、許容値以下に抑えること。

③ 雨水の浸入に対しては、特に注意が必要で雨水浸入を防止する対策[注]、または、ステンレス鋼表面にエポキシ塗料（150℃以下）、あるいは特殊シリコン樹脂塗材（600℃以下）を塗付すること。

[注] 雨水浸入の防止対策：たとえば、④保温材表面と外装材の間に防水材にて、防水層を構成する、⑩外装板金の継ぎ目をコーキング材にてシールする、⑥浸入した雨水が容易に排出されるよう、外装材の下側に水抜き孔を設ける。

④ たとえば、図 9.7.2 は CUI の発生しやすい箇所の例で、これらの箇所は、重点的に定期的な検査の対象箇所とし、検査実施ピッチと検査項目を明確にし、プログラム化する。

《一口メモ》

プールベイ線図

ある環境において金属が安定している状態か、腐食を受ける状態か、判断する材料として、プールベイ線図がある。これはプールベイらが多くの金属について、金属／水系におけるさまざまな反応を想定し、縦軸：平衡電位と横軸：pH の座標上に線図化したものである。図 9.7.3 は鉄と水のプールベイ線図を示す。○で囲んだ数字の線は以下の反応が起こるか、起こらないかの境界線で、境界線より上は反応が起こらず、境界線より下が反応が起こることを意味する。

① $Fe \rightarrow Fe^{2+} + 2e^-$
② $Fe^{2+} \rightarrow Fe^{3+} + e^-$
③ $3Fe + 4H_2O$
　$\rightarrow Fe_3O_4 + 8H^+ + 8e$

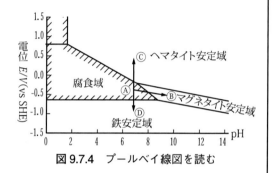

図 9.7.4　プールベイ線図を読む

④ $3Fe^{2+} + 4H_2O$
　$\rightarrow Fe_3O_4 + 8H^+ + 2e^-$
⑤ $3Fe^{2+} + 3H_2O$
　$\rightarrow Fe_2O_3 + 6H^+ + 2e^-$

境界①の下は、①の反応が起こらず、Fe は鉄のままでいる不変態という腐食の起こらない領域である。また、⑥⑤④⑧が囲う領域は Fe_3O_4（マグネタイト）、Fe_2O_3（ヘマタイト）、という安定した不働態皮膜を形成し、腐食が抑止される。そして①④⑤⑥の囲う領域は Fe^{2+}、Fe^{3+} が安定して供給されるので、腐食が進行する。

図 9.7.4 の腐食環境にあるⒶの鉄は pH 7、電位 -400 mV にあり、腐食環境下にある。

この鉄を防食するには、Ⓑ今の電位のまま、pH を 9 以上の酸性にする。Ⓒ今の pH のまま酸素を注入して、ヘマタイトの状態にする。Ⓓ電気防食により、電位を -800 mV 程度まで下げ完全防食とする、などがある。

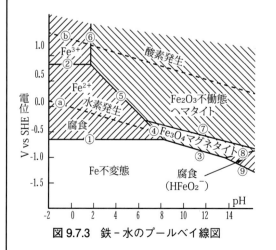

図 9.7.3　鉄－水のプールベイ線図

第10章 バルブを「適材適所」で使う

　プラントを運転し保守していくには、容易に流体を流し、流れを止め、流れを制御する必要があり、それらを行うものがバルブである。大型の石油化学プラントになると、数万個のバルブが使われる。要求されるさまざまな機能を満たすため、さまざまな形式のバルブが生まれ、発達した。

　適材適所で、その場所にもっとも適したバルブ形式を選ぶには、そこにおいて要求されるバルブの機能は何かを明確にし、各形式のバルブの特徴、得手、不得手を理解することにより、要求される機能に適したバルブ形式を、コストパフォーマンスを考え、選ぶことが大切である。

10. バルブを「適材適所」で使う

10.1 バルブのエッセンス

> **このシートの要旨**
> バルブの目的は、流路を仕切ること、流れを絞ること、流れを合流または分岐させることにある。バルブは種類によって、これらの目的に対し、適・不適があるので、それをよく理解して、バルブのタイプを選択する必要がある。

1 バルブの役割

バルブは配管スペシャルティの中でも、プラントの運転と保守をつかさどる、中枢の任務を担っている。すなわち、プラント、システム（系統）、ライン、その他あらゆる配管・装置の起動、停止、調節、隔離、切替え、合流、遮断、緊急放出、などを行う。したがって、バルブの品質・信頼性が、プラントの品質、信頼性に直結するといっても過言ではない。

2 バルブ種類の選択

バルブの使用目的から分けると、まず流れの開閉を行う止め弁と流れの調節を行う調節弁とに分けられる。その両方を行えるバルブもある。

表 10.1.1　代表的なバルブとその特徴

	密閉性	調節性	開閉時間	圧力損失	大流量	高圧性
仕切弁	◎	×	△	◎	○	◎
玉形弁	◎	○	○	×	△	◎
ボール弁	○	×	◎	◎	△	△
バタフライ弁	○	○	◎	○	◎	△
ダイアフラム弁	○	○	○	△	△	×
スイングチェック	○	—	◎	△	△	◎

◎優、○良または可、△やや劣る、×劣る

バルブを選択する際、「そのバルブは何のために使うのか」を明らかにすれば、選択するバルブは自ずと決まってくる。代表的なバルブの特徴を表 10.1.1 に、構造を図 10.1.1 に示す。

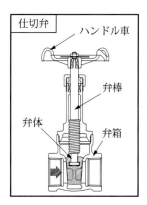
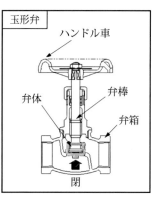
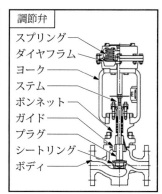
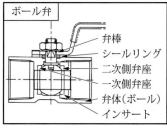
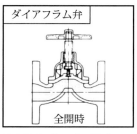

図 10.1.1　代表的なバルブの構成（文献⑲）

10.1 バルブのエッセンス

図10.1.1に見るように、バルブを構成する部品として、弁体（ディスク）、弁棒（ステム）、弁箱（ボディ）、弁ふた（ボンネット）、ハンドルがあり、バルブの要部（トリム）として、弁箱シート（弁座ともいう）/弁体シートがある。さらに、外部への漏えい防止機構として、ガスケット、グランドパッキング、スタフィンボックス、パッキン押さえ、ボルト、ナット類がある。

差圧のある弁体の一次側と二次側の間をシールする2つの方法がある（図10.1.2参照）。

1つは、金属製の弁体シートを直線に移動させ、金属製の弁箱シートに強く圧着させる方法で、代表的なバルブに仕切弁、玉形弁がある。

もう1つは、弁体を回転させることにより、弁体シートを弁箱シートに接触させ、面圧を得る方法で、代表的なバルブにバタフライ弁とボール弁がある。この方式は、弁体シートがメタル、弁箱シートが弾力のある高分子化合物（エラストマ）であるものが多い。

当然、メタル同士を強く圧着するシートのほうが、漏れにくいので、仕切弁、玉形弁は漏れにくく、バタフライ弁、ボール弁はシール性において一歩劣る。

弁体を上下させる仕切弁、玉形弁は弁体を開閉操作をするために必要なスペースが、弁体を回転させてバルブを開閉させるバタフライ弁、ボール弁よりも大きくなる。なかでも、仕切弁は、

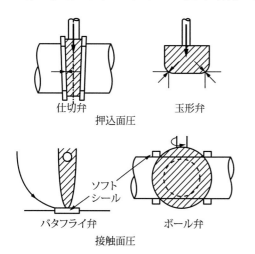

図10.1.2　一次と二次隔離の方法

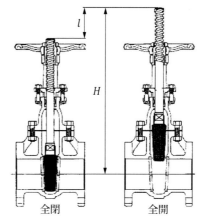

図10.1.3　仕切弁の全閉−全開（文献⑲）

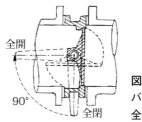

図10.1.4　バタフライ弁の全閉−全開

弁体を流路から完全に引き上げなければならないので、バルブの高さが特に高くならざるを得ない。

また、開閉時間も前者は全開-全閉のストロークが長いうえに、減速機のない場合、ハンドル1回転で、弁棒ねじ1ピッチ分しか弁体を移動できないため、ハンドルを数多く回さねばならず、開閉時間も長くなる。それにひき替え、後者（バタフライ弁やボール弁）は、ハンドルを90度回すだけで、全開-全閉が行え、開閉時間が短い（図10.1.3、図10.1.4参照）。

ただ、あまりに短い開閉は、流体の運動量の急激な変化をもたらすので、大型バタフライ弁などでは、ウォータハンマに気をつける必要がある。

いずれのバルブにおいても、バルブ開閉のため、ハンドルの操作トルクが人力では大きすぎる場合は、減速装置か自動で操作するアクチュエータつきのバルブとする（10.7節参照）。

10. バルブを「適材適所」で使う

10.2 仕切弁のエッセンス

> **このシートの要旨**
> 圧力損失が小さく、シートの密封性もよい。口径のある程度大きなバルブも製造できるが、仕切弁は背が高いので、バルブ高さに注意が必要。中間開度による絞りは流れにより弁体が振動し、シート同士がぶつかり、シートを傷つける可能性があり、不可。

1 仕切弁の機能

バルブ全開により流体輸送の開始、全閉により流体輸送の終了、あるいはバルブ全閉により2区間の隔離を行う。

弁体を中間開度にして、流量や圧力を調整する構造になっていない（弁体がくさび状であるため、中間開度では弁体シートと弁箱シートの間に隙間ができ、弁体が振動するとシート同士がぶつかり、シート面が傷つく可能性）。

2 仕切弁の構造の特徴

① 円盤状の弁体を流れと直角方向にガイドに沿い、直線的に移動させ、流路を遮断する。弁全開時は弁体が弁箱内に引き上げられており、流路内に流れを妨げるものはない（図 10.2.1）。
② 流路が直線状のため圧力損失が小さい。
③ 開閉に要するリフト（ストローク）が大きく、開閉時間が長い。
④ 流体を絞るのに使うのは不適。
⑤ 条件によっては、異常昇圧を起こす可能性がある（10.10 節参照。）

3 仕切弁各部の構造

仕切弁の構成部品につき、説明する。

❶ 弁体（ディスク）

弁体は、円板で、弁棒の軸心がとおるその断面はくさび状をしている。2枚の弁箱シートが挟む間隙は、弁体に合わせ、くさび状となっている（図 10.2.2）。くさび状は全閉時、少し押し込むとくさび効果で大きなシート面圧が得られる。弁体が押し込まれ過ぎたとき、固着するのを防ぐため弁体の中央にスリットを入れ、たわみやすくしたフレキシブルディスクがもっとも多く使われる。（図 10.1.2 右上参照）。

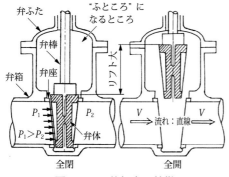

図 10.2.1　仕切弁の特徴

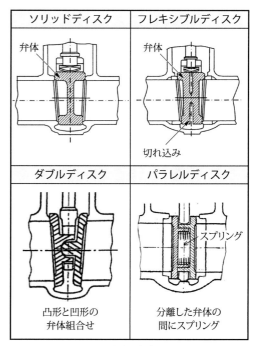

図 10.2.2　仕切弁弁体の形式

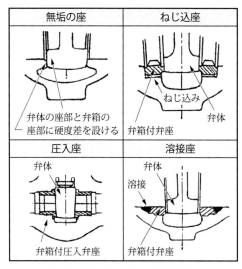

図10.2.3 弁箱シートの種類

❷ 弁座（バルブシート）

流体を仕切るためのシール機能をつかさどるものである。

図10.2.3に弁箱シート（弁体シートは弁箱シートに準ず）の種類を示す。

❸ ふたはめ輪と逆座（バックシート）
玉形弁と共通

ふたはめ輪は弁棒の弁箱貫通部において、弁棒と弁箱が擦れ、弁棒が摩耗するのを防ぐ役目をする。弁棒と硬度差を設ける。

また、逆座は、弁全開時に弁棒の弁箱貫通部をシールするための座（シート）で、弁ふた、またはふたはめ輪に設ける。弁体側にも逆座が必要である。

図10.2.4の左はふたはめ輪に逆座を設けた

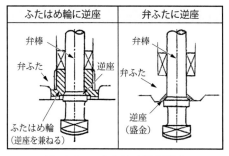

図10.2.4 ふたはめ輪と逆座

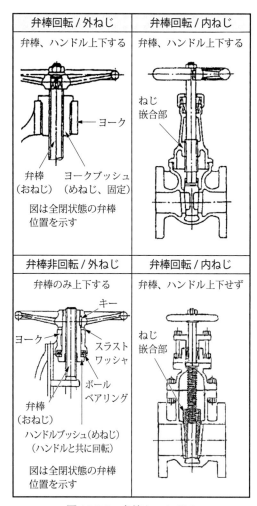

図10.2.5 弁棒とハンドル

場合、また、図10.2.4の右は弁ふたに盛金した逆座を示す。

❹ 弁棒とねじ部

弁棒、ハンドルがおのおの上下するものと、しないものがある。また、弁棒を上下させるねじが、バルブ内部にあるもの（内ねじという）とバルブ外部にあるもの（外ねじという）とがある（図10.2.5）。

内ねじはねじ部が流体に曝されるので、流体によっては耐久性に劣る。弁体シートが弁箱シートにフィットするように、弁体は弁棒に拘束されず、フレキシブルに取り付けられている（10.3節図10.3.4参照）。

10. バルブを「適材適所」で使う

10.3 玉形弁のエッセンス

> **このシートの目的**
> 玉形弁の外見が球に近いのでこの名がある、口径の大きなものは、重量が重く、そのため、あまり口径の大きなものはない。シートの密封性はよく、流れを絞ることができる。圧力損失は大きい。流れ方向はシートの下から上へ、が一般的。そのため、閉方向のトルクが大きい。

1 玉形弁の機能

仕切弁同様に、流路を開いたり、閉じたりすること。流量や圧力の調整が可能で、調整のしやすさは弁体の形状に依存する（図 10.3.2、図 10.3.3 参照）。

2 玉形弁の構造の特徴

① 弁箱シートは1個でリング状、弁棒により、円板状弁体がふたを被せるように、閉止する。

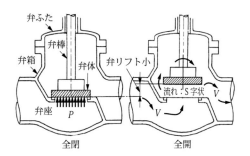

図 10.3.1　玉形弁の特徴

② 弁ポートにおける流れ方向は、弁入口、出口の流れ方向と直角をなし、一般には弁軸と反対側から流入し、弁軸側へ抜ける。弁体は流れの下流側にある（図 10.3.1 参照）。
③ 弁内の流れはS字状で圧力損失が大きい。
④ 仕切弁より弁のリフトが小さく、開閉時間が比較的短い。
⑤ シール性にすぐれる。

3 玉形弁（同類の弁）の種類と流量特性

一般に玉形弁といえば、弁体が図 10.3.2 のような平形、またはコニカル形の弁を指すが、このタイプは特に小さい開度において流量調節が困難となる。

図 10.3.3 のようなパラボリック形、さらにはニードル形は、小さい開度における調節がしやすい。ステライト盛りなどエロージョン対策を考慮する。

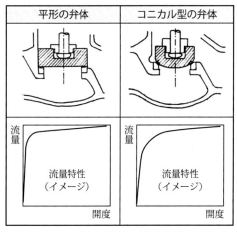

図 10.3.2　玉形弁の種類と流量特性（その1）

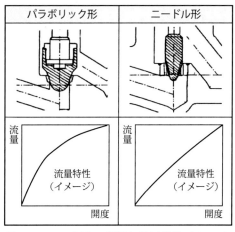

図 10.3.3　玉形弁の種類と流量特性（その2）

10.3 玉形弁のエッセンス

4 弁ふたの形式（本項は仕切弁と共通）

図 10.3.4 に弁ふたの形式を示す。

中径、大径バルブについては、通常ボルテッドボンネットが使われ、圧力クラス 600 あるいは 900 以上で、外部漏れに対し、より信頼性のあるプレッシャシールボンネットが使われる。

5 弁体と弁棒の接合部

弁体シートが弁箱シートにフィットして流体を封止させるため、弁体は弁棒に固定されていない（図 10.3.5）。弁体にねじで固定された「弁押さえ」によって弁棒に拘束されているが、固定はされていない（特殊な場合を除く）。弁体は弁棒まわりに回転することが可能である。

なお、弁体を弁棒に固定しないのは、玉形弁

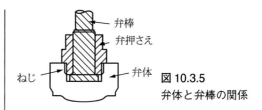

図 10.3.5 弁体と弁棒の関係

に限らず、仕切弁、ボール弁、逆止弁（弁体をヒンジアームに固定しない）に共通する。

6 玉形弁の流れ方向

玉形弁には弁箱に流れ方向が矢印で示されており、矢印の方向は、一般的には弁棒がある側を下流としている。なぜこの流れ向きがよいのか、バルブメーカに聞いてもあまりはっきりした答えは得られない。大方の見解は、この向きのほうが、若干圧力損失が小さい、また漏れる可能性のある弁棒グランド部に弁全閉時、圧力がかからない、などである。その他に、常時開で使うバルブにおいて、弁棒折損や弁体脱落などが起こったとき、弁を開けられないという事態は避けられる。

弁棒側から流体を入れる玉形弁、あるいは類似弁も存在する。この場合、高圧ラインでは、閉止時、圧力によって弁体が弁座を押し付け、漏れを防止する。したがって、流体が蒸気、または二相流などの漏れやすい流体の高差圧のラインでは、この流れ方向にすることがある。

また、負圧の容器につながるラインでは、負圧機器の側にグランド部がこないように玉形弁を配置し、グランドから空気を吸い込まないようにする（図 10.3.6 参照）。

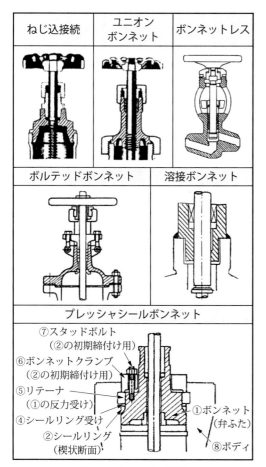

図 10.3.4 弁箱の形式

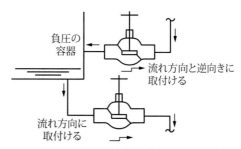

図 10.3.6 負圧の容器に接続する玉形弁

10. バルブを「適材適所」で使う

10.4 ボール弁のエッセンス

> このシートの要旨：レバーを90度回せば、全開、全閉ができ、圧力損失が最も小さい。弁箱シートの保護上絞る運転は避ける。シートを弁体差圧でシールするフリーフロート形とシートをばね力と差圧でシールするトラニオン形がある。前者は一般に低差圧で気体の気密性に劣る。

1 ボール弁の機能

仕切弁同様に、流路を開けたり、閉じたりすること。通常のボール弁は流量・圧力を調整する構造になっていない。

2 ボール弁の構造の特徴

① 球体中央に流路を設けた構造で、球体の流路に弁箱の流路が一致したとき全開、90度弁体を回転させ、穴のない球面が弁箱流路を塞いだときが全閉となる。レバーを90度回すだけなので、開閉時間が短い。

② 弁体シートは弁体の球面、弁箱シートは、リング状で弁体を挟み、入口、出口にある。

③ 流路が直線で妨げるもの、淀むところがなく、圧力損失がバルブ類で最小。

④ 弁体を取り出すための工夫として、弁箱と弁ふたで構成される2分割形（図10.4.1、図10.4.2）のほかに、弁箱一体形で上部にふたを設けたものや、下流側にインサートをつけたものなどがある。

⑤ 3つまたは4つある流路のうちの2つを選択できる3方弁や、4方弁の形式がある。

⑥ 弁体であるボールの支え方にフローティング形とトラニオン形がある。

3 フローティング形の特徴

① フローティング形（図10.4.1）では、弁体は入口と出口にある2つのリング状の弁箱シートにより支持されている。弁閉止時は圧力により弁体は二次側弁箱シートに押しつけられて、気密を保持する。
フローティング形の場合、異常昇圧を起こす可能性がある（10.10節参照）。

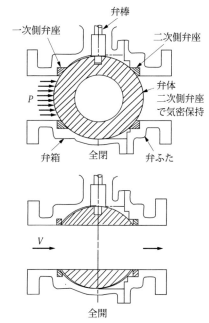

図10.4.1　フローティング形ボール弁

② フローティング形は、圧力が低い場合、二次側弁箱シートに押しつける力が弱く、気密性に劣る。口径が大きいほど、この傾向が顕著となる。トラニオン形で対応。

4 トラニオン形の特徴

弁体は上下の弁棒により固定されており、その弁棒をボールの上下に設けた弁棒受けで支持している（図10.4.2参照）。トラニオン形の弁体は弁棒により拘束されているので、フリーフロートのような、差圧を受けた弁体が動いて二次側弁箱シートを押しつける働きはない。
一次側の弁箱シート座が一次側と二次側の圧力差とスプリングの力で弁体に押しつけられ、

10.4 ボール弁のエッセンス

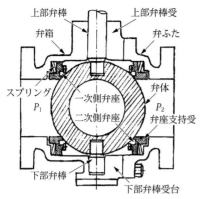

図 10.4.2 トラニオン形ボール弁

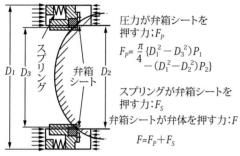

P_1：一次側圧力　P_2：二次側圧力

圧力が弁箱シートを押す力；F_P
$$F_P = \frac{\pi}{4}\{(D_1^2 - D_3^2)P_1 - (D_1^2 - D_2^2)P_2\}$$
スプリングが弁箱シートを押す力：F_S
弁箱シートが弁体を押す力：F
$$F = F_P + F_S$$

図 10.4.3 弁箱シートが弁体を押し付ける力

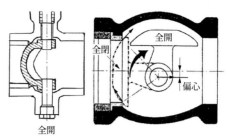

図 10.4.5 ボール調節弁と偏心回転ボール弁

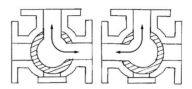

図 10.4.6 Lポート式の流路切替

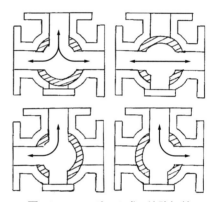

図 10.4.7 Tポート式の流路切替

シール面圧が確保される（**図 10.4.3** 参照）。

2つの弁箱シート間の圧力が異常に上昇した場合、スプリングを圧縮、シート面圧が下がり、内圧を放出するので、トラニオン形は異常昇圧を起こさない。

5 ボール弁による絞り

一般のボール弁の弁箱シートは、合成樹脂やゴムなどのソフトシールなので、流れにさらさ

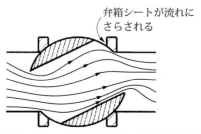

図 10.4.4 一般のボール弁の絞りは不可

れると侵食されるため、中間開度で使うことはできない（**図 10.4.4** 参照）。

絞るためのボール弁は弁箱シートをメタルシートにする必要がある。ボール調節弁はボールの一部を切り欠いたもの（**図 10.4.5 左**）、偏心回転ボール弁は回転中心の偏心により、閉鎖時に弁体と弁箱シートが擦らない設計となっている（図 10.4.5 右参照）。

6 ボール切替弁

流路を切替えられるボール弁形式の切替弁として、3方ボール弁と4方ボール弁がある。

3方ボール弁にはLポート式（**図 10.4.6**）とTポート式（**図 10.4.7**）とがあり、図のように流路を切り替えることができる。

10. バルブを「適材適所」で使う

10.5 バタフライ弁のエッセンス

> **このシートの要旨**
> 弁体を90度回して全開、全閉ができ、絞り運転もある程度可能。大口径に適し、軽量である。全開時、流れの中に弁体が残っており、すぐ上流に曲がりがある場合、取付け姿勢に注意、小型弁は圧力損失がやや大きい。一般バタフライ弁はソフトシールなのでシール性が劣る。

1 バタフライ弁の機能
流路を開けたり、閉じたりする機能のほかに、流量や圧力を調整することができる。

2 バタフライ弁の構造の特徴
① 円盤状の弁体の中央付近を貫通する弁棒を軸として、90°回転することにより、開閉を行う。
② 90°回転するだけなので開閉時間は短い。ウォータハンマ対策として減速ギアにより開閉時間を長くすることができる。
③ 面間が小さい。全開時の弁体の端は面間をはるかに超える（図10.5.1、図10.5.2参照）。
④ 全開時（図10.5.1の右側の図）に、弁体は流路の中央付近にあるため、弁体は比較的薄いながら、圧力損失はボール弁や仕切弁に比べると大きい。面間は小さい。
⑤ バタフライ弁の種類にはフランジ付きとフランジレス、また同心、偏心、二次偏心、三次偏心があり、また、一般バタフライ弁とハイパーフォーマンスバタフライ弁などがある。

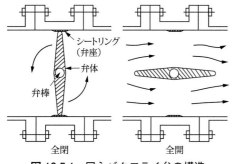

図 10.5.1　同心バタフライ弁の構造

表 10.5.1　バタフライ弁のバルブシート

弁箱シート	弁体シート	下記例図
弾性体	弾性体	
弾性体	金属	①、②、③
金属	弾性体	④
①弁箱ゴムライニング形	②弁箱シート取付形	
③弁箱はめ込み形	④弁体シート取付形	

3 バタフライ弁のバルブシート
一般に**表10.5.1**に示す組み合わせがある。
表10.5.1のほかに、弁体にソリッドなメタルシート、弁箱にフレキシブルなメタルシートを採用し、高温に使用できるようにしたハイパーフォーマンスバルブがある。

4 フランジレスバタフライ弁
弁箱両端にフランジがなく、弁箱を配管のフランジで挟み、通しボルトで締めこむ方式をいう（図10.5.2）。管フランジ面と弁箱端部がシール面となるが、ゴムライニング弁などでは、ガスケット不要の場合があるので注意。サイズ的には据付上600～700A程度以下が適当と思われる。

5 偏心バルブ
同心バタフライ弁の弁棒は、
❶　弁体の中心線上で弁箱シート（リング状）

10.5 バタフライ弁のエッセンス

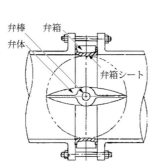

図 10.5.2 フランジレスバタフライ弁

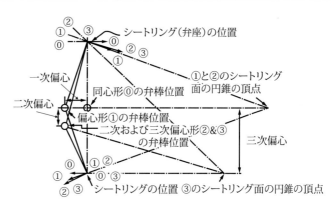

図 10.5.3 各偏心バルブの弁棒位置と着座角度

表 10.5.2 偏心バタフライ弁の概要

⓪	同心	
①	一次偏心	気密性改善のため、シートリングが弁棒で断ち切られないように弁棒位置をシートリングから外した弁
②	二次偏心	さらに、弁軸位置を弁口径の中心からも外した弁
③	三次偏心	さらにシートリングの面がなす円錐の頂点の位置を、弁口径の中心から外した弁

表 10.5.3 偏心バルブの着座の相違(図 10.5.3 参照)

⓪同心 ①一次偏心	②二次偏心	③三次偏心
弁体先端がシートに擦るように着座する。	弁体先端がシートに押し付けるように着座。	弁体先端がシートに当たるように着座する。

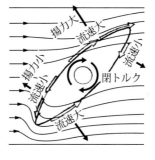

図 10.5.4 流れにより生じる閉トルク

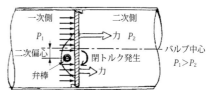

図 10.5.5 圧力差により閉トルクが働く

中央を弁棒が貫通している。

❷ バルブ全閉時、弁体シートは弁箱シートに内接するように着座する。

❶あるいは❷の場合、シール性能に限界がある。この2点を改良したのが、偏心バタフライ弁で、❶に対する改良が、①の一次偏心、❶と❷に対する改良が、同②の二次、③の三次偏心である。

表 10.5.2、表 10.5.3 図、10.5.3 参照。

❻ 流体による弁閉トルク

① 中間開度の弁体は図 10.5.4 のように、弁体表面では流速の速いほうが揚力が大きくなるので、閉トルクが発生する。この閉トルクにより弁体が全閉しない機構になってはいるが、弁棒と弁体を固定するキーが折損した場合、弁は急閉、ウォータハンマを起こす危険性がある。

② 二次、三次偏心のバタフライ弁は、図 10.5.5 に示すように、一次と二次の差圧により、閉トルクが働くので、シート面圧を高め、シール性がよくなる。反面、二次側から弁体に圧力がかかる場合は、弁体に開トルクが働くので、全閉時に漏れの生じる可能性がある。これらのバルブには定まった流れ方向がある。

10. バルブを「適材適所」で使う

10.6 逆止弁のエッセンス

> **このシートの要旨**
> 逆流の流れを利用して、逆流をなるべく早く止めるバルブ。ばねで閉鎖時間を短縮するタイプもある。もっともポピュラーなのは、スウィング式。二次側圧力で弁体を弁箱シートに押し付けてシールするので、二次側圧力が低いときはシールがよくない。圧力損失は比較的大きい。

1 逆止弁の機能と種類

本来の流れのときは、流れをとおし、逆流が起こったとき、速やかに逆流を止める機能をもつ。構造にスイング式、比較的大きな口径にはバタフライ弁式（動作はスイング式に似ている）がある。比較的小さな径用には、リフトチェック式とデュアルプレート式がある。いずれも逆流が起こると、流れに押されて弁体が閉まる仕組になっている。

2 スイング式逆止弁の構造と特徴

スイング式逆止弁の構造を図10.6.1に示す。
① スイング式は逆流時、バルブシートの密閉は、主に二次側と一次側の差圧によるが、この差圧が小さい場合に備え、全閉時の弁体位置を垂直より少し手前にして弁体を傾け、弁体自重により多少のシート面圧を生じる設計としている（図10.6.1の左図参照）。
② 全開時や部分開時、弁体が流れの中にあるので、流れが乱され、圧力損失は大きい（特にリフトチェック弁の場合）。
③ 流量が一定量以上ないと、弁体が全開位置に安定せず、全閉と一部開の間を揺動する（6参照）。

3 チルチング逆止弁、バタフライ式逆止弁

チルチング逆止弁は図10.6.2に示すように、回転軸（ヒンジピン）をスイング逆止弁より、弁体中心に近づけたバルブである。

低圧に用いられるバタフライ式逆止弁はチルチング逆止弁の一種である。

図10.6.3のスイング逆止弁との比較図に示すように、チルチング逆止弁は回転軸（ヒンジピン）を弁体中心に近づけることにより、スイングの弧の長さが短くなるため、逆流時、スイング逆止弁より短時間で閉められる。

弁棒を境にして、弁体上部と下部はバタフライ弁と同じように逆方向に動くので、弁座面はバタフライ弁と同じように、円錐形をしているのも特徴。弁体の全開開度は通常の逆止弁が45°程度に対し、チルチング逆止弁は70°以上と大きい。

圧力損失はこの開度に依存し、開度の大きい

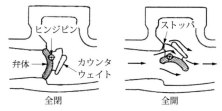

図10.6.2　チルチング逆止弁の例

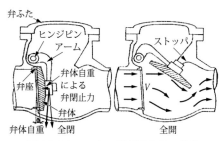

図10.6.1　スイング式逆止弁の構造

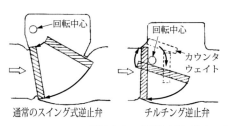

図10.6.3　チルチング逆止弁の閉鎖時間が短い理由

10.6 逆止弁のエッセンス

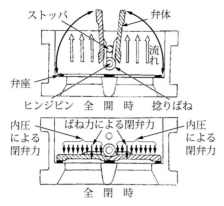

図 10.6.4 デュアルプレート式逆止弁

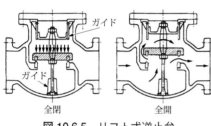

図 10.6.5 リフト式逆止弁

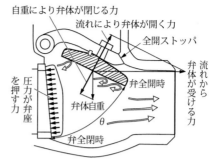

図 10.6.6 弁体に働く開弁／閉弁力

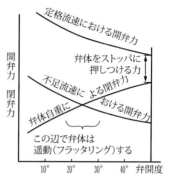

図 10.6.7 弁開度による開弁／閉弁力の変化

ほうが圧損は小さい。しかし、チルチング逆止弁は、通常のスイング逆止弁に比べ、必ずしも圧損は小さくはない。

4 デュアルプレート式逆止弁

構造は図 10.6.4 に示すように、2 枚セットの半円、板状の弁体は捩じりばねとともにヒンジピンを芯にして"蝶番"になっており、常時、閉方向の力がかけられている。通常はばね力が作用している弁板を、流体が押し開けるようにして流れる。逆流が起こったとき、あるいは流れが弱まったとき、ばね力により弁は閉まる。全閉時の気密性は弁板にかかる差圧とばね力による。

5 リフト式逆止弁

一般に 50A 以下の小型弁に採用されている（図 10.6.5）。流れが弁体に対し、垂直上向きになるように設置され、通常の流れでは、流れが弁体を押し上げて、ポートが開かれている。逆流が起こると、弁体重量と逆流により弁体が落ち、ポートを塞ぐ。通常時の流路が S 字状になるので、リフトチェック弁の圧力損失は非常に大きい。

6 逆止弁に起こるハンチング

逆止弁は通常の流れ時には、弁体重量による閉弁力により、全閉位置に戻ろうとするが、流れによる開弁力の方が強く、全開位置でストッパを押しつけている状態が正常な姿である。

しかし、通常時の流速が十分でないときは、閉弁力と開弁力が中間開度でバランスし、弁体が揺動し（フラッタという）、また弁体が弁箱シートを断続的に叩く現象が現れる（ハンチングという）。スイング式逆止弁の通常流れ時の弁体に働く力を図 10.6.6 に、弁開度によって変化する開弁力と閉弁力の関係を図 10.6.7 に示す。

開弁力＞閉弁力のとき、弁体は開方向へ動き、開弁力＜閉弁力のとき、弁体は閉方向へ動く。

10. バルブを「適材適所」で使う

10.7 電動弁のエッセンス

このシートの要旨
自動弁は、バルブ操作時間、トルクに対し人力では不十分な場合や遠隔操作する場合などに採用される。電動アクチュエータ(駆動装置)はモータの回転をウォーム、ウォームホイールで減速する。全開、全閉位置での止め方に、モータ電流のリミット切、トルク切の種類がある。

1 バルブアクチュエータ

バルブに付属して機械的にバルブの開閉操作を行う装置をバルブアクチュエータ(駆動装置)という。方式としては、空気式、油圧式、電動式があるが、もっとも広く使われているのは、空気式と電動式である。

空気式は、駆動力を得やすいこと、構造が簡単でコストが安い利点があるが、圧縮空気を使うので、その発生と移送設備が必要である。

電動式は構造が複雑となるが、開度の調整をしやすく、設備的に電気配線だけですむメリットがある。本稿では、電動アクチュエータを例に説明する。

2 電動アクチュエータの構造

電動アクチュエータには、弁体が直線で動くバルブ(仕切弁、玉形弁など)用のマルチターンタイプと弁体が90°だけ回転するバルブ(ボール弁やバタフライ弁)用のパートターンタイプとがある。

電動アクチュエータの構成は、電動モータ、ウォーム減速機、トルクスイッチ機構、リミットスイッチ機構、などからなる。

図10.7.1 に、電動アクチュエータの構造の一例を、また、図10.7.2 にそのメカニズムの例を示す。

図10.7.2 の例では、バルブを駆動するモータの回転トルクは、減速歯車を経て、ウォーム、ウォームホイールに伝わる。ウォームホイールの回転がその内部に設けられたドライブスリーブを回転させ、ドライブスリーブ内部に切られためねじの回転によりおねじを切られた弁棒、さらにその先の弁体を上下させる構造となっている。

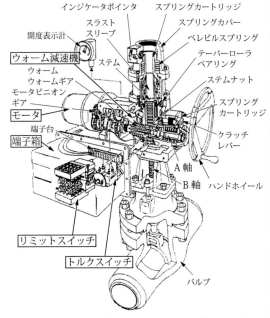

図10.7.1 電動アクチュエータの構造の例

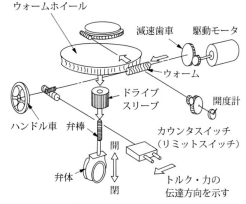

図10.7.2 電動アクチュエータのメカニズムの例

10.7 電動弁のエッセンス

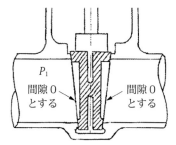

図 10.7.3 仕切弁の全閉トルク切

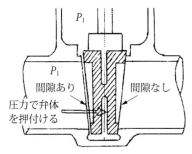

図 10.7.4 仕切弁の全閉リミット切

3 トルクスイッチとリミットスイッチ

電動弁を全閉位置で止めるためのモータのスイッチを切る方法に2通りある。

1つは定められた弁全閉の「定位置」を検出してリミットスイッチで電流を切る方法で、ポジションシーティングという。

もう1つは流体を締め切るに必要な「一定のトルク」を検出してトルクスイッチで電流を切る方法で、トルクシーティングという。

❶ 仕切弁の電流の切り方

弁体の全開位置でバックシート保護のため、すべてリミット切とする。

全閉位置は、弁前後の差圧が低く、気密を得るに十分な弁体を押し付ける力が得られない場合（図 10.7.3）、または、シートリークが許されない場合、トルク切とする。

シートリークを起こさない十分な差圧がある場合、一般にはリミット切を採用する（図 10.7.4）。

❷ 玉形弁の電流の切り方

全開方向はリミット切である。全閉位置はすべてトルク切である（図 10.7.5）。

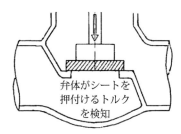

図 10.7.5 玉形弁の全閉トルク切り

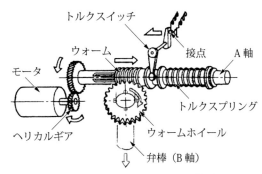

図 10.7.6 トルクスイッチの機構

❸ トルク／リミット切の機構

トルクスイッチ、リミットスイッチへの信号はモータの回転を伝える軸（図 10.7.1、図 10.7.2、図 10.7.6 の B 軸）から、おのおの歯車を介して取り出される。

トルク切は図 10.7.6 に示すように、弁体の開閉動作の抵抗が増加すると、弁棒（B 軸）を回転させるトルクが増大し、このトルクにより発生する、A 軸のウォームを矢印方向に押す力がトルクスプリングのばね力を上回り、ウォームが右へ移動し、モータを切るようトルクスイッチが働く。

リミット切はモータ起動からの、バルブストロークに比例する累計回転数を B 軸のウォームホイールからウォームへ伝達、さらに間欠ギアで減速し、所定ストロークでリミットスイッチを働かせる。

（図 10.7.1 および図 10.7.6 は日本ギア（株）カタログより引用、また、図 10.7.2 は同カタログを参考とした）。

10. バルブを「適材適所」で使う

10.8 調節弁のエッセンス

> **このシートの要旨** 調節弁は流体を絞ることにより、流量や圧力などを目標値に制御するときに用いる。類似のものに調整弁がある。弁体には単座弁、複座弁、それに振動やキャビテーションの起こりにくいケージ弁などがある。フェールオープンにするか、フェールクローズにするかも考える。

1 調節弁の機能

調節弁（Control Valve）、**調整弁**（Regulating Valve）ともに流量、圧力、温度、液位を検出し、バルブ内流路（ポート）を弁体によって絞り、流量、または圧力をその設定値になるように調節するバルブである。

ただ、調整弁は自力式のため単純化されており、設定値の変更はできず、また調整機能や制御精度の面で制約がある。

2 調節弁と調整弁の特徴

調節弁は、制御される流体調節部で測定した測定値をトランスミッタ（信号発信機）で電気信号に変え、コントローラに送り、ここで設定値（制御室から遠隔で変更できる）と比較、偏差を電気信号でポジショナに送り、ポジショナは空気圧駆動の場合、信号に比例した空気圧を駆動部に送り、弁体を動かす。空気は別置の空気源からポジショナに供給される。（図 10.8.1 参照）。

調整弁は、圧力調整弁の場合、二次側流体から圧力と弁体を動かすエネルギーを取り出し、バルブに内蔵されたセンサ、コントローラ部により、自力で弁体を動かす（図 10.8.2 参照）。

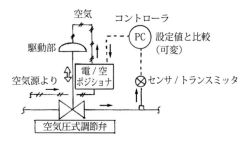

図 10.8.1 調節弁

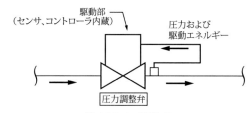

図 10.8.2 調整弁

流量や温度を調整する調整弁もある。流量や温度を調整する調整弁は調節弁に比べ、コストが安く、コンパクトであるが、単純な制御しかできず、設定値の変更も簡単にはできないというデメリットがある。

3 調節弁の構造

調節弁の弁体部分の形式としては、玉形弁、アングル弁、三方弁、ボール弁、バタフライ弁がある。

多く使われている玉形弁形式の弁体に、単座弁、複座弁、ケージ弁などがある（図 10.8.3）。その弁体の種類の特徴は次のとおりである。

単座弁：もっとも基本的な調節弁形式である。単座のため、気密性に優れるが、（ポートの面積×バルブ前後の差圧）が駆動力に比例するので、大口径の場合、複座弁に比べ、駆動部が大きくなる。

複座弁：2個の弁体とシートを持ち、上下の弁体にかかる入口圧力による推力がバランスするので、単座弁に比べ駆動部が小さくて済む。中サイズ以上のバルブに使用される。

ケージ弁：プラグのバランス孔の作用により、流体の不平衡力が打ち消され、単座弁に比べると、駆動部が小さくできる。プラグとケージの間の漏れはシールリングで防止するようになっ

10.8 調節弁のエッセンス

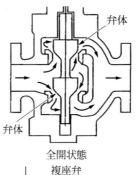
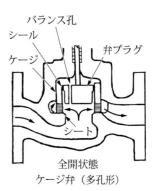

図 10.8.3 調節弁の弁体、プラグの形状

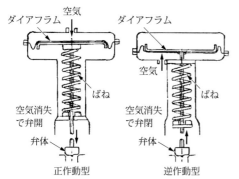

図 10.8.4 ダイアフラム式の正作動形と逆作動形

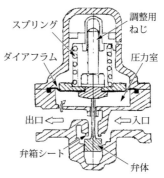

図 10.8.5 圧力調整弁の構造例

ている。

4 調節弁の駆動部

調節弁の駆動装置には電動式、空圧ピストン式、空圧ダイアフラム式などがある。

ここでは、もっともポピュラーなダイアフラム式について説明する。

ダイアフラム式の作動形式として単作動形と複作動形の2種類がある。単作動形はばねの力と空気圧により弁体を動かし、複作動形は空気圧のみで弁体を動かす。

さらに単作動形に正作動形と逆作動形の2種類がある。

正作動形というのは、バルブを閉じるとき、ダイアフラムの上部から空気を供給し、ダイアフラムを押し下げてバルブを閉じる。バルブを開けるのは、ダイアフラムの上部から空気を抜き、ばねの力で弁を開ける。空気が消失した場合は、ばねの力で弁が全開する（図 10.8.4）。このことを、フェイルオープンという。

逆作動形というのは、バルブを閉じるとき、ダイアフラムの下部から空気を抜き、ダイアフラムの上部から空気を入れて、バルブを開ける。空気が消失した場合は、ばねの力でバルブが全閉する。このことをフェイルクローズという。

5 調整弁の構造

バルブが自力で圧力を一定値に調整するバルブである。例を図 10.8.5 に示す。

駆動部は弁体を閉方向に動かすスプリングと、弁体を、圧力を受けて上へ動かすダイアフラムと、出口側圧力が導入されている圧力室とから構成される。

あらかじめ、規定圧力で出口圧力が目標値となる弁開度になるよう、ダイアフラムを押しているスプリングをねじで調整しておく。

運転中に、出口圧力が下がり過ぎると、圧力室圧力の減少により、ダイアフラムがスプリングに押されて下がり、弁体が下がって、流量が増え、出口圧力が回復する。

10. バルブを「適材適所」で使う

10.9 安全弁・逃し弁のエッセンス

> **このシートの要旨**
> 運転圧力が設計圧力に達したとき、安全上から流体を緊急に放出するためのバルブで、安全弁は主に蒸気、気体用、逃し弁は液体用である。バルブの入口管と放出管の圧力損失を規定内に収める設計をすること。圧力損失が大きいとチャタリングやフラッタを起こす。

❶ 安全弁・逃し弁の機能
密閉容器・配管内の流体がそれらの設計圧力を超えたとき、安全のため内部の流体を自動的に外部に緊急放出、圧力を下げるためのバルブである。

❷ 安全弁・逃し弁の分類
❶ 用途による分類
安全弁：蒸気、ガスに使用し、ポップ作動（❸参照）するバルブ（図 10.9.1 の左図参照）。

揚程式：弁体が開いたとき、弁座上のカーテン面積が最小となる安全弁。

全量式：弁体が開いたとき、弁座下ののど部の円形断面積が最小となる安全弁。

逃がし弁：主に液体に使用し、弁開度は圧力の上昇に比例して増大する（図 10.9.1 の右図参照）。

安全逃がし弁：安全弁と同じ機能で、逃がし弁の分野に使われる。

❷ 作動方式による分類
ばね（直動）式：圧縮したコイルばねにより弁体に直接荷重をかける（図 10.9.1）。

パイロット式：パイロット弁が先ず吹き、主弁体の背圧を抜き、主弁が作動する（図 10.9.2 参照）。

❸ 弁の密閉性による分類
開放形：弁座から吹き出た流体が弁出口以外からも外部へ放出される弁（図 10.9.3 の左図参照）。

密閉形：弁座から吹き出た流体が弁出口以外から外部へ放出されない弁（図 10.9.3 の右図参照）。

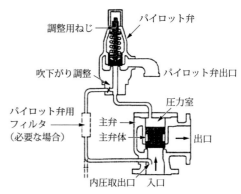

図 10.9.2　パイロット式

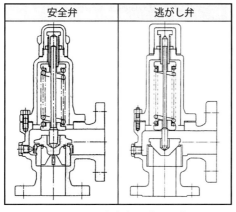

図 10.9.1　安全弁と逃がし弁

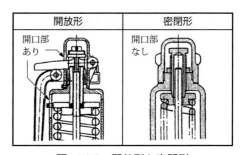

図 10.9.3　開放形と密閉形

10.9 安全弁・逃し弁のエッセンス

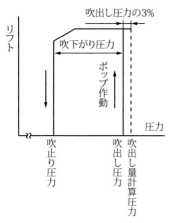

図 10.9.4　安全弁の作動特性

3 安全弁、逃し弁の作動

安全弁の作動特性（ポップ作動）と逃し弁の作動特性を図 10.9.4、図 10.9.5 に示す。

安全弁は、吹出し圧力に達し、バルブが開くと、瞬時に弁リフトが増大、流体を放出する（これをポッピング、あるいはポップ作動という）。ポップ作動を行わせるため、安全弁にはいろいろな工夫がなされている。図 10.9.6 に見るように弁体下端のアッパリングとポート上端のロアリングがそれである。

アッパリングとロアリングはその位置を調整することにより、安全弁の特性を満足させることができる。一般にこれらのものは逃がし弁にはない。

アッパリング：アッパリングの位置により、弁体の揚力が変化し、その結果、吹き下がり圧

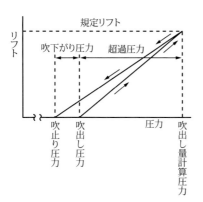

図 10.9.5　逃し弁の作動特性

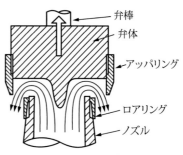

図 10.9.6　アッパリングとロアリング

力が変わる。吹出したとき、図 10.9.6 のアッパリングの位置が高いほうが、低い場合に比べ、圧力が逃げやすく揚力が減るので、吹き下がり圧力が小さくなる。

ロアリング：図 10.9.6 のロアリングの上端位置は弁座の面を基準とし、下側にしか移動しない。ロアリングはもれ始めた流体を上方へ跳ね返し、弁体を押し上げるポッピング作用に寄与する。これはヘリコプタが地面近くで大きな揚力を得る効果と似ている。

4 吹出し圧力

安全弁あるいは逃がし弁の吹き出し圧力に関連する用語として次のようなものがある。

設定圧力：設計上定めた安全弁などの吹出し圧力、または吹始め圧力。

吹始め圧力：入口圧力が増加し、弁体出口側で流体の微量の流出が検出されるときの入口圧力。

吹出し圧力：安全弁がポッピングするときの圧力。

吹止り圧力：バルブが吹いて入口圧力が下がり、バルブが閉まったときの圧力。

吹下り：吹出し圧力と吹止り圧力の差。吹下りは規定、code で定められている。吹下りが小さいと吹止り後の密閉が困難となるが、常用圧との関係で吹下りを余り大きくはできない。

公称吹出し量決定圧力：設定圧力に許容超過圧力（蒸気の場合 3％増、ガスの場合 10％増）を加えたものを使う。

〔ボイラにおける各種圧力と安全弁の関係〕

必要とする吹出し量を 1 台の安全弁で処理で

10. バルブを「適材適所」で使う

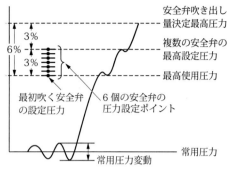

図 10.9.7　複数ある安全弁の吹出し設定圧力

きない場合や、吹出し時の衝撃を和らげるために、吹出し設定圧力を分散させる場合などに、複数の安全弁を設置することがある。

安全弁が 2 個以上の場合の吹出し圧力は、1個は最高使用圧力以下の圧力で、他はボイラの最高使用圧力の 1.03 倍以下の圧力と規定されている。

図 10.9.7 は 6 個の安全弁の例である。吹出し量は（もっとも高い）吹出し設定圧力の 1.03倍で計算されるので、吹き出し量決定最高圧力は、最高使用圧力の 1.06 倍となる。安全弁の吹く最高使用圧力は常用圧力の変動を考慮し、余裕を持って決める必要があるが、この余裕はできるだけ小さくしないと、容器、配管のむだな過剰設計となる可能性がある。

5 安全弁の不安定流動

チャッタ：弁が開き（ポッピング）始めようとするとき、ばね荷重と背圧の増加により弁が閉止、すぐまた開く作動をこきざみに繰り返す。原因はばね定数の不適、入口管の圧損など。

フラッタ：作動中に弁体がリフトの途中でふ

らつく状態。原因としては出口管の圧損による背圧の上昇がある（図 10.9.8）。

ハンチング：入口配管の圧損が吹下りより大きくなると、弁入口圧力が吹止り圧力以下になり弁が閉る。閉ると入口圧が高まり、また吹き出す。これを繰り返すのがハンチングで、チャッタより激しいものをいう（図 10.9.9）。排気管の気柱振動による背圧変動がこれを助長する場合もある。

6 配管配置上の注意

安全弁入口管：安全弁が流れの乱れにより振動しないようにするため、安全弁入口管が主管から分岐する個所は、主管の流れの乱れを起こすエルボや T から $10D$ 以上離した直管であること（API 520 による）。

また、ハンチング（図 10.9.9）を防止するため、圧力損失を設定圧力の 3 ％、吹下がりの 1/3、の小さいほう以下とする（ISO 4126）。

安全弁放出管：圧力損失が大きいと、フラッタ（図 10.9.10）を起こす可能性があり、たとえば、全量式安全弁で、設定圧力 3 MPa を超えるものは、安全弁出口圧力が設定圧力の約 10 ％以下、などとする。

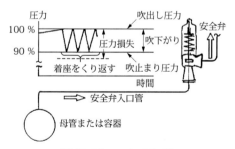

図 10.9.9　ハンチング

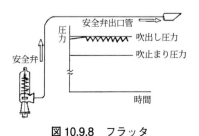

図 10.9.8　フラッタ

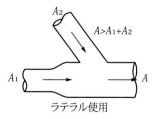

図 10.9.10　安全弁放出管合流部

10.9 安全弁・逃し弁のエッセンス

また、安全弁排気管の形状としては、放出管の口径は安全弁出口の口径以上とし、排気管は安全弁1個に対し1本を原則とする。合流させる場合は図10.9.10のようにスムーズに合流する形状とする。

7 安全弁吹出し時の反力

図10.9.11に示すような、開放形（安全弁出口エルボの端部が大気とつながっている）の安全弁出口管の吹出し反力は次による。(ASME B31.1 Power Piping 非強制規定の計算式による。ただし、原文のft-lb系をISO単位系に直した)。

$$F_1 = F_V + F_P = \frac{W}{g_c}V_1 + (P_1 - P_a)A_1 \ [\text{N}] \quad \text{式}(10.9.1)$$

上式の第1項は運動量変化による力、第2項は圧力差による力である。ここに、

W：流量（刻印の吹出し量×1.11）[kg/s]
g_c：1.0　　V_1：出口流速 [m/s]
P_1：出口（管内）静圧（絶対圧 Pa）
A_1：出口面積 [mm²]　　P_a：大気圧 [Pa]

ここで、

$$P_1 = \frac{W}{A_1} \cdot \frac{(b-1)}{b}\sqrt{\frac{2(h_0-a)J}{g_c(2b-1)}} \quad \text{式}(10.9.2)$$

a、b：次の表の蒸気条件により決まる値

蒸気条件	a [J/kg]	b
湿り蒸気（乾き度90%未満）	674×10³	11
飽和蒸気（90%以上） 0.103 MPa ≤ P_1 ≤ 6.89 MPa （絶対圧）	1914×10³	4.33
過熱蒸気（90%以上） 6.89 MPa < P_1 ≤ 13.7 MPa	1932×10³	4.33

ここで、　$V_1 = \sqrt{\dfrac{2g_c J(h_0-a)}{(2b-1)}}$　式(10.9.3)

h_0：安全弁入口のよどみエンタルピ [J/kg]
J：1.0

なお、ほかにJIS B 8210の解説にAPIの計算式が紹介されている。

［例　題］

開放形安全弁吹出し反力の計算

下記、仕様の安全弁のエルボ出口の流速、および反力をもとめよ（図10.9.11参照）。

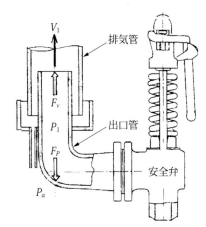

図10.9.11　開放形安全弁出口

安全弁流量：50 kg/s
安全弁出口エルボ 8B、Sch40、
内断面積 $A_1 = 0.0313$ m²
大気圧 $P_a = 101300$ Pa
安全弁入口蒸気条件　6.37 MPa、538℃
上記のよどみ点エンタルピ：
　$h_0 = 3506000$ J/kg
　$a = 1914000$ J/kg
　$b = 4.33$
ただし、0.103 < P_1 < 6.89
かつ、h_0 < 3722000 J/kg
$J = 1.0$、$g_c = 1.0$

上記の数値を、式(10.9.2)、式(10.9.3)に入れると、

$$P_1 = \frac{50}{0.313} \cdot \frac{(4.33-1)}{4.33}\sqrt{\frac{2(3506000-1914000)}{2\times4.33-1}}$$
$$= 791800 \text{ Pa}$$

$$V_1 = \sqrt{\frac{2(3506000-1914000)}{(2\times4.33-1)}} = 644.7 \text{ m/s}$$

を得る。これら数値を使い、式(10.9.1)より、

$F_1 = 50 \times 644.7 + (791800 - 101300) \, 0.0313$
　　$= 53800$ N

10. バルブを「適材適所」で使う

10.10 バルブに起こる異常昇圧

> **このシートの要旨**　バルブ弁体の両側に一次側、二次側のシートを持つバルブは2つのシートに挟まれた空間に液体が閉じ込められた状態で、伝熱により加熱されると、体積膨張し弁箱、弁体が変形してしまう。これを異常昇圧といい、仕切弁、フリーフロート式ボール弁で起こる。

1 バルブに起こる異常昇圧とは

弁体の一次側と二次側にバルブシート（弁座）を持つバルブ（仕切弁とボール弁）は、全閉時に、2つのバルブシートの間が密閉状態となる。満水状態で全閉、密閉状態において、この部分が伝熱などで昇温したとき、液体の膨張を逃がすことができず高圧状態となり、弁箱、弁体の変形、損傷を招く。これを異常昇圧という。

2 仕切弁で起こる異常昇圧

仕切弁は開いたときに、弁体を収容する空洞部が弁箱上部に存在し、ここには流体が充満している。適正な弁閉止位置で、一次圧力があるとき、弁体は低圧側弁座に押し付けられ、高圧側の弁座との間に隙間ができ、この隙間により密閉部の圧力が逃げ、高圧とはならない。

しかし、一次圧がなかったり、弁棒の熱膨張などにより高圧側の隙間もなくなることがある。

流体が液体の場合、全閉時、密閉部の液体が、たとえば付近の温度の高い管路から伝熱で当該弁が暖められた場合、液が膨張し、密閉状態のため圧力が異常に上昇、耐圧部の変形などをきたす（図10.10.1の左の図）。異常昇圧を起こす可能性のある弁は次の対策を施しておく。

① 一次側とバルブの密閉部をつなぐベント用孔を設ける。孔は全閉時、弁座に隙間ができる側に設ける（反対側に孔を設けると、孔から漏洩）。（図10.10.1 中の図）。
② 小径管でバルブ一次側とバルブの密閉部をつなぎ、途中にバランス弁、または逃がし弁を設ける（図10.10.1 右の図）。

3 ボール弁で起きる異常昇圧

フローティング形ボール弁は全閉時のみならず全開時にも異常昇圧が起こり得る。

全閉時は、ボールと弁箱の間のポケット部とボール内の流路が密閉空間となり得る。全開時はポケット部が密閉空間になり得る。

異常昇圧を起こさない対策は、全開時に対しては、ボールのステム溝に均圧孔を設けて、ポケット部と流路部を導通させておく。

全閉時は、ボールの一次側に均圧孔を設けポケット部と一次側流路とをつなげることで異常昇圧を防止することができる。ただし、流れ方向が制限される。

トラニオン形ボール弁は2つの弁箱シートに挟まれた密閉空間が異常に圧力が高くなると、シート部に装着されたスプリングが圧縮して、シート部に隙間ができ、圧力を逃がし、異常昇圧を防ぐ。（図10.10.2）。

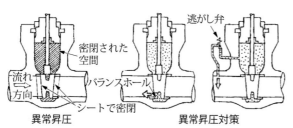

図10.10.1　仕切弁の異常昇圧

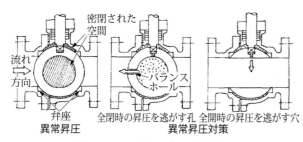

図10.10.2　ボール弁の異常昇圧

第11章

特殊任務を果たす スペシャルティ

　配管スペシャルティは、配管装置の中で、特殊な機能を果たす配管付属品を総称する名称で、伸縮管継手、スチームトラップ、破裂板、サイトグラス、フレームアレスタ、その他、諸々のものが含まれ、プラントの円滑な運転に不可欠な配管コンポーネントである。
　これらは品目ごとに、相当数の種類や形式があるので、要求される機能に、もっとも適した形式を選択することが大事である。
　ここでは、代表的なスペシャルティである伸縮管継手、スチームトラップにつき、それらを採用するにあたって、留意する事項などを説明する。

11. 特殊任務を果たすスペシャルティ

11.1 伸縮管継手の種類

> **このシートの要旨**　配管の変位には軸方向、軸直角方向、角変位、ねじり変位があるが、伸縮管継手の形式により、吸収できる変位が異なる。伸縮管継手の形式は大きく分類すると、ベローズを使用したベローズ形と、使用しないスライド形とに分かれる。

1 伸縮管継手の使われるところ

　管の変位には、軸方向変位、軸直角変位、角変位、そして他にねじり変位がある。この変位の種類の1つ以上を吸収できる管継手を伸縮管継手と呼ぶ（可動式管継手ともいう）。

　伸縮管継手は、ベローズ（波形管）を使ったものが広く使われており、図11.1.1はベローズ式で吸収可能な変位を示すが、形式によっては吸収できない変位がある。

　シール部に柔軟なゴムパッキングを利用したスライド式はスリーブにより伸縮/角/ねじり変位を、また球面により角変位を吸収できる。

　伸縮管継手は次のような目的に使われる。
① 固定端間の配管の熱膨張により発生する反力や応力の減少。
② 地盤沈下、地震などによる機器と配管、機器と機器、機器と建屋、の間の相対変位の吸収。
③ 振動する回転機器と配管の間の振動の隔離、または吸収。

　熱膨張により配管に生じる応力や反力、相対変位を吸収する方法として、伸縮管継手のほかに、ループ配管やオフセットなどのフレキシビリティにより吸収する方法もある。フレキシビリティよりも、伸縮管継手のほうが選択されるのは特に高温、高圧であるラインを除き、

① 流体に凝固性があり、垂直に近い配管が要求され、ループなどが許されない場合
② ループをとるスペースがない場合
③ 配管ループよりコストが安い場合
などである。

2 伸縮管継手の種類

　伸縮管継手には、ベローズを使わないタイプと、使うタイプがある。前者は、図11.1.2に示す、すべり形、メカニカル形、ハウジング形（ヴィクトリックジョイントはその一種）、ボール形などである。

　ベローズ（薄い板を波形に加工して、可撓性を持たせた管）を使うものは、フレキシブルメタルホース（以下、フレキと略称する）を含め、もっとも広く使われている。フレキはベローズ

図11.1.1　配管に生じる三つの変位

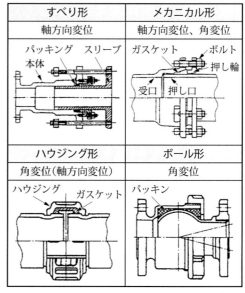

図11.1.2　ベローズ形以外の伸縮管継手

の保護と推力（後出）を支えるため、ブレードと称する被覆材で覆われたものである。

ベローズの材質は SUS304 系、SUS316 系オーステナイトステンレス鋼、などの金属のほかに、常温に近い水用にはゴム製が使われる。

図 11.1.3 にベローズ形伸縮管継手の形式を示す。

① ベローズ単式

可能な変位：軸方向、軸直角方向（若干）

ベローズの両端に短管がついただけのもっともシンプルな伸縮管継手。内圧による推力を拘束する装置をもっていないので、外部アンカを必要とする。

② ユニバーサル式

可能な変位：軸直角方向

2 組のベローズの間に管を挟みタイロッドでベローズにより生じる軸方向反力を拘束したもの。軸直角変位しかできない。ただし、タイロッドが 2 本のものは一平面内の角変位は可能。

③ 曲管部圧力バランス式

可能な変位：軸方向変位、若干の軸直角方向

④ 直管部圧力バランス式

可能な変位：軸方向変位のみ

③、④とも、圧力バランス式ベローズに生じる反対方向の推力をタイロッドで受け、タイロッドの内力として相殺するので、内圧による外力は発生しない（11.2 節参照）。

⑤ ヒンジ式

可能な変位：一平面内の角変位

⑥ ジンバル式

可能な変位：任意の平面内の角変位のみ

ベローズと内圧により生じる軸方向推力を、ピンとヒンジアームにより拘束し、受けとめるため、角変位のみ可能である。ヒンジ式はピンが 1 軸で、ピンまわりの一平面内でのみ角変位が可能なのに対し、ジンバル式は直交する 2 軸にピンを設けており、任意の平面で角変位が可能。

⑦ フレキシブルメタルホース （11.5 節参照）

可能な変位：角変位、軸直角変位

ベローズ外側を覆うブレードが推力を負担する。軸方向変位はブレードがあるので、不可。

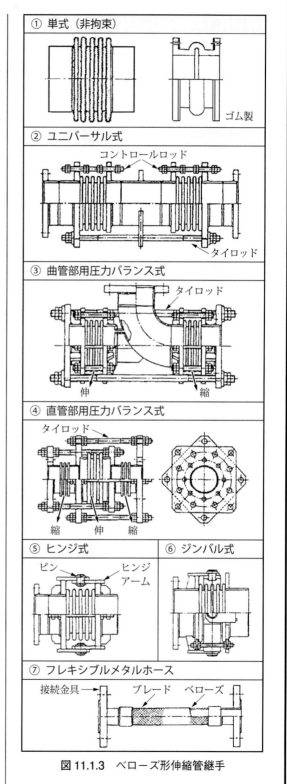

図 11.1.3　ベローズ形伸縮管継手

11. 特殊任務を果たすスペシャルティ

11.2 伸縮管継手に生じる推力とその処置方法

> **このシートの要旨**
> 配管軸方向に剛体でない伸縮管継手は、外気に対し正の内圧を受けると、配管に正の推力（引張力）を生じ、外気に対し負の内圧を受けると、配管に負の推力（圧縮力）が生じる。これらの荷重に対抗する措置を講じないと、伸縮管継手は異常な変形、または破損する。

1 推力はいかにして生まれるか

ここでいう「推力」は「ベローズの存在により内圧によって生じる外力」を指す。

容器、管は耐圧用の壁で囲まれている。したがって、壁の対面には必ず壁が存在する。圧力が壁を押す力は、反対側にある壁に生じる反対方向の圧力が壁を押す力と相殺し、引張られる内力、すなわち引張り応力は発生するが、外力は発生しない。しかし、反対側の壁との間にベローズのような引張り力を拘束しない（力学的連携を断ち切る）ものがあると推力が外力として発生する。

したがって、ベローズは「推力の発生個所」ではなく、推力の発生原因である「力学的連携を断ち切る場所」であり、推力の発生個所は、力学的連携を断ち切られた「対面に壁を持たない壁」である。

図 11.2.1 によって、推力がどこで発生し、どのように伝わるか説明する。ベローズの両側にある配管・装置はベローズにより力学的に切り離されている。いま、ベローズ頂部より右側の配管・装置を考える。

ベローズ部にはベローズが形成する壁（図 11.2.1 の面積 B の部分）があるので、ここで $B \times P = F_B$ の推力が発生する。この推力はベローズ部より、管の壁を介して右方向へ伝わり、容器のアンカにかかる。

一方、伸縮管継手部分の胴（管）の内径より内側には、管軸方向に塞ぐ壁がない。したがって、伸縮管継手部分の胴の部分には、推力、すなわち外力の働くところは存在しない。しかし、管内を右の方向に目を転じていくと、突当たりに容器の壁がある。この壁に圧力が作用し、右向きの力が発生する。この壁の対面には、エルボの壁があるが、ベローズのところで力学的連携が断ち切られているため、右向きの力だけが残る。すなわち、推力を生む。対抗する壁のない部分の面積は、A に等しいので、この壁に生じる右方向の推力は、$A \times P = F_A$ となる。

すなわち、容器のアンカには $F_A + F_B$ の推力がかかる。

ベローズ左側の配管・装置も同じようにして、

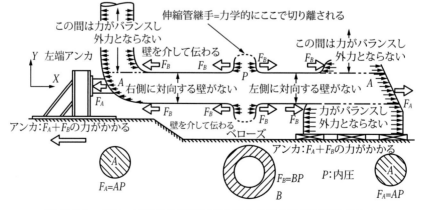

図 11.2.1　ベローズのある配管の内圧による推力はどこで生じるか

11.2 伸縮管継手に生じる推力とその処置方法

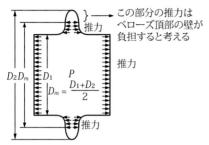

図 11.2.2 ベローズに発生する推力の計算

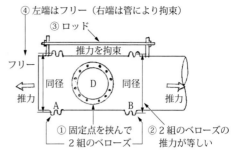

図 11.2.3 曲管圧力バランス式の構造と原理

エルボ背後に設けられた左端アンカには、$F_A + F_B$ の左方向の推力がかかる。

❷ 伸縮管継手に生じる推力の大きさ

ベローズに生じる推力の大きさは次の算式で計算する。

$$推力 = \frac{\pi}{4} D_m^2 P$$

ここに、P は内圧、D_m は図 11.2.2 に示す径である（胴外径＋ベローズの山の高さ）に等しい。

推力は径の 2 乗に比例するので、径が大きくなると、非常に大きな力となり、推力に対抗する外部アンカは、大がかりなものになる。

たとえば、D_m が 1.8 m で、内圧が 300 kPa の場合、推力は 763 kN（78 トン）にもなる。

❸ 推力を支える装置

伸縮管継手に推力が発生することは、宿命的なもので、推力を受け止める装置が必要となる。その装置としては、次のようなものがある。

① 伸縮管継手自身に設けるロッドやピンに推力を持たせる。この場合、推力を防止する装置は、コンパクトにできるが、代償として軸方向変位が拘束される。

② ロッドと 1 個ないし 2 個のベローズを追加して圧力バランス式を採用。軸方向変位を吸収するが、スペースをとり、コストもかかる。

③ 外部に設けるアンカに推力を持たせる。この場合、軸方向変位は可能だが、荷重が大きいとアンカは大がかりなものとなる。

ここでは、②と③につき説明する。

❶ 圧力バランス式の原理

直管圧力バランス式と曲管圧力バランス式とがあり、両者は図 11.1.3 の③、④、および図 11.2.3、図 11.2.4 に見るように外観は著しく異なる。しかし、圧力バランス式は、次のような共通した特徴をもっている。

① 固定点を挟んで、2 組のベローズがあること。
② 各組ベローズで発生する推力の大きさは互いに等しいこと。
③ 推力をバランスさせるためのロッドを備えていること。
④ ロッドの外側の一端は軸方向変位を拘束されていないこと。

それを、図 11.2.3 の曲管圧力バランス式にあてはめてみる。

① 2 組のベローズに挟まれた固定点は曲管の片方の管端口である。
② 2 組のベローズは同径で、発生する推力は等しい。
③ ベローズにより発生する反対方向の同じ大きさの力はロッドによりバランスさせる。
④ 右端の管が動けば、管の左端はフリーで、かつ、固定点を挟んで 2 組のベローがあるので、たとえば、右端の管が左へ変位すると、固定点の右側のベローズ B は伸び、左側のベローズ A は縮み、変位を可能にする。

次に、図 11.2.4 で、直管圧力バランス式の構造を説明する。ベローズは 3 組あるが、左側 A と中央 B のベローズを左側のロッドで拘束したものと、右側 C と中央 B のベローズを右

11. 特殊任務を果たすスペシャルティ

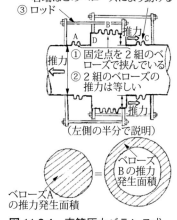

図 11.2.4　直管圧力バランス式の構造と原理

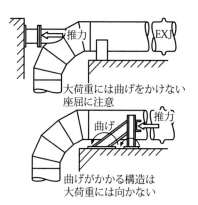

図 11.2.5　大荷重のかかるアンカ

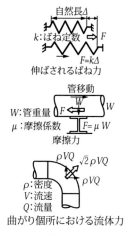

図 11.2.4　推力以外にアンカにかかる力

側のロッドで拘束したもの、の2組のセットで構成される。中央のベローズBは2つのセットに共通したものである。

バランス式の特徴を直管用にあてはめてみる。図 11.2.4 上図の左側の部分で説明する。

① 2組のベローズA、Bに挟まれた固定点Dは右側のロッド左端の、胴に溶接されたラグである。このラグは右側ロッドにより右端の管に固定されているから、固定点となる。

② ベローズAによる左方向への推力は図 11.2.4 下左の円の断面積Aに内圧をかけたものである。ベローズBによる右方向への推力は図 11.2.4 下右のドーナツ状の断面積Bに内圧をかけたものである。ドーナツ状に真ん中が抜けているのは、右方向の壁は力学的連携を切り離すベローズCを超えた先にあるため、そこで発生する推力はBへ伝わらないためである。

③ Aによる左方向への推力を、Bによる右方向への推力とバランスさせるタイロッドを備える。

④ 左側セットの左端は管に接続され拘束されているが、右端の外側にはCのベローズがあり、CとA、Bのベローズが連動することにより動くことができる。

左側の管に右方向への変位 Δ がある場合、ベローズAとCが Δ ずつ、合わせて 2Δ 縮み、Bが Δ 伸び、縮み量と伸び量の差 Δ は管の変位 Δ に等しくなる。

❷ **大荷重を受ける外部アンカに対する注意**

大荷重を支える外部アンカは、曲げモーメントがかかる構造はできるだけ避けたい（図 11.2.5）。より信頼のおける圧縮荷重で推力を受け、曲げモーメントがかからない構造とするには、土木の力を借りる必要もある。圧縮の場合、アンカと管の座屈に配慮しなければならない。

4 推力以外に生じる力

内圧による推力以外に伸縮管継手に生じる力に、図 11.2.6 のようにベローズ変位によるベローズのばね力（ばね定数×変位量）、流れが方向転換する際（たとえば、エルボ）に出る流体力、サポートやガイドと管との接触移動による摩擦力などがある。

なお、上記の流体力は、配管全体が剛体であれば（つまり、伸縮管継手がなければ）、内力としてのみ存在し、外力としては出てこない。

主アンカ、中間アンカ（11.3 節参照）の設計には、これらの力を含めなければならない。

5 ベローズ形伸縮管継手強度計算書

ベローズ形伸縮管継手の、メーカが作成した強度計算書のサンプルを表 11.2.1 に示す。

11.2 伸縮管継手に生じる推力とその処置方法

表11.2.1 ベローズ形伸縮管継手強度計算書サンプル

伸縮管継手強度計算書

YF-160614-1R1

	型　　　式			複式自由型 IW100w	単式自由型 IW100s	単式自由型 IW100s	単式自由型 IW100s
	アイテム番号			EX-04	EX-10	EX-11	EX-06,08
	呼　　　径			1000A	600A	450A	550A
	面　　　間			1100L	300L	300L	450L
	製 作 数	(記号)	(単位)	1台	1台	1台	2台
設計仕様	設定寿命回数	Ns	回	3000	3000	3000	3000
	圧　　　力	P	MPa	-0.0100	0.0600	-0.0100	-0.0100
	温　　　度	T	℃	370.00	120.00	370.00	60.00
	軸方向変位量(+)	Xe	mm	0.00	0.00	0.00	0.00
	軸方向変位量(-)	Xc	mm	-47.00	-10.00	-20.00	-5.00
	軸直角方向変位量(+Y)	Ye	mm	20.00	0.00	0.00	5.00
	軸直角方向変位量(-Y)	Yc	mm	0.00	0.00	0.00	0.00
	軸直角方向変位量(+Z)	Ze	mm	0.00	0.00	0.00	0.00
	軸直角方向変位量(-Z)	Zc	mm	0.00	0.00	0.00	0.00
	軸曲げ変位量(+)	θe	deg.	0.00	0.00	0.00	0.00
	軸曲げ変位量(-)	θc	deg.	0.00	0.00	0.00	0.00
	軸方向プリセット量	Xs	mm	20.00	0.00	0.00	0.00
	軸直角方向プリセット量(Y)	Ys	mm	0.00	0.00	0.00	0.00
	軸直角方向プリセット量(Z)	Zs	mm	0.00	0.00	0.00	0.00
	軸曲げプリセット量	θs	deg.	0.00	0.00	0.00	0.00
	ベローズ材質		—	SUS316L	SUS316L	SUS316L	SUS316L
ベローズの寸法	内　　　径	ID	mm	991.00	589.00	442.00	544.00
	山　　　高	W	mm	60.00	50.00	50.00	50.00
	ピ ッ チ	q	mm	60.00	50.00	50.00	50.00
	板　　　厚	t	mm	2.00	2.00	2.00	2.00
	層　　　数	n	ply	1.00	1.00	1.00	1.00
	有　効　径	Dp	mm	1055.00	643.00	496.00	598.00
	山　　　数	N	山	3 + 3	3	3	6
	単　体　長	BL	mm	180.00	150.00	150.00	300.00
	有　効　長	L	mm	860.00	150.00	150.00	300.00
	中間パイプ長	PL	mm	500.00	—	—	—
基準値	縦弾性係数	E	N/mm²	170400	187800	170400	192200
	降伏点又は0.2%耐力	SE	N/mm²	98.4	138.2	98.4	163.0
	許容引張応力	ST	N/mm²	93.4	112.6	93.4	115.0
	補強リング断面積	Af	mm²	—	—	—	—
毎山変位量	軸方向変位量	eX	mm	4.50	3.33	6.67	0.83
	軸直角方向変位量(Y)	eY	mm	6.39	0.00	0.00	4.98
	軸直角方向変位量(Z)	eZ	mm	0.00	0.00	0.00	0.00
	軸曲げ変位量	$e\theta$		0.00	0.00	0.00	0.00
	全変位量	e	mm	10.89	3.33	6.67	5.82
ベローズの強度	軸方向耐圧応力	Sp	N/mm²	4.50 ≦ SE	18.75 ≦ SE	3.13 ≦ SE	3.13 ≦ SE
	周方向耐圧応力	Sd	N/mm²	1.03 ≦ ST	3.75 ≦ ST	0.48 ≦ ST	0.58 ≦ ST
	伸縮による応力	Sb	N/mm²	1093.58	531.18	963.93	948.62
	全　応　力	Sr	N/mm²	1098.08	549.93	967.05	951.75
	計算寿命回数	Nc	回	3215 ≧ Ns	36170 ≧ Ns	5015 ≧ Ns	5303 ≧ Ns
	損傷率	U		0.933 ≦ 1	0.083 ≦ 1	0.598 ≦ 1	0.566 ≦ 1
反力	毎山バネ定数	K	N·山/mm	6277.43	7286.35	5099.82	6935.19
	軸方向バネ定数	Kx	N/mm	1046.24	2428.72	1699.94	1155.86
	軸直角方向バネ定数	Ky	N/mm	1230.44	66945.24	27880.84	6889.03
	軸曲げモーメント定数	$K\theta$	N·m/deg.	2540.53	2190.78	912.40	901.77
	軸方向バネ反力(+)	Fxe	N	-20924.8 [20.00]	0.0 [0.00]	0.0 [0.00]	0.0 [0.00]
	軸方向バネ反力(-)	Fxc	N	28248.4 [27.00]	24287.8 [10.00]	33998.8 [20.00]	5779.3 [5.00]
	軸直角方向バネ反力(Y)	Fy	N	24608.8 [20.00]	0.0 [0.00]	0.0 [0.00]	34445.2 [5.00]
	軸直角方向バネ反力(Z)	Fz	N	0.0 [0.00]	0.0 [0.00]	0.0 [0.00]	0.0 [0.00]
	軸曲げモーメント	M	N·m	0.0 [0.00]	0.0 [0.00]	0.0 [0.00]	0.0 [0.00]
	圧力による推力	Fs	N	-8741.7	19483.4	-1932.2	-2808.6
	軸方向全反力	Fw	N	-29666.5	43771.2	32066.6	2970.7

計算式 KELLOGG　　　　　　　　　　(出典：日本ニューロン株式会社　作成日　2016/6/14)

11. 特殊任務を果たすスペシャルティ

11.3 伸縮管継手とサポートの配置方法

> **このシートの要旨**
> 伸縮管継手は推力を発生するので、その形式に応じて、アンカ、中間アンカ、ガイドなどのサポートを必要に応じ、適切な位置に配置しないと伸縮管継手の異常な変位、座屈、配管の蛇行のような事態を引き起こすことがある。

1 サポートの種類と目的

ベローズ式伸縮管継手の推力を抑え込み、正常に長く使用していくためには適切なサポートが施工されていなければならない。サポートの種類、配置、設置間隔などを、JIS B 2352 ベローズ式伸縮管継手の付属書、またはアメリカのEJMAの標準（文献⑳）で定めている。

2 伸縮管継手とサポートの配置

代表的な変位のパターンに対し、ベローズ形伸縮管継手の形式選定と伸縮管継手付近のサポート配置について、説明する。

❶ 軸方向変位を軸方向で吸収

軸方向変位を軸方向で吸収するベローズ形伸縮管継手には、単式、単式を2つ直列にした複式、直管圧力バランス式がある。

単式、複式には推力防止装置がついてないので、図11.3.1上段の図のように、その両側に主アンカを設置しなければならない。主アンカの1つは、伸縮管継手に接して設ける。また、主アンカの反対側には管径 D の4倍以内に最初のガイド（第1ガイド）を設ける。

圧力バランス式は、図11.3.1下段のように、その両側、4D 以内に第1ガイド、さらにその両側（離れていてもよい）に中間アンカを設ける。接続する機器が中間アンカの強度を有していれば、機器を中間アンカとみなすことができる。

❷ 曲管圧力バランス式で軸方向変位吸収

曲管部に、図11.3.2 の例のように曲管圧力バランス式を用いる、その両側に中間アンカを設けるが、機器が強度的に満足すれば、機器に肩代わりさせることができる。軸方向変位以外に、若干の軸直角方向変位も吸収できる。

❸ 軸方向変位を直交する管で吸収

軸方向の熱膨張伸びを吸収する必要のある長

表 11.3.1 サポートの種類と目的

種 類	記 号	設置の目的
主アンカ	MA	推力、ベローズのばね力、管とサポート間の摩擦力、流体力などすべての荷重を受け、耐えられること。
中間アンカ	IA	ばね力、摩擦力に耐えられること。
ガイド	G	施工時の心合わせ、軸方向変位を無理なくアンカに伝える。
管案内装置	PG	定められた軸直角方向のみの変位をゆるすガイド。

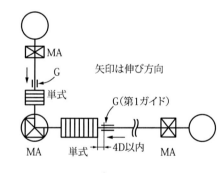

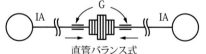

図 11.3.1　軸方向変位を軸方向で吸収

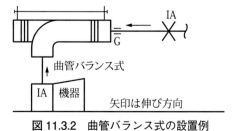

図 11.3.2　曲管バランス式の設置例

11.3 伸縮管継手とサポートの配置方法

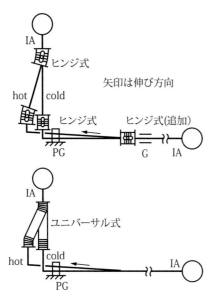

図 11.3.3 ヒンジ式やユニバーサル式を使う

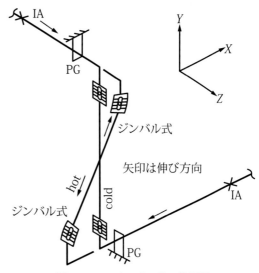

図 11.3.4 ジンバル式の使用例

い管に直交する成分の管がある場合、直交する管に伸縮管継手を入れて、横方向（軸直角方向）に変位させることにより、長い管の軸方向伸びを吸収することができる。

このような場合、図 11.3.3 上段のヒンジ式、またはジンバル式（立体曲げの場合）を複数組み合わせるか、図 11.3.3 下段のユニバーサル式が使われる。

図 11.3.3 上段のヒンジ式を使う場合は、長い管と直交する管に 2 個のヒンジ式を離して設置する。2 個のヒンジ式の間隔を広げれば、より大きな横移動がとれるので、長い管の伸び量を大きく吸収できる。長い管の伸びにより、ヒンジのある管は斜めになるため、厳密にいうと曲がりの角度が 90° でなくなる。その変形による応力や反力が大きすぎる場合は、長い管のほうにヒンジ式 1 個を設け、応力を逃がす。

図 11.3.3 下段のユニバーサル式の原理は 2 個組み合わせたヒンジ式とよく似ている。推力をもたせるものがピンでなくタイロッドにしたものである。ただ、ヒンジ式と違い、2 組のベローズが組み込まれてしまっているので、ベローズ間の管の長さを変更することはできない。

タイロッドが 2 本のものと 3 本以上のものがあるが、2 本ロッドのものは、単一平面内の曲げ（角変位）が可能である。

❹ 交叉する軸方向変位を直交する管で吸収

図 11.3.4 のように、X、Y、Z 成分を持つ三次元の配管があり、X 方向と Z 方向の直管の伸びを吸収する必要がある場合、両方の伸びを Y 方向の管の横方向の変位により吸収する。

三次元配管の場合、管の伸び量により、傾きの変化する Y 方向の管は 1 つの平面内に入らない。

このような場合は一平面内の角変位しか容認しないヒンジ式では対応できず、自由な向きに角変位できるジンバル式を、2 個離して使う必要がある。

11. 特殊任務を果たすスペシャルティ

11.4 ベローズ形伸縮管継手に関するその他、必要な知識

> **このシートの要旨**
> ベローズ形伸縮管継手には、おのおのの目的をもった、各種ロッドや各種リングがある。伸び量と圧縮量とが異なる伸縮、あるいは、軸直角変位や角変位を吸収する場合、プリセットの採用により、伸縮管継手を合理的に使うことができる。

1 ベローズの座屈と設計限界圧力

ベローズがある一定の内圧、設計限界圧力、を超えると、ベローズがうねるように大きく変形する（図11.4.1参照）。これをベローズの座屈という。設計限界圧力を求める式は、JIS B 2352「ベローズ形伸縮管継手」を参照のこと。

補強リングをつけると、設計限界圧力を高めることができ、調節リングをつけると、座屈が起こらなくなる（❷❸参照）。

2 ベローズ形伸縮管継手の付属品

ベローズ形伸縮管継手には、その機能を全うするため、あるいは機能を保全するためにタイロッドのほかにも、いろいろな装着品がある。

❶ タイロッド

内圧による推力を受けるロッドで、11.1節の図11.1.3 (p.177)の②、③、④に示されている。タイロッドは一般に大荷重がかかるので、ロッド径も太い。ユニバーサル式などでは、ロッドの取付けラグに対し、ロッドが傾くがラグは変形せず、ナットが片当たりとなり、結果的にロッドねじ部に曲げ応力がかかり、強度的に問題になる可能性がある。したがって、図11.4.2

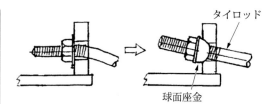

図11.4.2 タイロッドの球面座金

の右図のような球面座金を用いる。

❷ リミットロッド、コントロールロッド

1個のベローズ形伸縮管継手の変位を制限するものをリミットロッド、複数のベローズの組み合わさった、たとえばユニバーサル式などの各ベローズの変位を制限して、1つのベローズに何らかの原因で変位が偏よらないようにするものをコントロールロッド（11.1節の図11.1.3の②）という。外部アンカが壊れたときの防護装置として、内圧による推力に対する強度を持たせたものと、その強度を持たないものとがあるようである。

❸ 補強リング、調整リング

補強リング、調整リングともに、図11.4.3のようにベローズ外部の谷の部分に装着するが、目的が異なる。

補強リングは、ベローズが座屈をする「設計限界圧力」を高め、座屈しにくくするリングである。補強リングを入れたときの「設計限界圧

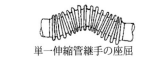

単一伸縮管継手の座屈

ユニバーサルジョイントの座屈

図11.4.1 ベローズの座屈

補強リング　調整リング　ベローズの過度な変形を防ぐ調整リング

図11.4.3 補強リング、調整リング

11.4 ベローズ形伸縮管継手に関するその他、必要な知識

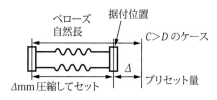

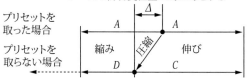

要求される伸び： C（絶対値）
縮み： D（絶対値）の場合
製作するベローズの変位量：A
プリセット量：Δ

$$A = \pm \frac{C+D}{2} \quad \Delta = C - A$$

図 11.4.4 プリセット量の決め方

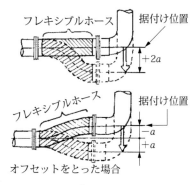

図 11.4.5 フレキシブルメタルホースのオフセット

力」の計算式は JIS B 2352「ベローズ形伸縮管継手」を参照のこと。

調整リングは、ベローズが収縮したとき、過度なベローズの変形を制限する断面形状をしており、調整リング装着の伸縮管継手はベローズが座屈を起こさない。

3 プリセット、オフセットして使う

変位が据付け時の状態から、たとえば伸び10 mm、縮み0 mmの変位をする場合、ベローズ形伸縮管継手を変位量±10 mmで発注することもできるが、変位量を半分の±5 mmで発注し、ベローズを5 mm縮めた状態（プリセットという）で据付けると、−0、+10 mmの変位に対応できる。プリセットを用いることは、ベローズの合理的な使い方といえる。

要求される変位量、伸び C mm、縮み D mmに対し、プリセット採用の場合のベローズの許容変位量とプリセット量の求め方を図 11.4.4に示す。

フレキシブルメタルホースの場合は図 11.4.5のように、据え付け時にホースを変位0で据え付けた場合（上段の図）に比べ、変位量の1/2を変位方向と逆方向に変位させた位置にオフセットさせて据え付けた場合（下段の図）はホースの許容変位量を半分ですませることができる。

《一口メモ》

ドレントラップ

スチームトラップは、ドレンや空気を排除し、蒸気を逃がさないトラップである。

エアトラップは、空気配管からの凝縮水の排除を目的としたトラップである。

このほかに、ドレントラップという用語が使われている。これは、スチームトラップと同じ意味で、通俗的に使われている場合と、建築設備で管内部に水を溜めて排水管からの臭気や害虫などの侵入を防ぐための「排水トラップ」（サイホン式トラップともいう）を指すこともある。

マシンボルトとスタッドボルト

マシンボルトは頭付きのボルトで、取り付け、取り外ししやすい長所がある。

スタッドボルトは頭のないボルトでその形状から、応力的に均一になるので、軸方向引張りに強い。加工上、長いボルトに適している。一般には全長にねじを切ったスタッドボルトが使われる。

11. 特殊任務を果たすスペシャルティ

11.5 フレキシブルメタルホースのエッセンス

このシートの要旨

フレキシブルメタルホースは推力を負担し、ベローズを保護するためのブレードをまとっているため、伸縮ができない。配管の伸縮、軸直角、角変位の吸収は、フレキシブルメタルホース特有の方法を使う。その際、メーカが定める最小曲げ半径を守ること。

❶ フレキシブルメタルホースの構造

フレキシブルメタルホースはフレキシブルメタルチューブとも呼ばれるが、略して、単にフレキと呼ぶことも多い。

その使用目的は、ベローズ形伸縮管継手と似ているが、熱膨張変位の吸収、地盤沈下などの相対変位の吸収、回転機械などの振動との絶縁、などである。

ホースの材質はオーステナイトステンレス鋼などのメタルのほかにフッ素樹脂などの樹脂も使われる。

フレキシブルメタルホースの一般的構造を、図11.5.1に示す。

ベローズチューブの外側をブレードという金属製のさやが覆っている。ブレードは線を編んだものと、細い薄い板を編んだものとがあり、内圧によりベローズに生じる推力を受けるのが主目的で、ベローズの保護にも役立っている。ただし、内圧がかかったとき、若干は伸びる。ホース両端の継手は、フランジ、各種のチューブ継手と、選択肢は多い。

❷ フレキシブルメタルホースの使い方

フレキシブルメタルホースは軸方向の伸縮はブレードがあるためできない。フレキシブルメ

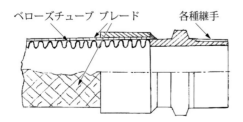

図11.5.1　フレキシブルメタルホースの構造

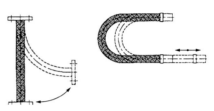

図11.5.2　曲げ変位に対する取付け方

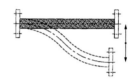

図11.5.3　軸直角方向の変位に対する取付け方

タルホースの特性である、「たわむ」あるいは「曲がる」ことを使って、各種の変位に対応する配置をとる。

フレキシブルメタルホースは、ねじりは吸収できないので、ねじられるような配置にしてはいけない。

曲げ変位に対する取付け方を図11.5.2に示す。曲がりは1つである。

軸直角方向の変位に対する取付け方を図11.5.3に示す。2つの曲げを組み合わせたものである。

軸方向変位に対する取付け方を図11.5.4に示す。フレキをたわませ、そのたわみを増減させて軸方向変位を吸収する。曲げを3つ組合わせている。

機器の振動吸収のための取付け方を図11.5.5に示す。この振動はフレキの軸に直角方向のみでなくてはならない。

振動、あるいは相対変位が2方向以上ある場合を図11.5.6に示すが、フレキを直交する2

11.5 フレキシブルメタルホースのエッセンス

図 11.5.4　軸方向変位に対する取付け方

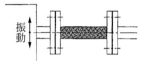

図 11.5.5　機器の振動吸収のための取付け方

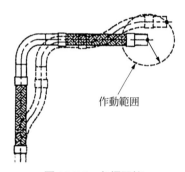

図 11.5.6　免振配管

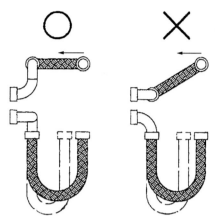

図 11.5.7　結果的にねじれを起こす場合

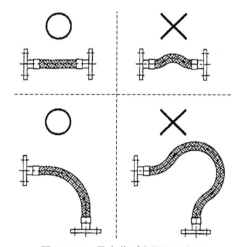

図 11.5.8　最小曲げ半径をまもる

方向に用い、三次元動きに対応する。この場合、エルボの重さがフレキに負担をかける重さであれば、適切な方法でサポートしてやる必要がある。

3 フレキシブルメタルホース使用上の注意
❶ フレキのねじれに注意
　フレキはフレキ自身のねじれを吸収する構造になっていないので、図 11.5.7 の右図のようにフレキの動きが結果的にねじれになっていないか注意する。
　同じ変位でも図 11.5.7 の左図のようにすればねじれは生じない。
❷ 振動のあるところに曲げたフレキを使わない。
　振動を吸収するために使用するフレキには振動振幅による曲げ応力に加え、フレキを曲げたことによる定常的な曲げ応力が加わるので、応力的に厳しくなる。このような場合、曲がり部にはフレキを使わず、図 11.5.6 のような配置とする。
❸ 小さすぎる曲率半径で曲げない
　フレキの各メーカは、フレキの最小曲げ半径を定めている。その曲げ半径以下にすると、想定されていない応力がかかることになり、フレキの寿命を縮めることになる。
　したがって、メーカの提示する最小曲げ半径を遵守する。（図 11.5.8 参照）。
　図 11.5.2 から図 11.5.8 は文献㉑による。

11. 特殊任務を果たすスペシャルティ

11.6 スチームトラップのエッセンス

> **このシートの要旨**
> 蒸気を捉え、ドレンと空気を排除するスチームトラップは、識別手段として「密度」、「温度」、「運動量」の差を利用する。温度の利用は、飽和水と飽和蒸気は同じ温度なので、飽和温度より若干低い温度でドレンを排出する。したがって、蒸気配管に若干ドレンが残る。

1 トラップの役割

蒸気を流体とする配管、あるいは蒸気を使用する装置で、ラインの起動時、あるいは運転中に発生するドレンを外へ排出する一方、蒸気は外へ逃がさないトラップをスチームトラップという。

なお、スチームトラップはトラップとその入口管に空気が溜まると、ドレンがトラップに入って来れなくなる（これを空気障害という）ので、空気もまた排出する必要がある。

圧縮空気配管において、空気を外へ逃がさずに、ドレンだけを排除するトラップはエアトラップ、排出するものがガスの場合はガストラップという。

なお、蛇足であるが、液体ラインから、溜まった空気を排除する装置は、空気抜き弁（Air Vent Valve）である。

スチームトラップは、排出すべきドレン、空気と、捉えるべき蒸気を識別する手段として、流体の浮力の有無（密度の大小）、温度の高低、ディスク前後の差圧のいずれか、またはそれらの組み合わせがある。

エアトラップは、排出するドレンと捉える空気（ガス）を識別する手段は浮力の有無である。

2 スチームトラップの分類

前述したように、ドレンと蒸気／空気の識別は、浮力、温度、運動量により選別する方式があるが、蒸気と空気を選別するのは、温度である。

表 11.6.1 に代表的なスチームトラップの流体選別手段を示す。

表 11.6.1 代表的なスチームトラップの方式

選別手段	選別するもの	方式
フロート式	蒸気－ドレン	浮力（密度）
	蒸気－空気	温度
下向きバケット式	蒸気－ドレン	浮力（密度）
バイメタル式	蒸気－ドレン	温度
	蒸気－空気	
ディスク式	蒸気－ドレン	弁前後差圧
	蒸気－空気	温度
インパルス式	蒸気－ドレン	弁前後差圧

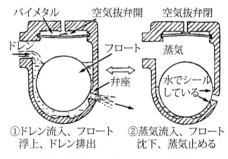

図 11.6.1 フリーフロート式

3 各種スチームトラップの形式

スチームトラップの各形式の仕組みなどにつき、個別に説明する。

(1) 蒸気とドレンの選別に浮力を利用するもの
❶ フロート式トラップ

流体の水はフロートに浮力を生じ、蒸気は浮力を生じないことを利用する。ただし、蒸気を捉え、空気を排除するには両者の温度差を利用するほかはなく、フロート式では空気抜き用にバイメタルを装着するのが一般的である。

図 11.6.1 はレバーのないフロート式で、フロートの球面の一部が弁体を形成し、ドレンが

11.6 スチームトラップのエッセンス

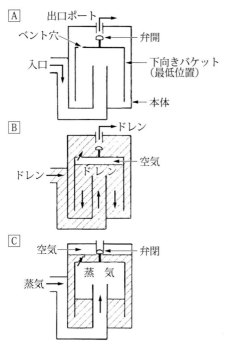

図 11.6.2　下向きバケットの作動原理

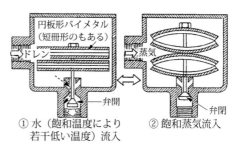

図 11.6.3　バイメタル式

ないときは、フロートが下に落ち、球体の一部がシートをふさぐ。このとき、ポートのところまでドレンが来ており、シート部分は水でシールされ、蒸気を逃がさない。フロートにレバーのついた方式もある。この場合、レバーの他端に弁体が取り付けられている。

❷ 下向きバケット式トラップ

構造を図 11.6.2 に示す。

① 図 11.6.2 のAのような状態で最初から蒸気がくると、バケットは沈んだままなので、バルブが開いており、蒸気は逃げてしまう。そのため、使用前に水張して、図 11.6.2 のBの状態にする。

② バケットが沈み、水で満たされた状態で、蒸気、空気、ドレンがくるのを待つ。ドレンがくると、バルブは開いているので、排出される。蒸気または空気がくると、

③ バケット内に気体が溜まり、バケット容量の2/3を超えるとバケットが浮上し、バルブが閉じ、蒸気の排出を阻む（図 11.6.2 のC）。蒸気または空気はバケットの上端にあるベントをとおして、本体上部に溜まりだす（バルブは閉じている）。そして、放冷で、バケット内、本体内、ともに蒸気は凝縮し、ドレンになり、もしも、蒸気の補給がなければ、バケット内のドレンが増え（図 11.6.2 のB）、…

④ ドレンがバケットの1/3を超えると、バケットが沈み、バルブが開き、まず空気を、続いてドレンを逃がす（図 11.6.2 のB）。蒸気、空気がこなければバケットは沈んだままである。蒸気または空気がくれば図 11.6.2 のCとなる。これを繰り返す。

(2) 蒸気とドレンの選別に温度を利用するもの

流体の温度変化により、バイメタルやベローズに生じる伸縮作用を利用。温度を感知して弁を開閉するまでに時間遅れがあり、間欠運転となる。

❶ バイメタル式トラップ

バイメタルの場合、飽和温度では、蒸気とドレンが混在するので、飽和温度より僅かに低い温度で開弁するようセットされる。飽和温度は圧力により変わるが、バイメタル式の場合、その変化に自動的に対応することはできない（図 11.6.3）。

❷ ダイアフラム式とベローズ式トラップ

ダイアフラム式とベローズ式は、温度により生じる膨張差を利用したものであるが、その内部に感温液（図 11.6.4 参照）を入れることにより、圧力変化によりドレンの飽和温度が変化しても、その変化に感温液が自動的に対応して、開弁させることができる。

図 11.6.5 に見るように、同一圧力下において、

11. 特殊任務を果たすスペシャルティ

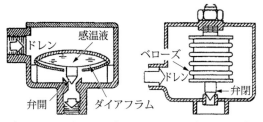

図 11.6.4　ダイアフラム式とベローズ式

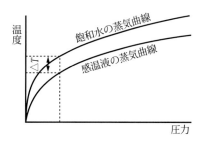

図 11.6.5　感温液の温度特性

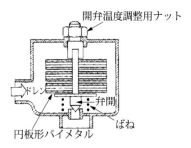

図 11.6.6　温調トラップ

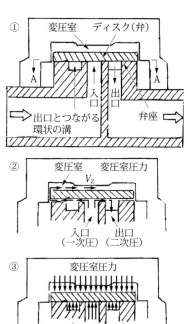

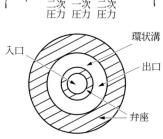

弁座部（A-A 矢視）
図 11.6.7　ディスク式トラップ

蒸気のほうが、ドレン（飽和水）となる温度が感温液より若干高いので、蒸気ドレンができても、感温液がフラッシュしていないので、弁は閉じており、蒸気管内に若干のドレンが滞留する。したがって、蒸気配管のドレン排除用には、バイメタル式を含め、ダイアフラム式、ベローズ式は適していない。

❸ 温調式トラップ

温調式トラップは、開弁する温度を調整ナットにより変えられるバイメタル式トラップの一種である（図 11.6.6）。ドレンが飽和温度以下の設定温度になったとき、初めてドレンを排出させ、飽和水が持っている顕熱を有効利用することができるようにしたトラップである。

（3）蒸気とドレンの選別に運動量の差を利用するもの
❶ ディスク式トラップ

ディスク式の構造を図 11.6.7 の①に示す。

円盤状ディスクは弁体を兼ねており、その下側に弁座、上側に変圧室がある。変圧室の圧力変化により、ディスクが上下（弁の開閉）する。

ディスクが下がった、弁閉の状態で、トラップ入口に入ってきたドレンは、入口、出口の差圧、またはドレンがディスクに当たるときの運動量の変化でディスクを押し上げ、出口から排水される。その後、ドレンが熱くなり、飽和温度に近くなると、図 11.6.7 の②のように、ディスクと弁座の狭い通路でフラッシュし蒸気となる（このとき、蒸気の若干の前漏れがある）。

この蒸気は変圧室に入るが、変圧室内の蒸気

11.6 スチームトラップのエッセンス

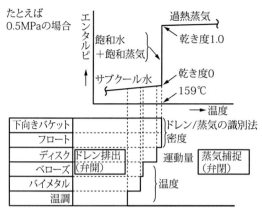

図11.6.8 トラップ形式とドレン排出温度

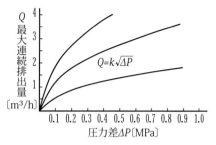

図11.6.9 スチームトラップ容量の例

流速より、間隔の狭いディスク/弁座間の隙間をとおる蒸気流速が速いので、ベルヌーイの定理より、ディスク上側より下側の圧力が低くなり、ディスクは弁座に押し付けられ、蒸気の流出を止める。ディスクまで蒸気がきていると、変圧室も蒸気温度に近い温度を保ち、ディスク下側の受圧面積は図11.6.7最下図のハッチングした面積（ディスクが弁座に接している面積）だけディスク上側の受圧面積より小さいので、下側、上側の圧力がほぼ同じなら、圧力がディスクを上から下へ押し付け、蒸気を逃がさない（図11.6.7③）。

トラップに蒸気がこなくなり、ドレンがくる段階になると、変圧室の蒸気温度が下がり、減圧するため、ディスクの上向きの力の方が大きくなり、ディスクを持ち上げ、開弁、ドレンを排出する。

◢ スチームトラップ形式選定のポイント

以上説明したように、スチームトラップにはいろいろな形式があって、それぞれ蒸気・ドレンの識別手段が異なるので、トラップを設置した管に残留するドレン量に差が出てくる。

スチームトラップの形式とドレン排出温度との関係を示したのが図11.6.8である。

温度を感知して弁開閉をするベローズ、バイメタル、温調の各トラップは、飽和温度より5℃前後、あるいはそれ以上の低い温度で弁を開け、蒸気を逃がさずにドレンを排出する。

したがって、装置、配管には若干のドレンが滞留する。温調弁は、たとえば蒸気トレースにおいてしばしば見られるように、飽和水の熱量を熱源として利用する考えから、弁を開ける温度を飽和温度よりかなり低くしている。

一方、フロート式や下向きバケットはトラップ内にドレンが溜まれば、すぐにドレンを排出するので、配管内のドレン滞留は原則的にあまりない。

ディスク式は、変圧室の冷却に若干の時間を必要とするかもしれないので、多少ドレンの存在を許す可能性があるかもしれない。

◢ トラップサイズ

トラップのポートの口径は管と取り合う配管口径より大幅に小さい。トラップの容量（差圧に対する毎時排出量）はメーカの準備する表またはチャートに示される（図11.6.9）。そこに示される数値はトラップが連続して排出した場合のものであるから、間欠運転するトラップでは、発生が予想されるドレン量の2〜3倍の容量のトラップを、またフロート式のように連続作動するものは、1.5倍程度の容量のトラップを選択する。容量はトラップ前後の差圧で決まるので、トラップの背圧は正しく評価する必要がある。

付表7　よく使われる基準・規格

国　内
① 電気事業法　火力設備技術規準とその解釈
② 同上　発電用原子力設備に関する技術基準を定める省令の解釈
③ 日本機械学会　発電用原子力設備規格 設計・建設規格
④ 労働安全衛生法　労働基準局 ボイラ及び圧力容器安全規則
⑤ 高圧ガス保安法　特定設備検査規則
⑥ JPI-7S-77　石油工業用プラントの配管基準
⑦ JIS B 8265　圧力容器の構造 一般事項
⑧ JIS B 8267　圧力容量の設計
⑨ JIS B 8201　陸用鋼製ボイラー構造
⑩ JIS B 2352　ベローズ形伸縮管継手
⑪ JEAC 3706　圧力配管及び弁類規定
⑫ JEAC 3605　火力発電所の耐震設計規定
アメリカ
① ASME B31.1　Power Piping
② ASME B31.3　Process Piping
③ ASME Boiler and Pressure Vessel Code　Sec. Ⅰ, Ⅷ Div.1
④ ASME B16.5 Pipe Flanges and Flanged Fittings
⑤ ASME B16.9 Factory-Made Wrought Buttwelding Fittings
⑥ ASME B16.10 Face-to-Face and End-to-End Dimensions of Valves
⑦ ASME B16.11 Forged Fittings, Socket-Welding and Threaded
⑧ ASME B16.25 Butt Welding Ends
⑨ ASME B16.34 Valves-Flanged, Threaded, and Welding End
⑩ B36.10M　Welded and Seamless Wrought Steel Pipe
⑪ B36.19M　Stainless Steel Pipe
⑫ MSS SP-58 Pipe Hangers and Supports
⑬ MSS SP-97 Integrally Reinforced Forged Branch Outlet Fittings
⑭ Expansion Joint Manufacturers Association Standards

第12章 配管支持装置を選択し配置する

　配管を所定の位置に保持し、熱膨張による配管の移動があってもその動きに順応し、停止中も運転中も、安定したバランスを継続するのが、ハンガ・サポートの役目であり、また地震時に、地震周波数と共振しないように配管を拘束する働きをするのが、防振器、レストレイントである。それらを総称して、「配管サポート」あるいは「配管支持装置」という。
　これらには、さまざまな種類があるので、適材適所、コストパフォーマンスを考えて、形式を選択する必要がある。
　ここでは、各種サポート、防振器類の特徴を説明し、形式選択の指針を示す。

12. 配管支持装置を選択し配置する

12.1 サポート計画

> このシートの要旨：配管のサポート計画は、配管が運転中、停止中を問わず、バランスを崩さない安定した姿勢で、過度にたわまず、管の熱膨張による伸縮に追従する設計がなされなければならない。ハンガ位置の選定、ハンガスパン、サポート形式の選択、などが適切に行われること。

1 サポート設置の考え方

配管系のサポートポイントを位置決めするのに、これといった原則は存在しない。設計者は適切なハンガ位置を決める場合、ケースバイケースで、自分の判断でなされねばならない。

しかし、次の点には留意すべきである。

① 配管の固定荷重および活荷重によるたわみがドレンを滞留させないサポートスパンとする。

② 上記荷重により生じる配管曲げ応力が管材の許容応力を超えないサポートスパンとする。

③ 運転時の配管拘束個所間の伸び量に対し、配管がたわみにくく、熱膨張曲げ応力や配管が機器に及ぼす反力が大き過ぎる場合、すなわちフレキシビリティが小さ過ぎる場合（図12.1.1参照）は、固定間を結ぶ直線とできるだけ直交する方向へ配管を張り出し、必要なフレキシビリティを確保する。

④ フレキシビリティがありすぎる管（図12.1.2）は、振動しやすくなるので、フレキシビリティのありすぎる方向の動きを拘束するサポート（これをレストレイントという）を、適切な位置に設置する。

図12.1.1　フレキシビリティの不足する管

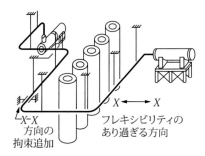

図12.1.2　フレキシビリティのあり過ぎる配管

2 推奨するサポート間隔

ASME B31.1 Power Piping に提案された最大ハンガスパンは、管の厚さがスタンダードウェイトの直管部の、もろもろの実際的な考慮を払った、サポートスパンであり、通常は重要な配管に適用されるものである。B31.1に掲載のもの（表12.1.1）は、MSS SP69に基づき、その主要な部分を抜粋したものである。

表12.1.1　提案された管サポートスパン

呼び径	提案された最大スパン [m]	
	水用	蒸気、ガス、空気用
25	2.1	2.7
50	3.0	4.0
80	3.7	4.6
100	4.3	5.2
150	5.2	6.4
200	5.8	7.3
300	7.0	9.1
400	8.2	10.7
500	9.1	11.9
600	9.8	12.8

表 12.1.1 は、バルブなどの集中荷重や、ハンガ間に方向変更のある場合は適用できない。集中荷重がある場合は、曲げ応力を最小とするため、できるだけその荷重に近づけてサポートする。

方向変更のある場合は、ハンガ間の管展開長さを表 12.1.1 のスパンの 3/4 未満とする。この場合、サポート点は曲がりに隣接して置く。

❸ サポートの種類

サポートを大きく分類すると、次のようになる（図 12.1.3 参照）。

〔注〕「サポート」という用語は、以下に述べる「各種サポートの総称」として広い意味で使われることもあるし、「ハンガ」と同じ意味の狭い意味で使われることもある。

① ハンガ：垂直に作用する荷重を支持するサポートであり、リジットハンガ、スプリングハンガ（バリアブルハンガともいう）、コンスタントハンガ、がある。

〔注〕変位に対し、荷重一定のコンスタントハンガに対し、スプリングハンガは、荷重が変動するので、バリアブルハンガと呼称される。しかし、日本ではスプリングハンガの呼称のほうが一般に使われている。

② スナッバ：配管の熱膨張のようなゆっくりした変位は拘束せず、地震や安全弁吹き出し、などの急速な変位を拘束するサポートで、油圧防振器（オイルスナッバともいう）、メカニカル防振器、がある。

③ ブレース：配管の揺れ、振動などをスプリングの力により減少させるサポートで、ばね式防振器ともいう。

④ レストレイント：形鋼を組んだり、ロッドを使用して、配管の動きを拘束または動きを制限するサポートで、ストッパ、ガイド、ロッドレストレイントなどがある。

❹ サポートの設計手順

❶ 必要図書を準備、あるいは入手する

サポートの取付け可能な配管個所、サポート用ブラケットなどの取付け可能な建屋側情報、サポートコンポーネントと他物との干渉の有無などがわかる図面として、アイソメ図（溶接線

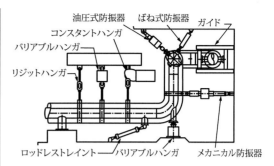

図 12.1.3　種々のサポート
(三和テッキ（株）カタログより)

や座の位置が入ったもの）、配管レイアウト図、ケーブル配置図、ダクト配置図、建屋図、梁伏図、基礎図、埋込み金物図、バルブ外形図、ラック図、接続機器ノズル許容反力、ハンガメーカカタログ、などが必要である。

❷ サポートスパンを決定する

配管の重量を知るために、配管外径・厚さ・材質・密度、流体種類・密度、保温厚さ・密度、などが必要。

最大サポートスパン、あるいは標準サポートスパンを基にサポート位置を仮決めする。その際、吊るタイプか支えるタイプかの選択、他物との干渉、据え付け工事の難易度、通路妨害の有無などを検討したうえでサポート位置を決める。

❸ フレキシビリティ解析実施と評価

計算 O/P より、配管最大応力、サポート各点の変位量、アンカ、レストレイント、機器ノズルへの反力、を評価する。

許容値に入らないものがあれば、必要な変更を行い、すべてを許容値内に入れる。

❹ サポートの仕様を決める

サポートのタイプを決め、スプリングケース類の収まり、ロッドの傾き、オフセットの要否、スプリングハンガの転移荷重の評価、レストレイント構造の設計、などを行う。

❺ その他

配管がコンスタントハンガやスプリングハンガばかりだと、配管系が不安定になる可能性があるので、垂直変位の小さいところを、リジットやレストレイントなどで、固定する。

12. 配管支持装置を選択し配置する

12.2 サポート位置決めと形式選定

> **このシートの要旨**　最初に配管の伸びをどのように処理するか（すなわち、拘束点をどこに置くか）、全体的なサポート構想を立て、それからハンガ位置とハンガ形式の選定を行い、一通りできたところで、停止中、運転中に配管とサポートがどう動くか頭でシミュレーションしてみる。

配管のサポートの位置決めとハンガ形式の選定

要領を、例題をとおして体験する。

（本項は Grinnell Corporation の "Piping Design and Engineering" に基づく）

──〔例　題〕──

呼び径、300A の管 1 本と 150A の管 2 本より構成される図 12.2.1 の配管のサポート計画を行う。全体構想として、垂直の伸びを上方向と下方向に分散するため、長さ約 23 m の垂直管の、サポート可能な適当な位置に、リジットハンガを置き、取合い点 B、C には垂直荷重をかけないという要求を満足させ、曲がり部のオーバーハングによる曲げ応力が最小になるようにすることを念頭に、計画を進める。

〔備考〕
取合点Aの許容荷重：　250 kg
取合点BとCの許容荷重：　0 kg
すべてのベンド：　5D曲げ
すべてのエルボ：　ロングエルボ
運転温度：　566℃
管材質、肉厚：　STPA 24　SCH.160

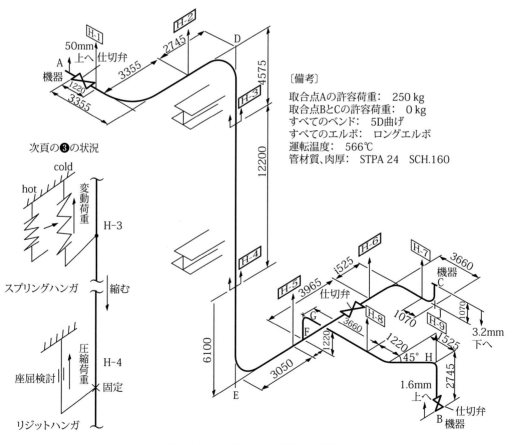

図 12.2.1　分岐のある配管の例題

12.2 サポート位置決めと形式選定

❶ ハンガ H-1 はバルブという集中荷重に隣接して設置する。これは取合点 A への荷重を最小にするためである。また、バルブにより管に発生する曲げ応力を最小限にするためでもある。H-1 をスプリングハンガとするときは、変動荷重が常温時に取合点 A にかかるので（注参照）、許容荷重以下になるようなばね定数のスプリングハンガを選択する。もしもスプリングハンガで対応できない場合は、コンスタントハンガを使う。

〔注〕 ハンガは、管が運転時の状態で、計算された支持荷重に調整されるので、常温時には垂直伸びによる変動荷重が機器ノズルやリジットハンガに加わる。

❷ ハンガ H-2 の位置の選定には、H-1 とのハンガ間にある配管の方向変更を考慮しなければならない。H-1 と H-2 間の管のオーバーハングが出すぎないようにするため、両ハンガ間の管展開長さをハンガスパンの表の最大長さの 3/4 未満とする（12.1 節の❷を参照）。荷重変動率が 25 % を超えるときは、コンスタントハンガを採用する。

❸ ハンガ H-3 と H-4 は垂直管に設置されているが、このような垂直管は 1 箇所のハンガよりも 2 箇所のハンガのほうが一般に安定する。また、2 つのハンガを設けることにより、垂直管の荷重を 1 つの床梁に集中させることなく、異なるエレベーションの 2 つの床梁に分散することができる。垂直管の伸びを上下 2 方向に分散させるため、H-4 をリジットハンガとする。

H-3 は、運転時、上方向の伸びが大きいので、選択したスプリングハンガのハンガトラベルが十分かチェックする。また、常温時に、H-3 ～ H-4 の間のパイプが縮み、H-3 は伸び、設計荷重より大きな荷重を負担するので、上向きの大きな荷重がリジット H-4 にかかる。したがって H-4 のロッドの座屈などの強度をチェックする。

さらに、運転時、H-4 は配管熱膨張による下向き反力を止めるレストレイントの役割を果たすので、フレキシビリティ解析を行い、下向き荷重を算出のうえ、ロッドのサイズと梁などの構造物強度に反映しなければならない。

❹ ハンガ H-5 と H-6 の位置は、ハンガ最大スパンと集中荷重の位置を考慮して決める。その結果、H-6 は弁に隣接して設け、H-5 は 150A と 300A の垂直管の間で取付けやすいところに設置する。

❺ ハンガ H-7 は管からの荷重が取合点 C で 0 になるような位置に設置する。H-7 の位置を 3.7 m のスパンの間をずらしていくと、C 点の荷重が変化し、全体がバランスして、C の荷重が 0 になる H-7 の位置が 1 箇所ある。C 点にかかる荷重は、ソフトを使うか、手計算の方法で計算する。

❻ ハンガ H-8 と H-9 は 150A の管にある。取合点 B の荷重は 0 にするという要求がある。H-9 を B の真上に持ってくれば、容易に B の荷重を 0 にできる。このハンガ位置は B に接続する垂直管とそこにあるバルブの荷重によって生じる垂直荷重を消してくれる。もしも、H-9 が建屋構造のうえから上記位置に設置できない場合は、B の垂直管にできるだけ近く設置し、H-9 と B 垂直管の間の片持梁による影響を最小限にすべきである。

H-8 は H-9 と T の間で、取付けやすい箇所に設置する。取合点 B と C の荷重は 0 にする必要があるので、原則的に H-5 から H-9 までのハンガはすべてコンスタントハンガにすべきであるが、ハンガ荷重、伸び量ともに十分小さく、変動荷重が無視できるハンガがあれば、スプリングハンガでかまわない。

12. 配管支持装置を選択し配置する

12.3 リジットハンガのエッセンス

> **このシートの要旨**
> リジットハンガは、垂直の伸びを拘束する。したがって、下方向拘束のレストレイントの機能も果たすが、この場合は自重に加えて、熱膨張反力をハンガ荷重に加える。若干の垂直伸びを拘束しても、配管、ロッド、機器の強度がもてばリジットが使える。

❶ どんなところに使うか

リジットハンガは、配管の重量を支えるもので、上から吊る場合は鋼材のロッド（丸棒）、下から支える場合は鋼材のスタンション（スタンドのこと）が使われる。これらは垂直方向に延び縮みしないので、通常、配管に垂直方向の動きがない、あるいはあっても小さいところに使われる。すなわち、運転温度がほぼ常温のライン用であるが、高温配管であっても、垂直方向の変位が十分小さい箇所は使える。

図 12.3.1 に代表的なリジットハンガを示す。

❷ リジットハンガの特徴と採用上の注意

① リジッドハンガの荷重は通常、計算された荷重をもとにして選定、設計してよい。しかし、もしも熱膨張により垂直方向伸びを止めるレストレイントとしてリジットハンガを使う場合は、フレキシビリティ解析を行い、その位置の選定と荷重には特別の注意を払う必要がある。

② スプリングハンガやコンスタントハンガに比べると、振動や揺れを防止する効果がある。

③ 許容荷重内で、スプリングハンガの転移荷重や、コンスタントハンガ負担荷重と実際荷重の乖離分を負担できる。ハンガロッドの安全係数は大きく、たとえば8以上にとる。

④ 大径、あるいは厚肉の剛性の高い管は、垂直変位量が小さくても、それを拘束すると大きな力が出ることに注意を払う。

⑤ ターンバックルの不適切な調整で、支持荷重が大きく変わることがあるので注意。

⑥ 図 12.3.1 の上段右端のような2本吊の場合、仮に1本だけになっても強度的に問題ないようにする。

❸ 熱膨張を拘束される小径配管に対する評価

外径 D の小径管の軸直角方向の移動量 Y に対し、最初の軸直角方向拘束点までの必要概算距離 L（図 12.3.3 の①）は次式より求められる。

$$L = 770 \sqrt{\frac{Y \times D}{\sigma_a}} \qquad 式(12.3.1)$$

ここに、L、Y、D の単位は〔mm〕、σ_a は管の許容応力〔N/mm²〕。

―〔例 題〕―

図 12.3.2 のような運転温度150℃、口径150A の配管があって、H-1 をリジットハンガとして、H-2、H-3、H-4 のハンガ形式を決めたいが、できるだけコストの安いリジットハンガを採用したい。

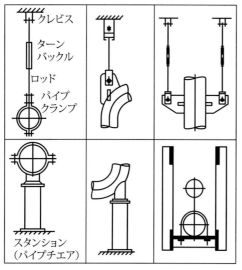

図 12.3.1　リジットハンガの各種形状

12.3 リジットハンガのエッセンス

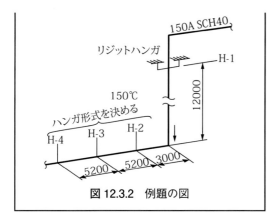

図 12.3.2 例題の図

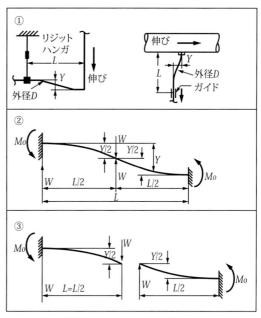

図 12.3.3 ガイド付片持梁

垂直管が H-1（リジット）を起点にどれだけ下に伸びるかを計算する。常温から 150 ℃ までの膨張係数は約 0.0015、したがって、12000 × 0.0015 = 18 mm 下へ伸びる。垂直管より最初のリジットハンガまでの最小距離は式(12.3.1)より、

$$L = 770\sqrt{\frac{Y \times D}{\sigma_a}} = 770\sqrt{\frac{18 \times 165}{102}}$$

$$= 4150 \text{ mm}$$

したがって、H-2 をリジットハンガにするには、位置を垂直管よりもっと離す必要があり、もしも位置を変えられないのなら、スプリングハンガにする必要がある。

H-3、H-4 はリジットハンガでよい（ロッド荷重を評価のこと）。H-3 がリジットハンガになるので、H-2 の伸びは単純な比例計算で、

$$18 \times (5200/8200) \fallingdotseq 12 \text{ mm}$$

となる。

H-2 は、これに若干の余裕をみたトラベルのスプリングハンガを選ぶ。

〔参考〕式(12.3.1)はどのようにして導かれるか

図 12.3.3 ①に示すように管が管軸直角方向（ラテラルな方向）に Y だけ変形するとき、"梁の変形"は、図②のように模擬できる。この梁はガイド付片持梁と呼ばれ、図③の２つの片持ち梁の自由端（変位は２つの梁に等分割され、おのおの $Y/2$ となる）を接触させたものに等しい。その左側の梁を取り出し、長さ $l = L/2$ の梁の自由端に荷重 W がかかったときの変位 $y = Y/2$ とすると、次の関係式が成り立つ。

$$M_0 = W \cdot l, \quad y = W \cdot l^3/3EI$$

両式より W を消去し、

$$M_0 = 3EI \cdot y/l^2 \quad \text{式}(12.3.2)$$

ここに、EI は曲げ剛性といわれるもので、E は管の縦弾性係数〔N/mm²〕、梁を管に置き換え、I は管の断面二次モーメントである。管の固定端に発生する曲げ応力 σ（管における最大値）は、

$$\sigma = M_0/[I/(D/2)] \quad \text{式}(12.3.3)$$

式(12.3.2)と式(12.3.3)より、M_0 を消去すれば、I も消えて、式(12.3.4)となる。D は管外径。

$$\sigma = \frac{3E \cdot y \cdot D}{2l^2} \quad \text{式}(12.3.4)$$

$y = Y/2$、$l = L/2$ であるから、式(12.3.4)は下記の式(12.3.5)となる。

$$\sigma = \frac{3E \cdot Y \cdot D}{L^2} \quad \text{式}(12.3.5)$$

管の許容応力範囲を σ_a とすれば、最大許容スパンは、

$$L = \sqrt{\frac{3E \cdot Y \cdot D}{\sigma_a}}$$

鋼管の場合、概略 $E = 2 \times 10^5$ N/mm² とすれば、前記の式(12.3.1)を得る。

12. 配管支持装置を選択し配置する

12.4 スプリングハンガのエッセンス

> **このシートの要旨**
> スプリングハンガで注意すべきは、配管熱膨張によりサポートしている管が垂直方向に変位した場合（その変位量をトラベルという）、変位量×ばね定数 の変動荷重を生じ、それを転移荷重としてほかのサポートや接続機器が負担することである。

1 構造と特徴

スプリングハンガには、図 12.4.1 に示すようなハンガタイプとサポートタイプがある。

ハンガタイプはケースの中に収めたコイルスプリングの上にハンガ荷重を受けるスプリング座を置き、そこから長さ調整用のターンバックルを介して、配管荷重のかかるロッドを支持する構造である。サポートタイプはスプリング座の上にロードコラムを介し、ロードフランジの上に配管荷重を載せる構造である。

運転温度による垂直方向の変位（トラベルという）があるところに使うが、変位の大きさにより、コンスタントハンガと守備範囲を分かつ。

図 12.4.2 のように管が垂直方向に移動する量、ばねが伸縮し、ハンガ荷重は垂直移動量 δ とばね定数 k を掛けた $k\delta$ 変化する。

設計荷重に対する荷重変動率は下式で表され、20 ～ 25 % 程度で使われることが多い。

$$\frac{運転時支持荷重 - 冷間時支持荷重}{設計支持荷重} \times 100$$

配管荷重は変わらないので、変化した荷重は

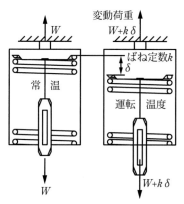

図 12.4.2　スプリングハンガの変動荷重

接続する機器や隣接のハンガの荷重に影響を及ぼし、また管に付加的な応力を生じさせる。

ばね定数が大きくなると、リジッドハンガの特性に近づいていき、配管に大きな熱応力を生じさせることになる。

ばね定数の小さいスプリングハンガを使えば、コンスタントハンガに近づいていき、変動荷重が小さくなり、熱応力の増加を抑えることができる。ただし、コストは高くなる。

2 スプリングハンガの採用上の注意

ハンガの荷重調整は、一般に運転時にハンガ支持荷重が設計荷重になるように現場で調整するので、転移荷重は設計温度以外の温度、代表的なものは、運転停止時の常温時に発生する。

転移荷重による付加される配管の応力と機器や構造物への配管反力がそれぞれの許容値内である必要がある。ハンガメーカでは、荷重変動率の異なる（つまり、ばね定数の異なる）標準品を 3 ～ 5 種類程度準備しているので、その中から、仕様にマッチしたものを選択する。

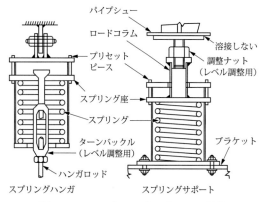

図 12.4.1　スプリングサポートの形式

12.5 コンスタントハンガのエッセンス

> **このシートの要旨** コンスタントハンガで注意すべきは、支持荷重がトラベルに関係なく一定のため、ハンガ設計荷重が実際の荷重と異なった場合、その差をほかのサポートや固定点で負担しなければならないことである。したがって、リジットやスプリングハンガを混用すること。

1 構造と特徴

垂直方向の伸び、縮みの全範囲にわたり支持荷重が一定のハンガである。

その仕組みは各種あるが、一般的な方法としては、ばねとリンク機構の組合せにより、トラベルに関係なく近似的にコンスタントな荷重を発生する機構としている。

すなわち、図 12.5.1 のように、［ばね力 F と、L 形クランクのピボットまでの距離 S との積］と［ハンガ荷重 W とピボットまでの距離 L の積］が常にほぼ等しくなるようにハンガを設計し、配管の垂直方向の移動に対し荷重をほぼ一定としている。

コンスタントハンガは、重要な配管系の、垂直変位により、支持荷重が変動する（同時に、他のサポートに荷重が転移する）のを避けたい箇所、あるいは目安として垂直方向に 12.7 mm 以上の伸びのある箇所に使用される。

図 12.5.2 のⒶはハンガ支持荷重が支持すべき配管荷重と等しい場合であるが、もしも実際には、支持荷重より配管荷重が 2 kN ずつ大きかった場合、スプリングハンガはⒷのように配管の下方へのたわみにより、ばねが余計に圧縮し、支持荷重が増え、配管荷重とバランスをと

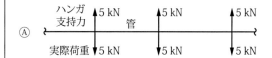
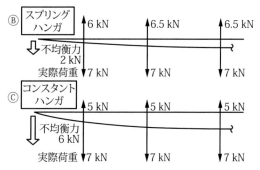

図 12.5.2 コンスタントハンガによる不均衡力

ろうとする「自己均衡性」があるが、コンスタントハンガは一定の荷重しか支持できないので、設計支持荷重が実際の荷重と異なった場合は、その差を不均衡力としてほかのハンガ（コンスタントハンガ以外）や機器ノズルに負担させることになる（図 12.5.2 のⒸ）。

したがって、コンスタントハンガは支持荷重の正確な計算が必要となる。

また、不均衡力が生じた場合に備え、必ずリジットハンガやスプリングハンガと併用して使用することが肝要である。

なお、支持荷重の変更が必要な場合は、荷重調整ボルトをスパナで回すことにより、最小 ± 10 %から、場合によっては ± 20 %の調整が可能である。

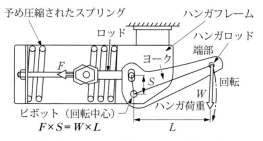

図 12.5.1 コンスタントハンガの機構

$F \times S = W \times L$

12. 配管支持装置を選択し配置する

12.6 ばね式防振器のエッセンス

> **このシートの要旨**
> ばねの力により配管振動を制限する。ばね2個のタイプは、両側のばねを圧縮してセットしておく（プリロードという）と、2倍のばね定数の制限力が働く。熱移動で動いても制限力が働き、それはほかの固定点に反力として現れるので、熱移動の少ないところに設ける。

1 ばね式防振器の特徴と構造

外部から配管に伝わってくる、あるいは配管自身で起こる振動や振れを制限するためのサポートである。

ばね式防振器は油圧防振器などと異なり、ゆっくりした熱膨張変位に対しても、反力を生じるので、熱膨張変位の少ない箇所に設置する。

ばね式防振器は、ばね1個のタイプと2個のタイプがあるが、ここでは、ばね2個の場合について説明する（図12.6.1参照）。（ばね1個の防振器は文献⑫の206頁参照）。

スライドする内筒、外筒と2個のコイルばねから成り、内筒の一端はクレビスにつながり、壁などに固定、外筒の一端は振動する管のクランプに接続する。内筒の他端にはリングが取り付けられ、これは、その両側にあるばねの固定点となる。

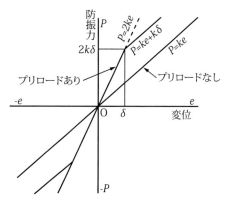

図12.6.2 ばね2個式防振器の性能

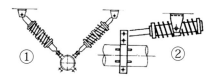

図12.6.3 ばね式防振器の設置

2 ばね式防振器の特性

両側にあるばねを圧縮してセットしておく（「プリロード」するという）と、その圧縮量以内の振幅では、ばねは2倍のばね定数として働き、振幅が圧縮量を超えた範囲では、ばね1個のばね定数となる。

図12.6.2は、ばね式防振器の特性図であるが、横軸は管の変位量（ばねたわみ量）、縦軸はある変位量のとき発生する力（防振力）である。

3 ばね式防振器の設置

配管の振動方向は一般に1つではないので、振動を止めるには図12.6.3の①ように、軸直角方向に2個のばね防振器を直交させて設置する。軸方向振動がある場合は、図12.6.3の②のように、軸方向にばね式防振器を設置する。

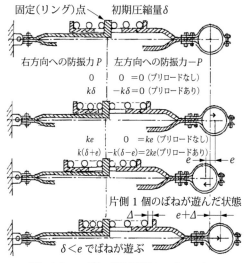

図12.6.1 ばね式防振器のメカニズム

12.7 油圧防振器のエッセンス

> **このシートの要旨** 配管の変位に直結するピストンと、ピストンの動きを抑制する油から成る構成で、周期が短く振幅は比較的大きな、地震動や安全弁作動時の配管の振れを拘束し、配管熱膨張のようなゆっくりした変位は拘束しない防振器である。

1 油圧防振器とは

油圧防振器はオイルスナッバともいう。

耐震用や安全弁が吹いたとき発生する衝撃力を和らげるために使われる。熱膨張のようなゆっくりした動きには抵抗を示さず、地震動のように速い動きを拘束する。

耐震用の油圧防振器の構造のあらましを図12.7.1に、作動原理を図12.7.2に示す。油圧防振器の場合、バルブが閉まる時間遅れのため、1mm程度以下の振幅の振動は止めることができないので、通常の配管振動に対しては向かない。

2 耐震用油圧防振器の原理と性能

耐震用の油圧防振器は、配管と連動するピストンが振動時に油の充填されたシリンダ内を移動。シリンダ両側から油アキュムレータを繋ぐ各回路にブリード溝付のポペット弁を設置。ポペット弁はばねで開になっており、ゆっくりしたピストンの移動には抵抗力を持たない。急激な動きに対し発生する流体抵抗による差圧により、弁が閉まり、抵抗力を発揮する。ブリード溝により、遅い動きは拘束しない。

油圧防振器の性能線図を図12.7.3に示す。

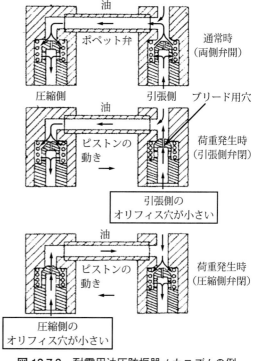

図12.7.2 耐震用油圧防振器メカニズムの例

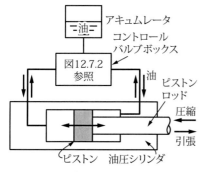

図12.7.1 油圧防振器の構造概念図

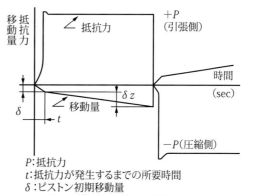

P：抵抗力
t：抵抗力が発生するまでの所要時間
δ：ピストン初期移動量
δz：ブリード溝によるピストン移動量

図12.7.3 耐震用油圧防振器の性能線図

12. 配管支持装置を選択し配置する

12.8 メカニカル防振器のエッセンス

> **このシートの要旨**
> 配管変位に対する特性と、使用目的は、油圧防振器と似ているが、変位特性を得るのに、メンテナンスを必要とする油を使わず、機械的な慣性力によっているところが大きく異なる。メンテナンスフリーを要望される原子力プラントで使われる。安全弁用には使われない。

1 メカニカル防振器の構造と特徴

メカニカル防振器は原子力発電所の配管の耐震用として開発されたものである。

すなわち、オイルスナッバには、放射線に長期間さらされると、劣化が懸念される有機化合物である作動油やシール材が使われている。

メカニカル防振器は、機構的に機械部品で構成されているため、劣化の心配がない。

メカニカル防振器全体の構造を図 12.8.1 に、本装置の心臓部であるボールナットとボールねじの拡大図を図 12.8.2 に示す。また、フライホール（センターの穴部にボールナットが加工されている）とボールねじの関係のみを図 12.8.3

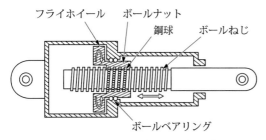

図 12.8.1 メカニカル防振器の全体構造図

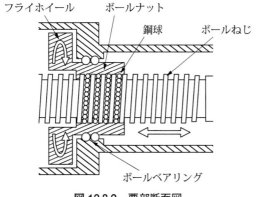

図 12.8.2 要部断面図

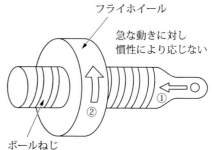

① 直線運動を回転運動に変える働き

図 12.8.3 フライホイールとボールねじの関係

に示す。

配管変位による直線運動をフライホイールの回転運動に変える、すなわち、配管の動きによる防振器の軸方向の動きはボールねじとボールナットにより直線運動から回転運動に変換され、フライホイールを回転させる構造になっている。

ゆっくりした軸方向の動きにはフライホイールが追従して回転するが、速い動きに対しては、フライホイールの慣性モーメントがブレーキとして働き、動きに対する抵抗力となる。

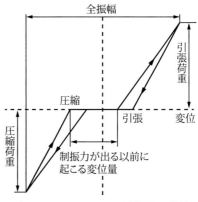

図 12.8.4 メカニカル防振器の特性

12.9 レストレイントのエッセンス

> **このシートの要旨**　配管の熱膨張、地震動、強制振動などの動きや振幅を拘束するための、床、柱、梁などをベースに、ロッドや鋼材を組んだものをいう。拘束の仕方により、完全固定のアンカ、ある方向の動きのみ拘束または制限するガイド、ストップ、などがある。

1 レストレイントとは

　レストレイントはロッドや鋼材などを使い、配管の途中に、次のような目的のため設置されるサポートの一種である。

　「配管の熱膨張による荷重を受ける」、「移動を制限する」、「振動の振幅を制限する」、「配管の途中で前後の配管の力学的影響を断ち切る（アンカ）」など。

2 レスレイントの目的

　レストレイントは次のような具体的な目的のために設けられる。

① 配管の剛性を高め、耐震性を高める
② 機器ノズルへの過大な配管反力が防ぐ
③ 伸びによる干渉を防ぐため、伸びに制限を与える
④ 伸縮管継手と接続する配管との間の心ずれを防ぐためのガイド
⑤ 配管耐震応力解析等の解析モデルを分割するためのアンカ

3 レストレイントの種類

　代表的なレストレイントを**図 12.9.1**に示す。

① **ロッドレストレイント**：両端に球面軸受のピンを持ち、長さを調整できる円柱状をしており、引張、圧縮両方の荷重に耐えられる。近くに形鋼などの構造物がないとき、採用される。

　図 12.9.1 ①のように2個組み合わせると、ストップの機能を持たせられる。なお、リジットハンガは、管が上方への動きがある場合は、ロッドが座屈してしまうため、レストレイントを兼用することはできない。

② **ラインストップ**：管軸方向のプラス、マ

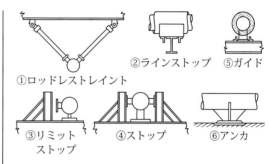

図 12.9.1　各種のレストレント

イナス方向を拘束する。

③ **リミットストップ**：動ける距離を限定するストップ。図 12.9.1 ③は管軸直角方向のストップだが、管軸方向のリミットストップもある。

④ **ストップ**：管軸直角方向の動きを制限。プラス、マイナス両側を制限するのが一般的。

⑤ **ガイド**：管軸方向の動きはフリーとし、軸直角方向の動きを拘束する。

⑥ **アンカ**：6方向（移動3方向、回転3方向）すべてを拘束する。アンカによりフレキシビリティ解析や耐震解析の系を切り離せる。

　一般にレストレイントは、管の半径方向の熱膨張により、管のラグプレートとレストレイントの鋼材面が固着するのを防ぐため、その間に1.5 mm程度の隙間を設ける。

　レストレイントにかかる荷重は、熱膨張や地震時の荷重だけでなく、たとえば摩擦で梁やレストレイントに蓄えられた力が、突然開放されたときとか、水撃が起こったときなど、不測の荷重に対しても考慮しておく必要がある。これらによる力はおおむね、管の剛性、すなわち管口径と厚さが大きくなると大きくなるので、管径別の最小荷重を決めておくことも必要である。

付表8　よく使われる略号

略　号	英　文	和　文
BL	Blind Flange	閉止フランジ
B. L	Battery Limit	プラント境界
BOP	Bottom of Pipe	管底部エレベーション
BW	Butt Weld	突合せ溶接
Con. Red	Concentric Reduser	同心レジューサ
DN	Nominal Diameter	呼び径（mm系の場合）
Ecc. Red	Eccentric Reduser	偏心レジューサ
EL	elevation	エレベーション
ES	Short Radius Elbow	ショートエルボ
Exp. J	Expansion Joint	伸縮管継手
FF	Flat Face	全面座
FOB	Flat of Bottom	底部が平ら
FOT	Flat of Top	頂部が平ら
GL	Ground Level	地表レベル
H. L	High Level	高水位
H. H. L	High High Level	高高水位
LC	Level Controller	レベルコントローラ
LG	Level Gauge	レベルゲージ
L. L	Low level	低水位
MF	Male and Female	（フランジの）嵌め込み形座
Min.	Minimum	最小限とすること
Min. XX	Minimum XX	XX以上のこと
MT	Magnetic Particle Tesing	磁粉探傷試験
N. L	Normal Level	正常水位
NPS	Nominal Pipe Size	呼び径（in系の場合）
P. P	Personal Protection	火傷防止
PT	Penetrant Testing	浸透探傷試験
RF	Raised Face	平面座
RJ	Ring Joint Face	リングジョイント
RT	Radiographic Testing	放射線透過探傷試験
SOH	Slip on Hub	ハブフランジ
SOP	Slip on Plate	板フランジ
SW	Socket Weld	ソケット溶接
TG	Tongue and Groove	（フランジの）溝形座
TL	Tangent Line	タンジェントライン
TOB	Top of Beam	梁上面
TOP	Top of Pipe	パイプ頂部エレベーション
TR	Threaded	ねじ込み
UT	Ultrasonic Testing	超音波探傷試験
VT	Visual Testing	目視試験
WN	Welding Neck	ネックフランジ

第13章

ポンプ・配管系を実際に設計する

　ここでは、簡単なポンプ・配管系の設計過程をほぼ最初の段階から、ほぼ最終段階まで（配管レイアウトは除く）をどのように進めていくのか、実際に計算、評価することを体験する。
　評価、計算はすべて手計算によっているので、その過程がよく感得できるものと思う。説明を読んだだけでは、実地に課題にぶつかったとき、得てして係数や物性値をどこから持ってくるのかわからないなど、遂行をはばむ幾つかの障害にぶつかることがあるものである。実際の処理過程を追体験することにより、そのような障害が減少することが期待される。

13. ポンプ・配管系を実際に設計する

13 ポンプ－配管系を設計する

> **このシートの目的**
> 最終章では、あるポンプ－配管系を想定し、その仕様から管サイズを決定、管強度、並びに配管フレキシビリティを評価し、保温厚さを決定し、サポートの配置計画を行い、本書で学んだことを実際に使えるようにする。

13.1 実習のはじめに

かつて、計算尺がエンジニアのシンボルの時代があった。計算尺はいろいろな意味で、エンジニアリングセンスを磨くのに役立った。

それが、電卓に代わり、瞬く間に技術計算の多くがパソコンに変わった。パソコンを使っての計算は、I/P から O/P に短絡し、その途中経過はブラックボックス化してしまい、考えたり、試行錯誤したりするプロセスを奪ってしまった。その結果、「考えるエンジニア」の育成を困難なものとしている。

この章において、ひとつの簡単な設計課題に対し、その課題をどのように遂行していくのか、手計算により泥くさく、追ってみる。

13.2 課題の説明

配管技術者である貴方は今、図13.1 の配管線図に示されたポンプ－配管系の配管を設計し

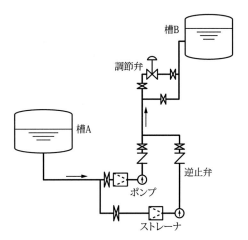

図 13.1 課題の配管系の配管線図

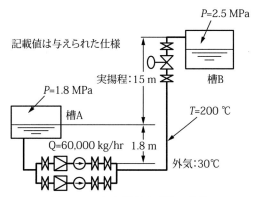

図 13.2 水力的関連寸法・仕様

ようとしている。この系に与えられた仕様を図13.2 に示す。

すなわち、この設備に与えられた仕様は、1階にある内圧設計 1.8 MPa の槽 A から3階にある内圧設計 2.5 MPa の槽 B にポンプで水を移送しようとするものである。水の温度 200 ℃、外気温度 30 ℃、槽 A と槽 B の水位差は 15 m とする。2 台のポンプのうちの1台は予備とする。

以上の条件のもとに、以下の課題を順次遂行していく。

〔課　題〕

① 上記ポンプ入口、出口の管サイズを仮決めする。

② 「当たらずとも遠からず」の配管ルートを想定し、圧力損失を計算し、管口径を決定する。

③ 圧力損失、実揚程などからポンプの全揚程と有効 NPSH を算出し、ポンプ仕様を決める。

④ ポンプ Q-H 座標上に流量抵抗曲線を描く。

⑤ ポンプ吸込み、吐出管の設計圧力・温度

を決定する。
⑥ 管材質を選び、必要肉厚を計算し、呼び厚さを決め、管の発注仕様を決める。
⑦ 簡易配管フレキシビリティ評価式により、フレキシビリティが十分かチェックする。
⑧ 保温の厚さを決定する。
⑨ サポート配置を決め、サポート荷重を求める。

13.3 管口径を仮決めする

13.3.1 「標準流速」という標準

先ず管内流速が、「標準流速」の前後になる管径を選ぶ。

「標準流速」とは、配管用途から、また振動や不安定な流れにならない流速、想定外の減肉をしない流速など、長きにわたる運転経験から割り出し、決められたものである。

標準流速は、企業が自分のところの独自の「標準流速」をもっている場合はそれを使い、もっ

表13.1 適正管内流速（文献⑮より）

	名 称	流 速〔m/s〕
蒸気	飽和蒸気	25～35
	高圧蒸気	40～60
	低圧蒸気	60～80
	負圧蒸気（Vacuum）	100～200
給水	ピストンポンプの吸込管	0.5～1
	ピストンポンプの吐出管	1～2
	渦巻きポンプの吸込管	2～2.5
	低圧渦巻きポンプの吐出管	2.5～3
	高圧渦巻きポンプの吐出管	3～3.5
空気	低圧空気	12～15
	高圧空気	20～25
	送風機吸込管	10～15
	送風機吐出管	15～20
	コンプレッサ吸込管	10～20
	コンプレッサ低圧吐出管	20～30
	コンプレッサ高圧吐出管	10～20
ガス	燃焼ガス	10～30
	天然ガス	0.5～0.8
油	燃料油	0.3～2.0

表13.2 標準流速の一例（文献③より）

用 途 Service Condition	適正流速〔m/s〕Reasonable Velocity
ボイラ給水	2.4～4.6
ポンプ吸込み、排水	1.2～2.1
一般用途	1.2～3.0
市水	～2.1

てない場合は文献に出ているものを参考にする。

一般に標準流速は、口径に比例して速くなる傾向があり（理由は2.6節❶参照）、口径と関連づけた標準流速も存在するが、ここに紹介する標準流速の例（表13.1、表13.2）は口径で標準流速を分けていない。

流速4～5m/sを超えるものは、水質（pHや溶存酸素量）や流体温度によっては、また流速4m/s以下でも流れの乱れるところは、FACなどにより減肉することがあるので、それら状況も勘案して適正流速を選ばねばならない。

なお、大規模な配管系においては、管のサイジング（管口径を決めること）をする方法として、ポンプ、配管系の年間総経費が最小となる、"経済的"管径を選ぶ方法がある。

これは、ポンプと管路系を合わせた年間総経費が最小となる口径を経済的口径として、選択する方法である。年間当たりの総経費は、〔（上屋を含むポンプ設備と管路系設備の）建設費の原価償却費、運転費用（電力代）、建設費年率、維持補修費、など〕の合計である。

たとえば、配管設備を抑えるために配管口径を小さくすると、流速が上がり圧力損失が増え、これに打ち勝って水を送るポンプの設備費と動力費が上がる。配管とポンプの設備費、動力費、を加えたものは、どこかに最小となるとろがあり、その最小のときの管径が経済的口径である。

この方法の具体的なやり方は文献⑬、⑭、⑯などに出ている。

経済的口径で決めた口径も、その流速が「標準流速」の範囲内にあるか、確認しておく。

13.3.2 標準流速から管径を仮決めする

本課題では、ポンプ吸込管は1.0m/s、ポンプ吐出管は2.5m/sとして、この付近の流速を

13. ポンプ・配管系を実際に設計する

満たす管内径を求める。

温度200℃の水の飽和圧力は、日本機械学会蒸気表より1,555 MPa絶対圧である。図13.2に示された状況から、配管の損失水頭による圧力低下を見込んでも、この系の最低圧力は、この流体の飽和圧力、1,454 MPaゲージ圧より高く、管内でのフラッシュ（減圧による蒸発現象）を起こさないと予測できるので、損失水頭の計算は水で計算する。

蒸気表より、温度200℃の水の密度は、圧力を2.5 MPaとして、0.00116 m³/kgである。

したがって管内の毎秒当たりの体積流量Qは、
$Q = (60,000 \times 0.00116)/3600 = 0.0193$ m³/s

流速1 m/sと流速2.5 m/sに該当する管内断面積Sと管内径D_iを求める。

流速1 m/sの場合の必要断面積
$S = 0.0193/1.0 = 0.0193$ m²
$S = (\pi/4)D_i^2$ より、
$D_i = \sqrt{(4/\pi)S} = \sqrt{(4/3.14)0.0193}$
$= 0.156$ m

流速2.5 m/sの場合の必要断面積
$S = 0.0193/2.5 = 0.00772$ m²
$D_i = \sqrt{(4/\pi)S} = \sqrt{(4/3.14)0.0772}$
$= 0.0992$ m

圧力、温度条件からいって、管は炭素鋼鋼管で、厚さはSch.40でいけると判断がつく（5.7節**3**参照）。

上記の内径に近いSch.40の管を付表1（p.20）より探す。上記内径に近い管の呼び径は、

- 吸込管：150A、Sch.40（外径165.2 mm、厚さ7.1 mm、内径151.0 mm、内断面積0.0179 m²）、流速は1.1 m/s
- 吐出管：100A、Sch.40（外径114.3 mm、厚さ6.0 mm、内径102.3 mm、内断面積0.00821 m²、流速は2.35 m/s）

流速もリーズナブルなので、
- ポンプ吸込管：150A Sch.40
- ポンプ吐出管：100A、Sch.40

として、作業を進める。

13.4 損失水頭算出とポンプ要項決定

13.4.1 損失水頭の計算式

次のステップとして、13.3.節で決めた管サイズで管に生じる損失水頭を計算する。

ここで、損失水頭を求める必要な理由をおさらいすると、

① ポンプ吸込管と吐出管の合計損失水頭を求め、ポンプを発注するために必要なポンプ全揚程を出すため。
② ポンプ吸込管の有効NPSHが、ポンプの必要NPSHより大きいことを確認するため。

損失水頭は次式を使って計算する。

$$h_L = \left(f\frac{L}{D} + \Sigma K\right)\left(\frac{V^2}{2g}\right) \quad \text{または、}$$

$$h_L = \left(f\frac{L}{D} + f_T \Sigma \frac{Le}{D}\right)\left(\frac{V^2}{2g}\right)$$

括弧内左側の第1項は直管部の圧力損失、第2項は複数の管継手やバルブ類の圧力損失の合計を計算する項である。

ここに、

h_L：損失水頭〔m〕
f：管摩擦係数
L：直管部の長さ〔m〕
D：管内径〔m〕
K：管継手、バルブ類の抵抗係数
f_T：完全乱流域の管摩擦係数
Le/D：管継手、バルブ類の管径対比相当直管長さ（無次元）

$K = f_T \dfrac{Le}{D}$の関係あり（2.7節参照）。

〔注〕表13.4ではf, f_Tはf, fTと記されている

13.4.2 スケルトン図により管長・管継手数を出す

損失水頭を出すためには、管径ごとの直管長さと、管継手、バルブ類、ストレーナ、調節弁、の種類と各個数が必要である。

これら数量を出すためには、概略にせよ配管ルートを設定する必要がある。この時点では、配管ルートがまだ決まっていないのが普通なので、P&ID、機器配置図、建屋図などから、配管ルートや、バルブ、調節弁の置く場所などを

13.4 損失水頭算出とポンプ要項決定

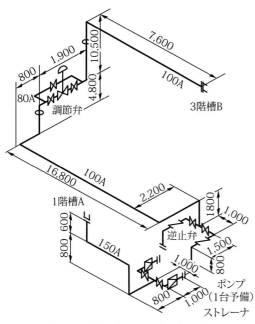

図 13.3 ポンプ-配管系スケルトン

表 13.3 直管長さとコンポーネントの種類と数

ポンプ吸込管		ポンプ吐出管	
品　目	数量×面間〔mm〕	品　目	数量×面間〔mm〕
150A 直管	4,200-2,100 =2,100	100A 直管	49,700-3,300 =46,400
ロングエルボ	4×229	ロングエルボ	9×152
T(90°曲がり)	1×286	T(90°曲がり)	1×210
仕切弁	1×457	T（直進）	2×210
ストレーナ	1×440	仕切り弁	3×305
		スイング逆止弁	1×290
		調節弁	1×300

スタディして決め、それをアイソメ図（スケルトンともいう）に表す（**図 13.3**）。平面・立面図でなく、アイソメ図にするのは、そのほうが数量をカウントしやすいためである。

図 13.3 より、直管長さと配管コンポーネント（構成品）の数を拾うと**表 13.3**のようになる。

管継手、一般弁などの抵抗係数は、文献④などによる（必要最小限のものを文献④から**表 13.4** に引き込んである）。

ストレーナ、調節弁、その他、特殊なものはその製品メーカに問い合わせる。損失は、水柱高さや C_V 値（調節弁の場合）で与えられる場合もある。C_V 値で与えられた場合は、これを抵抗係数、または損失水頭に換算する。

管継手、バルブ類の延べ相当直管長さ ΣLe 〔m〕が総直管長さ L〔m〕に比し、小さい場合、L のカウントは曲がりの角と角の距離の総計とする（すなわち、管継手、バルブ類の面間を0とする）が、この課題のように、延べ相当直管長さが全体長さのかなりの部分を占める場合は、表 13.3 のように面間距離を差し引いて直管長さを出す。

13.4.3 損失水頭を計算する

課題の損失計算を、表 13.4 のフォームシートに従い進めていく。フォームシートは上から、流体の状態、配管仕様、配管コンポーネントの損失に関するデータ、流れの様相、損失水頭の計算とまとめ、槽の諸元、ポンプ要項の計算、の順となっている。すなわち、フォームシートの前のほうの 3/4 で配管の損失水頭を、後の方の 1/4 でポンプの有効 NPSH と全揚程を計算する。

1本の配管ラインに、異なる管径の管がある場合は、流速やレイノルズ数などが異なるので、表 13.4 の例のように列を分け、管径ごとに損失を計算し、さらに別の列でそれらを合計する（管が並列の場合はやり方が異なる（3.3 節の❷ (p.51) 参照）。

フォームシートを上のほうから、該当する箇所を順次埋めていけば、計算結果にたどり着く。

本課題の損失水頭の合計は、⑫において 15.3 m となっている。

13.4.4 ポンプ有効 NPSH と全揚程の計算

表 13.4 の⑭から以降はポンプに関係する要項の計算をしている。

この計算について、幾つかのポイントを挙げておく。

❶ ポンプの全揚程は次式で計算される。全揚程とは、「ポンプが流体に与える全水頭」のことで、次のような水頭から構成される。

　ポンプ全揚程＝（吐出側槽の圧力水頭
　　－吸込み側槽の圧力水頭）＋吸込槽から
　　吐出槽へ汲み上げる高さ（実揚程）

13. ポンプ・配管系を実際に設計する

表 13.4 配管損失水頭・ポンプ全揚程 計算フォームシート

	圧力損失計算（Crane社方式）			吸込側	吐出側	ポンプ揚程 吸込＋吐出
	タイトル：ポンプー配管系		計算区分			
	流体の種類（気体／液体）			水	水	
	流体の状態	運転温度	[℃]	200	200	
①		質量流量	[kg/h]	60,000	60,000	
②		体積流量（m³/h@運転温度）①÷③		69.6	69.6	
③		密度（kg/m³@運転温度）		862	862	
④		粘度（欄外下を参照）	[cp]	0.14	0.14	
	配管仕様	管外径	[mm]	165.2	114.3	
		管肉厚	[mm]	7.1	6	
⑤		管内径	[mm]	151	102.3	
⑥		管表面粗さ	[mm]	0.05	0.05	
		相対粗度 ⑥÷⑤		0.00033	0.00049	
	Kで評価する配管要素と数量					
		直管長さ	[m]	2.1	46.4	
	管継手	90°LE	[K=14ft]	4	9	
		90°SE	[K=20ft]			
		レデューサ	[K=]			
		T（直角曲がり）	[K=60ft]	1	1	
		T（直線流れ）	[K=20ft]		2	
	弁	仕切弁	[K=8ft]	1	3	
		ボール弁	[K=3ft]			
		玉形弁	[K=340ft]			
		逆止弁	[K=100ft]		1	
		バタフライ弁	[K=]			
		管入口	[K=0.5]	1		
		管出口	[K=1.0]		1	
⑦		配管要素のKの合計		2.42	6.78	
	損失水頭で評価する要素と損失					
*		調整弁	[Δh=m]		6	
*		ストレーナ	[Δh=m]	5		
*		その他、熱交換器、流量計など	[Δh=m]			
⑧	流れの諸元	流速	[m/s]	0.99	2.35	
		レイノルズ数 ⑤×⑧×③÷④		9.3×10⁵	14.8×10⁵	
		流れの様相（層流、遷移流、乱流）		遷移流	遷移流	
		管摩擦係数	[f]	0.016	0.017	
		完全乱流域における管摩擦係数	[ft]	0.0155	0.0165	
	圧力損失計算結果					
⑨		直管部損失水頭	[m]	0.012	2.18	
⑩		⑦配管要素の損失水頭	[m]	0.123	1.91	
⑪		＊の合計	[m]	5	6	
⑫		合計損失水頭 ⑨＋⑩＋⑪	[m]	5.2	10.1	A　15.3
⑬		合計圧力損失 ⑫×③×(9.8÷1,000)	[kPa]	44	87	
	槽の諸元					
⑭		槽内圧力	[kPa]	1,800	2,500	
⑮		⑭の水頭換算値 102×⑭÷③	[m]	213	296	差：B 296−213＝83
⑯		吸込槽内蒸気圧力	[kPa]	1,554		
⑰		⑯の水頭換算値 102×⑯÷③	[m]	184		
⑱		槽水位（or配管レベル）−ポンプセンタレベル	[m]	1.8	16.8	差：C　15
	ポンプ要項の計算					
⑲		吐出押込水頭 ⑫＋⑮＋⑱	[m]		323.1	
⑳		有効NPSH⑮＋(10,330÷③)＋⑱−⑫−⑰	[m]	37		
		ポンプ計算全揚程	[m]			A＋B＋C　114
		ポンプマージン	[m]			D（≒10%）　10
		ポンプ全揚程（選定）	[m]			A＋B＋C＋D　124

参考：動粘度 [m²/s] ×密度 [kg/m³] ＝粘度 [cp＝MPa×s]

13.5 ポンプ全揚程曲線とシステム抵抗曲線

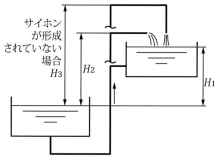

図 13.4 実揚程 H の実際

＋速度水頭＋配管損失水頭

❷ 図 13.4 のように、吐出槽入口管の状況により実揚程が異なってくる。吐出槽の水面以下の槽に吐出される場合は、吸込槽の水位から吐出槽の水位までの高さ H_1 が「実揚程」となる。

吐出槽水位より上で吐出される（すなわち、水は落下して水面に到る）場合は、吸込み槽水位から吐出する口のレベルまでの高さ H_2 が実揚程となる。吐出口が水面より上で、かつ吐出口の手前が逆 U 字管になっている場合、サイホンが形成されなければ、吸込み槽水位から逆 U 字管頂部の高さ H_3 が実揚程となる。

❸ ポンプメーカに与える全揚程は、計算された全揚程に若干のマージンをつける。

❹ ポンプ内でキャビテーション（ポンプ内で起こる圧力降下により、ポンプ内でフラッシュ現象を起こしボイドを発生、そのボイドがインペラによる昇圧で潰れたとき、メタルが潰食をおこすこと）が起こらないように、有効 NPSH＞必要 NPSH であることを確認する（3.5 節参照）。

有効 NPSH は、次のように計算される（3.5 節❸参照、p.55）。

有効 NPSH＝吸込槽内圧の水頭換算値（大気圧の場合は 10.33 m）
　　　　＋（吸込槽最低水位－ポンプ基準レベル）
　　　　－（吸込槽からポンプ間の損失水頭）
　　　　－（流体温度における蒸気圧換算水頭）

である。この課題では、表 13.4 の⑳に示された 37 m である。

必要 NPSH はポンプメーカから与えられる。

また、ポンプメーカに与えるポンプ全揚程は、表 13.4 最下段の行に示された 124 m である。

13.5 ポンプ全揚程曲線とシステム抵抗曲線

13.4 節でポンプの主要な仕様が決められた。これらを含めたポンプ仕様により、ポンプをメーカに発注する。

一般には、メーカから発注者へ提出される見積図書の中に、ポンプの予想性能曲線と必要 NPSH（NPSH3））が含まれている。

必要 NPSH に余裕を考慮した数値が本章 13.4.4 項で計算した有効 NPSH より小さければ、ポンプ内でのキャビテーションは起こらない。もし、有効 NPSH のほうが小さければ、有効 NPSH を高める算段（吸込槽の水位を上げるとか、ポンプ基準レベルを下げるとか、など）を講じなければならない。

予想性能曲線は、流量（単位 m³/min）を横軸に、全揚程（単位 m）を縦軸に、ポンプの全揚程、効率、軸動力、電流などを縦軸に、それぞれの目盛をとって示している。

流量 0 のところの全揚程は、締切り時のポンプ全揚程を示している。このとき、流量、すなわち流速は 0 だから、管路内での損失は 0 である。

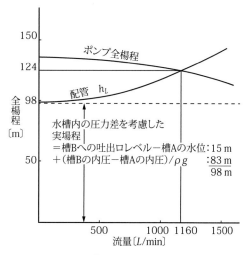

図 13.5　全揚程－システム抵抗曲線

13. ポンプ・配管系を実際に設計する

同じ座標上の縦軸に、管路の圧力損失水頭を、横軸に、そのときの流量を表したのが、システム抵抗曲線である。

損失水頭は、一般にダルシーの式で表せる（本書 2.4 節 & 2.7 節参照）。

$$h_L = f\frac{L}{D}\frac{V^2}{2g} = K\frac{V^2}{2g} = K\frac{8Q^2}{\pi^2 D^4}$$

　　（直管）　　（管継手、弁）

記号の説明は 2.4 節（p.27）を参照されたい。K がレイノルズ数に対し一定であれば、流速が変わっても一定。したがって、h_L、すなわちシステム抵抗曲線は流量の 2 乗に比例した曲線となる。

K がレイノルズ数の影響を受けない完全乱流域（ムーディ線図で右の方の摩擦損失係数 f がフラットなところ）においては、この状態になる。層流域や、層流域と完全乱流域の間にある遷移域においては、f がレイノルズ数、すなわち流速の増加とともに若干減少するので、その影響により、流量の 2 乗よりやや低めとなる。

一般には、ポンプ性能曲線に重ねてシステム抵抗曲線を乗せるときは、便宜上、流量の 2 乗曲線として描く。

図 13.5 に、システム抵抗曲線 h_L と本課題に該当するポンプ全揚程曲線を示す。通常、性能曲線に含まれる効率、軸出力、電流、などのカーブは省略した。

図 13.5 の水平の破線は、2 つの水槽内の圧力差を考慮した実揚程を示しており、この破線上の流量 0 の点より、二次曲線のシステム抵抗曲線は立ち上がっていく。

たとえば、流量 500 L/min のところで、垂直に線を立ち上げ、その垂直線とポンプ全揚程のカーブの交点の水頭と、垂直線とシステム抵抗曲線の交点の水頭との差は約 28 m の水頭差があるが、ポンプにより 500 L/min の流量を得ようと思えば、この水頭差が圧力損失として発生するよう、調節弁により調整するか、調節弁のバイパス弁（口径が小さい）を手動で調節するかする。

表 13.5　設計 / 運転条件

条件 / 状態	その他の 呼び方	定　義	何に使うか
設計 圧力	最高使用圧力 最大常用圧力	運転中に 超えない圧力	強度計算、 安全弁吹出し 圧力
設計 温度	最高使用温度	運転中に 超えない温度	強度計算の 許容応力、 配管フレキシ ビリティ解析
運転 圧力		通常運転時の 圧力	
運転 温度		通常運転時の 温度	保温厚さ計算、 配管フレキシ ビリティ解析

13.6　設計圧力、温度の決定

配管コンポーネントを設計するには、**表 13.5** に示すようなそのラインの設計圧力 / 温度、運転圧力 / 運転温度が必要である。

設計条件は、運転中にその値を超えることのない圧力、温度であり、各配管ラインの運転特性を十分理解したうえで、リーズナブルに決定するもので、その決め方はそのラインごとに異なる。本系統では、図 13.6 のように設計圧力を区分する。すなわち、ポンプ吐出側は、

① ポンプ出口より調節弁出口弁まで、
② 調節弁出口弁より吐出槽まで、

の 2 区分。また吸込み側は、

③ ポンプ吸込槽よりポンプまで、

の 1 区分とする。

ポンプ入口弁とポンプ間には、③の設計圧力を吹き出し圧力とする逃がし弁を設け、ポンプ入口弁閉の状態でポンプ出口側から逆流した場合に備えるものとする。

❶ ポンプ出口より調節弁出口弁までの設計圧力

本系統のように、管路途中に調節弁がある場合、調節弁の出口弁が全閉された場合を想定し、ポンプより調節弁出口弁までを設計圧力の区画とし、もっとも高い圧力となるポンプ締切運転時の圧力を設計圧力とする。

ポンプ予想性能曲線における締切圧力（出口

13.7 材質の選定

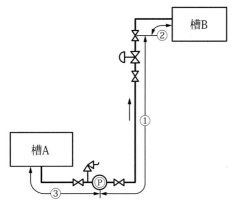

図 13.6 設計圧力の区分

表 13.6 設計圧力・温度まとめ

	設計圧力〔MPa〕	設計温度〔℃〕
ポンプ吸い込み槽よりポンプまで	1.83	220
ポンプ出口より調節弁出口弁まで	3.22	220
調節弁出口弁よりポンプ吐出槽まで	2.80	220

弁全閉時、すなわち流量 0 のときの圧力）に、ポンプの製造誤差を考え（この段階で得るポンプ性能曲線は、注文したポンプを実際に試験して得られた曲線ではない）、ここでは、5％上乗せするものとする。締め切り時の圧力は次式で計算できる。

　当該ラインの設計圧力 ＝ {(ポンプ締切揚程相当圧力)×1.05} ＋ポンプ入口圧力

上式の第 1 項は、図 13.5 の性能曲線より、流量 0 の締切圧力に相当する水頭を読めば、135 m。これに 5％を上乗せし、135×1.05 ≒ 142 m。

水の密度として、密度がもっとも重くなる 4 ℃の 1000 kg/m³ をとれば、液柱の単位面積当たりの荷重、すなわち 142 m の水頭に相当する圧力は、

　　142×1000×9.81＝1400000 m (kg/m³) (m/s²)
　　　　　　　＝ 1400000 N/m² ＝ 1.40 MPa

設計圧力は、これに第 2 項のポンプ入口圧力 1.82 MPa を加え、

　　1.40＋1.82 ＝ 3.22 MPa

となる。

設計圧力の計算時の端数処理は安全サイドをとらなければならないから、常に端数は切り上げる。

また、当該ラインの設計温度は、この場合は上流側の機器、1 階にある吸込槽の設計温度をとり、それに 20 ℃上乗せした温度とする。

したがって、設計温度は 220 ℃となる。

❷ **調節弁出口弁より吐出槽までの設計圧力**
この区間の設計圧力は、
　ポンプ出口槽設計圧力＋(調節弁出口弁〜ポンプ出口槽の圧力損失)
となるが、この圧力は、❶の区間の圧力より低くなるので、ここでは計算を省略する。

❸ **ポンプ吸込槽よりポンプまでの設計圧力**
当該ラインのポンプ吸込み側の設計圧力は、
　設計圧力 ＝ {吸込槽の設計圧力＋(吸込槽最高水位レベル－ポンプ基準レベル)}
の換算圧力で計算される。（吸込槽最高水位レベル－ポンプ基準レベル）を 3 m とすれば、
　吸込管の設計圧力 ＝
　　$(1.8 + 3 \times 1000 \times 9.81/10^6) = 1.83$ MPa
設計温度は本系統全ライン、220 ℃とする。
まとめれば、**表 13.6** のようになる。

13.7 材質の選定

材質は、使用条件である、設計圧力、設計温度、流体の種類、流れの容態などにより決定されるが、これらをパラメータとした各社が持っている「材料選定標準」や「配管クラス」から、決められる場合が多い。

ここでは、1.1 節の図 1.1.3 (p.11) を参考に、材質を JIS G 3454 圧力配管用炭素鋼鋼管の中から、STPG370S（末尾の S は継目なしを意味する）を選ぶ。さて、鋼管の厚さを決めるスケジュール番号、すなわち Sch.No であるが、5.7 節の式 (5.7.1) (p.89)

$$\text{Sch.No} = \frac{1000P}{S}$$

で当たりをつける。
ここに、P：内圧力〔MPa〕、S：許容引張応

13. ポンプ・配管系を実際に設計する

力〔N/mm^2〕、本系統で、圧力の高いほうのポンプ出口管は、$P = 3.90$ MPa、$S = 106$ (N/mm^2 安全係数 3.5) であるから、

$$\text{Sch.No} = \frac{1000 \times 3.9}{106} = 37$$

これは、Sch.37 を意味し、強度的に Sch.40 でいけるはずである。

150A 吸込管、100A 吐出管、ともに STPG370、Sch.40 で計画を進める。

13.8 管の強度計算

管強度計算の例として、吐出管 100A の内圧に対する強度計算を行う。内圧に対し、管の厚さは Sch.40 で十分収まると考えられる。

管の強度計算式は、基準、code、により差異がある。ここでは、5.3節の式(5.3.5)(JIS B 8201 の式)により、必要厚さを求める。

$$t = \frac{PD}{2SE + 2kP} + A \quad \text{式 (13.1)}$$

ここに、記号は 5.3 節と同じで、

P：3.90 MPa、S：106 N/mm^2 であり、また

E：長手継手の溶接効率（この場合、継目なしだから 1.0）

k：温度で変わる係数（この場合は、温度 220℃ であるから 0.4）

A：腐れ代を含む付け代で、ここで 1.0 mm とする

これらの数値を式 (13.1) に算入、必要厚さ t は、

$$t = \frac{3.90 \times 114.3}{2 \times 106 \times 1.0 + 2 \times 0.4 \times 3.90} + 1.0$$
$$= 3.08 \text{ mm}$$

上記必要厚さは、使用する鋼管の製造上のばらつきで、もっとも薄くなり得る厚さより、小さい必要がある。

JIS G 3454 より、100A、Sch.40 の呼び肉厚は 6.0 mm、また製造上の負の厚さ公差は、呼び厚さの -12.5 % である。

したがって、製造上、もっとも薄くなる可能性のある厚さ t_{min} は、

$$t_{min} = 6.0 \times (1.0 - 0.125) = 5.25 \text{ mm}$$
$$t_{min} = 5.25 \text{ mm} > t = 3.08 \text{ mm}$$

負の厚さを考えた最小厚さが必要な厚さより厚いので、STPG370S、100A、Sch.40 を採用できる。

なお、溶接後に放射線透過試験を要求される場合は、合否の判定に支障のないように、溶接開先合せ部のルート部内径の食違いをなくすため、開先部内面を切削加工する場合があるが、その場合でも、その加工した部分の厚さが、必要厚さを割ってはいけない。ここでは、放射線透過試験を要しないので、内径削りは不要とする。

13.9 配管熱膨張に対する簡易評価

通常、配管は機器ノズルに接続されており、特に伸縮管継手を設けていない場合は、配管の熱膨張を配管自身で吸収しなければならない。

熱膨張量を配管のたわみによって吸収すると、配管には熱膨張応力が発生する。配管熱膨張、あるいは配管固定端の移動（機器の熱移動などに起因）により配管に発生する熱応力範囲は、熱膨張許容応力範囲以下になければならない。（熱応力範囲の意味は 6.1 節 (p.94) および 6.3 節 (p.99) 参照）。

課題配管の、ポンプ出口配管のフレキシビリティを、6.2 節の式 (6.2.1) (p.97) を用いて、判定する。

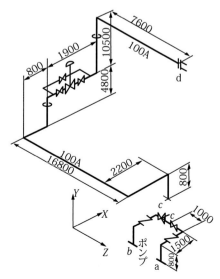

図 13.7　配管熱膨張応力簡易評価用アイソメ図

$$\frac{DY}{(L-U)^2} \leq 208000 \frac{S_A}{E_c} \quad \text{式 (13.2)}$$

記号の説明は本書6.2節を参照のこと。

式（13.2）の左辺が、小さいほどフレキシビリティのある配管であることを表し、右辺はコンピュータ解析を省略してよい限界値が、

$$208000 \frac{S_A}{E_c}$$

であるといっている。

さて、ポンプ出口配管のアイソメ図（図13.3の一部と同一）を図13.7に示すが、この配管は、固定端が3箇所あるので6.2節の**2**（p.97）の「アンカは2箇所のみ」という点を満足していないので、簡易評価式が使えない。さらに調節弁まわりのバイパスはループ配管で、簡易評価式では評価できない。

しかし、ここでは図13.7に見るようにcに固定サポートを設けたとして、c点をアンカとし、3つの配管、a-c、c-b、とc-d、に分割して考えてみる。また、ループ配管に対しては、調整弁のバイパス管が本管より口径が細く（バイパス管のサイズ80A）、またその長さも全体の長さに比し、短いので、バイパス管を無視する。

❶ 配管 a-c（b-c）のフレキシビリティ簡易評価

バルブ類は管とみなしてしまう（バルブは管より、厚肉で剛性があるので、管に置き換えると、フレキシビリティが増すことになる）。C-D間は全体長さに比しバルブの累積長さは短いので、ほとんどこの影響はないと思われるが、a-c間、b-c間は多少影響があるかもしれない）。

単位長さ当たり熱膨張量：炭素鋼の室温から220℃までの平均熱膨張係数は、

12.44×10^{-6} mm/mm℃

式（13.2）の各変数は以下のようになる。

$D = 114.3$ mm、$L = 0.8 + 1.5 + 1 = 3.3$ m
$U = \sqrt{x^2 + y^2 + z^2}$
  $= \sqrt{1.5^2 + 0.8^2 + 1.0^2} = \sqrt{3.89} = 1.97$ m
$Y = 1970 \times 12.44 \times 10^{-6}(220-20) = 4.97$ mm
$E_c = 2 \times 10^{11}$ N/m² $= 2 \times 10^8$ kPa
$S_c = S_h = 106$ N/mm²

$S_A = f(1.25 S_c + 0.25 S_h)$
   $= 1.0(1.25 \times 106 + 0.25 \times 106) = 159$ N/mm²
   $= 1.59 \times 10^5$ kPa

$$\frac{DY}{(L-U)^2} = \frac{114.3 \times 4.97}{(3.3 - 1.97)^2} = \frac{568}{1.76}$$
$$= 321 > 208000 \frac{1.59 \times 10^5}{2 \times 10^8} = 165$$

簡易評価式ではフレキシビリティが満足しない。しかし、a-c-bという配管にして、cを固定しなければ、途中経過は省略するが、

$$\frac{DY}{(L-U)^2} = \frac{114.3 \times 4.98}{(6.6 - 2.0)^2} = \frac{569}{21.1}$$
$$= 26.9 \leq 165$$

となって、簡易評価式で、十分なフレキシビリティをもつ。

❷ 配管 c-d 間のフレキシビリティ簡易評価

$D = 114.3$ mm
$L = 1.8 + 2.2 + 16.8 + 0.8 + 4.8 + 1.9 + 10.5 + 7.6$
  $= 46.4$ m
$U = \sqrt{x^2 + y^2 + z^2}$
  $= \sqrt{0.5^2 + 17.1^2 + 9.2^2} = \sqrt{377} = 19.4$ m
$Y = 19.4 \times 12.44 \times 10^{-6}(220-20) = 48.3$ mm

$$\frac{DY}{(L-U)^2} = \frac{114.3 \times 48.3}{(46.4 - 19.4)^2} = \frac{5520}{729}$$
$$= 7.58 \leq 165$$

かなり余裕があり、熱応力的に問題なし。

しかし、この系統のフレキシビリティ評価はコンピュータの解析を待たなければならない。

コンピュータ解析した場合、Cに固定サポートを置いた場合は、A-CおよびC-B間が応力的に許容応力振幅を満たさない可能性が大きいように思われ、Cをフリーとして、ポンプ出口配管を一体としてコンピュータ解析をすれば、フレキシビリティを満足すると思われる。

13.10 保温厚さの決定

13.10.1 保温厚さの決定方針

本課題設計の最終ステップとして、ハンガ計画を行うが、ハンガ支持荷重を出すためには配管自重が必要である。配管自重は管の荷重に保

13. ポンプ・配管系を実際に設計する

温材の荷重を加えたものであるから、ここで、保温の計画を行う。なお本来は、保温外径は管の口径の数倍になることもあり、保温外径をもって配管ルートの干渉をチェックする必要があるので、各配管ラインの保温厚さは配管レイアウト開始前に決めておくべきものである。

保温の厚さを決める場合、与えられる仕様として次のような3つのケースがある。
(1) 経済的保温厚さ
(2) 単位面積当たりの放散熱量
(3) 保温外表面の温度制限

熱損失を減らす目的で保温する場合は(1)または(2)、火傷防止の目的の場合は(3)、によることが多い。

(1)の経済的保温厚さというのは、「放散熱量に相当する燃料費の1か年分の合計と保温工事に要した費用の1年当たりの償却費の和(総経費)が最小になる保温厚さにする方法である。

(2)の単位面積当たりの放散熱量を仕様として与える場合は、むだとなるエネルギー損失を抑え、屋内であれば部屋の温度を調整する空調設備能力の適正化と関係があるであろう。プラント事業者は、自社の標準放散熱量を決めていて、それをもって指定する場合も多い。

(3)の火傷防止は、配管に触っても火傷をしない保温厚さで、通常60℃程度に設定される。

ここでは(2)の、単位面積当たりの許容放散熱量で計算する。

保温厚さの計算方法は、JIS A 9501「保温保冷工事施工標準」とその解説に、計算式、諸データ、諸係数、そして例題が出ているのでこれによるのがよい。

(1)、(3)で、仕様が与えられる場合は、上記JISを参照し、実施されたい。(3)の方法は上記JISの解説に例題が載っている。(1)の方法は手計算でやるには煩雑である。本課題では(2)の方法によることとする。

保温材質はよく使われるものとして、ケイ酸カルシュームとロックウールがある。

これら保温材の熱伝導率、密度などは上記JISに掲載されている。

13.10.2 保温厚さを決める計算手順と計算式

単位面積当たりの放散熱量を既定値以下に納める保温厚さを計算する手順を説明する。

一般に保温材の厚さは20、25、30、35、40、…のように5mmピッチとなっているので、たとえば35mmでは仕様の放散熱量を超え、40mmでは仕様の放散熱量未満の場合は、40mmを保温厚さとして採用する。

なお、管に保温材がある場合、流体と管(金属)の間の熱伝達および管の熱伝導の抵抗は、保温材の熱伝導および保温材と外気の熱伝達の抵抗(表面熱抵抗)に比し十分小さいので、JIS A 9501においては、省略をしてもよいことになっている。

計算手順は次のとおり(記号は**表 13.7**参照)。
① 許容放散熱量 q 〔W/m²〕が仕様として与えられる
② 保温外表面と外気との熱伝達率 h_{se} を決める。熱伝達率 h_{se} は、JIS A 9501 に平面や管の「対流による表面熱伝達率」が載っており、さらに参考として、その算出例が

表 13.7 記号の説明

記号	単位	記号の意味するもの
q	W/m²	放散熱量
q_l	W/m	放散熱量(管の場合)
h_{se}	W/(m²・K)	保温外表面と外気との熱伝達率
θ	℃	λの計算に使用する保温材の温度
$\theta_{se} = \theta_2$	℃	保温外表面温度
θ_a	℃	外気温度
θ_1	℃	内部流体温度
λ_m	W/(m・K)	保温材の平均熱伝導率
λ	W/(m・K)	保温材の熱伝導率 = $f(\theta)$
R_{T1}	m・K/W	全体の熱抵抗
R_1	m・K/W	保温材の熱抵抗
R_{1e}	m・K/W	表面熱抵抗
D	m	管口径
d	m	保温材厚さ
D_e	m	保温外径 = $D + 2d$

13.10 保温厚さの決定

載っている。放散熱量から保温厚さを決める計算では、熱伝達率 h_{se} は結果にあまり影響しないので、切りのよい 10 W/(m²·K) をとってもよい。

③ 保温外表面温度 θ_{se} を式 (13.4) (JIS A 9501 の (4) 式) によって計算する。

$$\theta_{se} = \frac{q}{h_{se}} + \theta_a \text{℃} \qquad 式 (13.4)$$

④ 保温材の熱伝導率 λ_m を式 (13.5) により求める

保温材の熱伝導率 λ は、温度によって変わるので (温度が高くなると、熱伝導率がよくなる、すなわち保温性能が悪くなる)、温度の関数として、$\lambda = f(\theta)$ で表される。

保温計算に使用する熱伝導率は対数平均温度を使う。

$$\lambda_m = \frac{1}{\theta_1 - \theta_2} \int_{\theta_1}^{\theta_2} f(\theta) d\theta \text{ W/(m·K)} \quad 式 (13.5)$$

⑤ 保温外径 D_e は式 (13.6) により求める。

$$D_e \ln \frac{D_e}{D} = \frac{2\lambda_m}{h_{es}} = \frac{\theta_1 - \theta_2}{\theta_{se} - \theta_a} \text{ m} \quad 式 (13.6)$$

式 (13.6) 左辺の保温外径 ($D_e = D + 2d$) m を変化させることにより、左辺の値が右辺の値に等しくなる保温外径を求める。その際、管口径 D と右辺の値 (すなわち $D_e \ln D_e/D$) とから、保温厚さ d が求められる便利な表が JIS A 9501 の解説に出ており (抜粋したものを、**表 13.8** に示す)、その表を利用すると簡単に保温厚さが求められる。

保温厚さは 5 mm ピッチの厚さの中から選択する。ここで、求められる保温厚さは 5 mm ピッチで切り上げられた厚さであるから、通常は、実際の放散熱量も表面温度も、仕様の値、または計算値以下となる。そこで、5 mm ピッチの保温厚さを採用したとき、その保温厚さの放散熱量と表面温度を計算しておくのもよい。そのための計算式を以下に示す。

保温材の熱伝導および保温材の表面熱抵抗を合わせた全体抵抗を求める式:

$$\begin{aligned}
全体抵抗 R_{T1} &= R_1 + R_{1e} \\
&= \ln(D_e/D)/(2 \times \pi \times \lambda_m) \\
&\quad + 1/(h_{se} \times \pi \times D_e) \text{ m·K/W} \\
&\qquad\qquad 式 (13.7)
\end{aligned}$$

式 (13.7) の全体抵抗 R_{T1} を使って、管の放散熱量を求める式:

$$q_l = \frac{\theta_1 - \theta_a}{R_{T1}} \text{ W/m} \qquad 式 (13.8)$$

管の保温外表面温度 θ_{se} を求める式:

$$\theta_{se} = \frac{q_1}{h_{se} \cdot \pi \cdot D_e} + \theta_a \text{ W/m} \qquad 式 (13.9)$$

式 (13.9) は式 (13.4) より導き出せる。

13.10.3 実際に保温厚さを計算する

本課題配管の保温厚さを計算する。

保温厚さを決めるために、まず管の仕様を確認する。

管口径 D は 165.2 mm (ポンプ吸込管) と 114.3 mm (ポンプ出口管) の 2 種類があり、内部流体温度 θ_1 は 200 ℃ (運転温度)、外気温度 θ_a は 30 ℃ である。

表 13.8　$D_e \ln(D_e/D)$ の値

[mm]	10A	15A	20A	25A	32A	40A	50A	65A	80A	100A	125A	150A	[mm]
20	0.0686	0.0645	0.0608	0.0576	0.0547	0.0532	0.0510	0.0490	0.0479	0.0463	0.0452	0.0445	20
25	0.0914	0.0857	0.0805	0.0760	0.0719	0.0698	0.0666	0.0637	0.0620	0.0596	0.0580	0.0569	25
30	0.1157	0.1083	0.1016	0.0956	0.0901	0.0873	0.0830	0.0791	0.0768	0.0735	0.0713	0.0698	30
35	0.1413	0.1322	0.1238	0.1163	0.1094	0.1058	0.1003	0.0952	0.0922	0.0880	0.0852	0.0831	35
40	0.1680	0.1571	0.1470	0.1379	0.1295	0.1251	0.1184	0.1121	0.1083	0.1031	0.0995	0.0968	40
45	0.1958	0.1830	0.1712	0.1604	0.1505	0.1452	0.1372	0.1296	0.1250	0.1186	0.1142	0.1110	45
50	0.2245	0.2098	0.1962	0.1838	0.1722	0.1661	0.1566	0.1477	0.1423	0.1347	0.1294	0.1255	50
55	0.2541	0.2375	0.2220	0.2079	0.1946	0.1876	0.1767	0.1663	0.1601	0.1512	0.1450	0.1404	55
60	0.2844	0.2659	0.2486	0.2326	0.2176	0.2097	0.1973	0.1855	0.1784	0.1682	0.1610	0.1557	60
65	0.3155	0.2950	0.2758	0.2581	0.2413	0.2325	0.2185	0.2052	0.1856	0.1774	0.1714	0.1971	65
70	0.3472	0.3248	0.3036	0.2841	0.2656	0.2557	0.2402	0.2254	0.2164	0.2034	0.1941	0.1873	70
75	0.3796	0.3552	0.3321	0.3107	0.2904	0.2796	0.2625	0.2460	0.2360	0.2216	0.2113	0.2036	75
80	0.4126	0.3861	0.3611	0.3379	0.3157	0.3039	0.2852	0.2671	0.2561	0.2401	0.2287	0.2203	80

(以下続く)　　　　　　　　　　　　　　　　　　　　(出典: JIS A 501　保温保冷工事施工標準および解説)

13. ポンプ・配管系を実際に設計する

保温仕様として、単位面積当たり放散熱量 q：200 W/m² 以下が与えられたとする（一般に 200 W/m² 前後の放散熱量が与えられることが多い）。また、使用保温材はケイ酸カルシウムとし、その熱伝導率の式は、温度が 0 ℃以上、300 ℃以下の場合、JIS A 9501 において、

$$\lambda = 0.0407 + 1.28 \times 10^{-4} \times \theta \ [\mathrm{W/(m \cdot K)}]$$

で与えられる。

その他の保温材の λ の式についても、JIS A 9501 を参照。

保温外表面と外気との熱伝達率 h_{se} は、10 W/(m²·K) とする。

求めるものは、与えられた放散熱量を満足する保温厚さと表面温度（表面温度に制約条件はない）である。

❶ 口径 150A の管の保温厚さと表面温度の計算

① 保温外表面温度 θ_{se} を式（13.4）によって計算する。

$$\theta_{se} = \frac{q}{h_{se}} + \theta_a = \frac{200}{10} + 30 = 50 \ \mathrm{℃}$$

② 保温材の熱伝導率 λ_m を式（13.5）により求める。

式（13.5）において、$\theta_2 = \theta_{se}$ である。

$$\lambda_m = \frac{1}{\theta_1 - \theta_2} \int_{\theta_2}^{\theta_1} f(\theta) d\theta$$

$$= \frac{1}{200 - 50} \int_{50}^{200} (0.0407 + 1.28 \times 10^{-4} \theta) d\theta$$

$$= \frac{1}{150} \left\{ 0.0407 [\theta]_{50}^{200} + 1.28 \times 10^{-4} \left[\frac{\theta^2}{2}\right]_{50}^{200} \right\}$$

$$= 0.0407 + 1.28 \times 10^{-4} \left(\frac{200 + 50}{2}\right)$$

$$= 0.0567 \ \mathrm{W/(m \cdot K)}$$

③ 保温厚さは式（13.6）により求める。

$$D_e \ln \frac{D_e}{D} = \frac{2 \lambda_m}{h_{se}} \times \frac{\theta_1 - \theta_2}{\theta_{se} - \theta_a}$$

$$= \frac{2 \times 0.0567}{10} \times \frac{200 - 50}{50 - 30} = 0.0850 \ \mathrm{m}$$

表 13.8 より、管口径 150A の欄を上か下へ 0.0850 を探していくと、表左端の数字が保温厚さであるが、保温厚さ 35 mm では、0.0831 で、0.0850 を満たしておらず、保温厚さ 40 mm では、0.0968 で、0.0850 を満たしていることがわかる。

したがって、保温材厚さを 40 mm とすれば、放散熱量を満足する。

以上の計算より、保温厚さ 40 mm が求まった。

さて、保温厚さ 40 mm は 5 mm ピッチの厚さで切り上げた厚さであるから、この保温厚さを使うと、放散熱量も表面温度も、仕様の値、あるいは計算値以下になるはずである。その値を出してみる。

保温厚さ 40 mm のときの全体抵抗 R_{T1} を式（13.7）を使って求める。

保温外径 D_e は、

$$D_e = 0.165 + 0.4 \times 2 = 0.245 \ \mathrm{m}$$

全体抵抗

$$\begin{aligned}
R_{T1} &= R_1 + R_{1e} = \ln(D_e/D)/(2 \times \pi \times \lambda_m) \\
&\quad + 1/(h_{se} \times \pi \times D_e) \\
&= \ln(0.245/0.165)/(2 \times \pi \times 0.0567) \\
&\quad + 1/(10 \times \pi \times 0.245) \\
&= 0.395/0.356 + 1/7.69 \\
&= 1.110 + 0.130 = 1.24 \ \mathrm{m \cdot K/W}
\end{aligned}$$

式（13.8）を使って、管の放散熱量を求める。

$$q_1 = \frac{\theta_1 - \theta_a}{R_{T1}} = \frac{200 - 30}{1.24} = 137 \ \mathrm{W/m}$$

これを q W/m² に換算する。

150A の管の 1 m 当たりの保温外表面積は、
$1 \times \pi D_e = 1 \times 3.14 \times 0.245 = 0.769 \ \mathrm{m^2/m}$

したがって、1 m² 当たりの放散熱量 q は、
$$q = 137/0.769 = 178 \ \mathrm{W/m^2}$$

また、保温表面温度は、式（13.4）より、

$$\theta_{se} = \frac{q}{h_{se}} + \theta_a = \frac{178}{10} + 30 = 47.8 \ \mathrm{℃}$$

すなわち、保温厚さ 40 mm だと、放散熱量は、178 W/m² で、もちろん仕様は満たしており、表面温度は 47.8 ℃ となる（温度が変わると、保温性能に影響する平均熱伝導度が変わるが、50 ℃ と 47.8 ℃ の差では、ほとんど変化しないので、ここでは繰り返しての計算は行わない）。

次に、保温厚さは任意の厚さにとれると仮定して、放散熱量 q：200 W/m² を満足する保温厚さを求め、そのときの保温表面温度を求める。

表 13.9　保温厚さ

保温厚さ	$D_e \ln \dfrac{D_e}{D}$
35	0.0831
?	0.0850
40	0.0968

表 13.10　保温の結果まとめ

150A 配管		
保温厚さ標準	5mm ピッチ	任意厚さ可の場合
保温厚さ〔mm〕	40	35.7
放散熱量〔W/m²〕 (仕様：200〔W/m²〕以下)	178	201
保温表面温度〔℃〕	48.7	50.1

$D_e \ln(D_e/D) = 0.0850$ m となる保温厚さを比例計算で出す。

$D_e \ln(D_e/D) = 0.0850$ の保温厚さは、表 13.9 から比例計算で、

$$\dfrac{0.0850 - 0.0831}{0.0968 - 0.0831}(40-35) + 35 = 35.7 \text{ mm}$$

このときの放散熱量を逆算してみる。
保温厚さ 35.7 mm のときの、全体抵抗厚さ R_{T1} を、式 (13.7) を使って求める。

保温外径 $D_e = D + 2d = 0.165 + 2 \times 0.0357$
$\qquad\qquad\qquad = 0.236$ mm

全体抵抗

$R_{T1} = R_1 + R_2 = \ln(D_e/D)/(2 \times \pi \times \lambda_m)$
$\qquad\qquad + 1/(h_{se} \times \pi \times D_e)$
$\qquad = \ln(0.236/0.165)/(2 \times \pi \times 0.0567)$
$\qquad\qquad + 1/(10 \times \pi \times 0.236)$
$\qquad = 0.358/0.356 + 1/7.41 = 1.006 + 0.135$
$\qquad = 1.141$ m·K/W

式 (13.8) を使って、管の放散熱量を求める。

$$q_1 = \dfrac{\theta_1 - \theta_a}{R_{T1}} = \dfrac{200 - 30}{1.141} = 149 \text{ W/m}$$

これを q〔W/m²〕に換算する。
150 A の管の 1 m 当たりの保温表面積は、

$1 \times \pi D_e = 1 \times 3.14 \times 0.236 = 0.741$ m²/m

したがって、1 m² 当たりの放散熱量 q は、
$q = 149/0.741 = 201$ W/m²

保温表面温度 θ_{se} を式 (13.9) を使って計算する。

保温表面温度

$\theta_{se} = \dfrac{q_1}{h_{se} \times \pi \times D_e} + \theta_a$

$\quad = \dfrac{149}{10 \times \pi \times 0.236} + 30 = 50.1$ ℃

保温厚さ 35.7 mm のとき、放散熱量は計算誤差があるが仕様放散熱量 200 W/m² と一致し、保温表面温度も、当初計算した 50 ℃ と一致した。

以上の計算を纏めると表 13.10 のようになる。

❷ 口径 100A の管の保温厚さの計算
① 保温表面温度 $\theta_{se} = 50$ ℃、
② 保温材の熱伝導率 $\lambda_m = 0.0567$ W/(m·K) の計算と結果は 150 A の場合と変わらない。
③ 保温厚さの式 (13.6) の式も 150A の場合と変わらない。

$D_e \ln \dfrac{D_e}{D} = 0.0850$ m

表 13.8 より、管口径 100A の欄を上から下へ 0.850 を探していくと、保温厚さ 30 mm では 0.0735 で 0.850 を満たしておらず、保温厚さ 35 mm では 0.0880 で 0.850 を満たしていることがわかる。したがって、保温厚さ標準が 5 mm ピッチであれば、仕様を満足する保温厚さは 35 mm である。

この例題の課題は、放散熱量の仕様を満足する保温厚さを求めることで、その保温を使用したときの放散熱量も、保温表面温度も求められていないので、150A の管で計算したような、この先の計算は省略する。100A の管の保温厚さは 35 mm である。

13.11　配管サポート点の選定

本課題の最終ステップとして、配管サポートの計画を行う。すなわち、サポート点を決め、各サポート点の支持荷重の近似値を手計算で出す。サポート支持荷重は、現在、パソコンの計算ソフトで処理されることがほとんどであろう。コンピュータの計算ソフトは連続した不静定梁として計算しているのに対し、手計算は配管を静定梁（注参照）に分割し、モーメントの釣合いで荷重を出す。

したがって、両者の答えは一致しない。手計

13. ポンプ・配管系を実際に設計する

算の場合は、静定梁の分割の仕方によって、支持荷重が異なってくる。異なっていても、個々の静定梁がモーメントの釣合いを満足していれば、系全体としても釣合いを保つ。

〔注〕水平一次元（直線状）の配管はサポート点を2つ、水平二次元の配管はサポート点3つを含んだのが静定梁となる。

なお、垂直管部は水平面二次元梁の集中荷重として取り扱う。またここでは、耐震と風は考えていない。

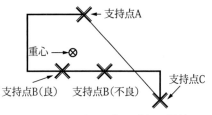

図13.8　サポート点と重心の関係

13.11.1　サポートスパン

サポートスパンは、12.1節で述べたように、

(1) 管が撓んだところにドレンがたまって、運転、保守に支障をきたさないスパン、かつ、

(2) たわみにより発生する管の長手方向応力が管材の許容応力以下になるようなスパン、をもって決められる。

温度400℃の保温配管で、許容できるたわみを2.5 mm、許容応力を15.86 MPaとして、ASME B31.1 Power Pipingで提案されたのが、12.1節の表12.1.1 (p.194) である。

ちなみに、7.5節の式(7.5.1)、式(7.5.8)を使い、許容たわみ2.5 mm、STPG370Sの許容応力106 MPaをもって、最大許容スパンを計算してみる。

本課題の100 Aの場合、1 m当たりの、
　管自重：157 N、水重量：81 N、保温重量（ケイ酸カルシウム、厚さ35 mm）：51 N、
　合計重量：289 N
　縦弾性係数 $E = 2 \times 10^{11}$ N/m^2

100 A、Sch.40のパイプの断面二次モーメント、
　$I = 3.00 \times 10^{-6}$ m^4
　断面係数 $Z = 5.25 \times 10^{-5}$ m^{-3}

許容たわみから計算すると、
$$\delta = 3w \cdot l^4 / 384EI$$
$$= 3 \times 289 \times l^4 / (384 \times 2 \times 10^{11} \times 3.00 \times 10^{-6})$$
$$= 0.0025 \text{ m}$$
より、$l = 5.1$ m

許容応力から計算すると、
$$\sigma = w \cdot l^2 / 10Z = 289 \times l^2 / 10 \times 5.25 \times 10^{-5}$$
$$= 106 \times 10^6 \text{ N/mm}^2$$

上式を解くと、$l = 13.9$ m

以上より、スパンは5.1 m以下となる。

前述のASME B31.1の提案ハンガスパン（表12.1.1）は4.3 mである。提案スパンが両端固定でやっているにも関わらず、このスパンがかなり小さいのは、温度400℃の保温重量のためかもしれない。ここでは、直管のハンガスパンを4.3 mを採用することとする。集中荷重のあるところでは、このスパンは使えないので、上記(1)、(2)を満足するよう、別途考慮しなければならない。

13.11.2　サポートの配置

① 13.11.1項で決めたサポートスパンをベースにサポート点を決める。

② 集中荷重や垂直配管のあるところは、別途、たわみ、応力などを勘案し、サポート点を決める。

③ モーメントが釣合うような位置にサポート点を選ぶ。

図13.8のように、平面的に曲がりがある場合、隣り合う3個のサポート間の配管を1つの静定梁として取り出した場合、両端のサポート点A、Cを結ぶ直線と重心点の距離よりも、第3のサポート点Bを離すこと。サポート点Bの位置が直線ACに対し、重心位置の反対にあったり、ACと重心点の間にある場合、その梁には転倒モーメントが生じ、上向きの荷重を生じるサポートと、その反動として非常に大きな下向き荷重を生じるサポートができる。とはいっても、二次元の場合、見ただけで重心位置がわかるわけではないので、モーメント釣合いの計算をして、上向きの荷重になるところが出たら、サポートポイントをずらして、サポート点

ではすべて下向き荷重になるようにする。

④ サポート点の選定にあたっては、サポートをとるための建屋の梁、柱、その他の躯体物との関係位置を考慮すること。

13.11.3 サポート荷重計算式

サポートが2つある一次元の梁は未知の荷重が2つで、垂直方向の荷重の釣合式とモーメントの釣合いの式の2つで解くことができる。

サポートが3つある二次元の梁は、垂直方向の荷重の釣合いの式と、水平の、直交する2つの軸まわりのモーメントの釣合いの式の2つの式、計3つの式で解くことができる。

二次元の梁を例に計算式を説明する。

図 13.9 の静定梁を例にサポートにかかる荷重 R_1、R_2、R_3 の式を求める。

配管の各構成部材の重量 W_i、全重量を W とすると、

$$W = \sum_{i=1}^{n} W_i \qquad 式 (13.10)$$

また、X 軸、Y 軸まわりの管重量のモーメントは次のように表される。ただし、各直管、管継手、バルブなどの重心位置の X 方向座標を a_i、Y 方向座標を b_i で示すものとする。

$$M_X = \sum_{i=1}^{n} W_i b_i 、 \quad M_Y = \sum_{i=1}^{n} W_i a_i \quad 式 (13.11)$$

ハンガ荷重を R_i とすれば、管重量とハンガ荷重は重量とモーメントにおいて互いに荷重と反力の関係にある。式で表すと、

垂直方向の釣合い：

$$W = R_1 + R_2 + R_3 \qquad 式 (13.12)$$

モーメントの釣合い：

X 軸まわり　$R_2 y_2 + R_3 y_3 = M_x$　式 (13.13)
Y 軸まわり　$R_2 x_2 + R_3 x_3 = M_y$　式 (13.14)

が成り立つ。

式 (13.13)、式 (13.14) の連立方程式で、R_2、R_3 を求め、次に式 (13.12) より R_1 求める。すなわち、

$$R_2 = \frac{y_3 M_Y - x_3 M_x}{x_2 y_3 - x_3 y_2} \qquad 式 (13.15)$$

$$R_3 = \frac{x_2 M_x - y_2 M_Y}{x_2 y_3 - x_3 y_2} \qquad 式 (13.16)$$

$$R_1 = W - (R_2 + R_3) \qquad 式 (13.17)$$

なお、ハンガ点が2箇所（両端）のみの一次元の管の場合のモーメントの釣り合いの式は、。

X 軸まわり　$R_2 y_2 = M_x$　式 (13.18)
Y 軸まわり　$R_2 x_2 = M_y$　式 (13.19)

式 (13.12) より、

$$R_1 = W - R_2 \qquad 式 (13.20)$$

また、ハンガ点が2箇所（両端）のみの一次元で、同一の管のみの場合は、

$$R_1 = R_2 = \frac{W}{2} \qquad 式 (13.21)$$

で求められる。

13.12　荷重を計算する

13.12.1　荷重データの収集

ポンプ出口管のサポート計画を行う。ポンプ出口配管のスケルトンを図 13.10 に示す。

ポンプ出口管の配管構成部材は、100A Sch.40 のパイプ、100A の仕切弁、逆止弁、調節弁、80A の玉形弁、それに厚さ 35 mm の保温材である。

バルブは圧力クラスによって、重量が変わるので、設計圧力、温度より、適正な圧力クラスを選ぶ必要がある。規格は ASMEB16.34 Valves-Flanged, Threaded, and Welding end によることとする。

13.5 節において設計圧力:3.9 MPa、設計温度:220℃と決めた。設計温度から、通常の炭素鋼、ASTM でいえば、A216 Gr WCB、あるいは A105 など、JIS 材では、SCPH2、SFVC2-A

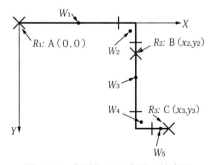

図 13.9　典型的な二次元の静定梁

13. ポンプ・配管系を実際に設計する

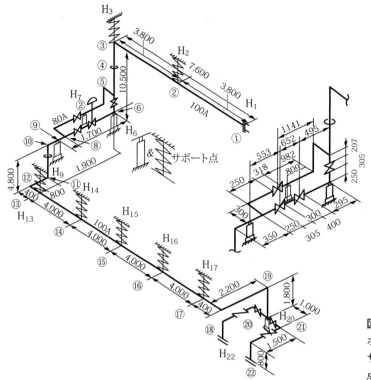

表 13.12 配管静定梁分割表

区画	範囲
I	①〜②
II	②〜③〜④
III	⑤〜⑦〜⑧ (バイパスライン)
IV	④〜⑤〜⑥〜⑧ 〜⑨〜⑩〜⑪ 〜⑫〜⑬
V	⑬〜⑭
VI	⑭〜⑮
VII	⑮〜⑯
VIII	⑯〜⑰〜⑱ 〜⑲〜⑳
IX	⑳〜㉑〜㉒

図 13.10 ポンプ吐出管サポート配置と点番号

表 13.11 配管構成部材の重量リスト

配管構成部材		重量 [N] (1m当たり)
100A 直管部	単長	157 N/m
保温材 (35 mm 厚さ)	単長	35 N/m
カラー鉄板 (0.3 t) 重量単長		13 N/m
水重量	単長	80 N/m
100A 直管部重量	単長小計	285 N/m
80A 直管部重量	単長小計	200 N/m (とする)

配管バルブ類	重量 [N] (1箇当たり)	面間 mm
100A90° ロングエルボ 水重量、保温重量込み	68	152
クラス 300、100A 仕切弁	770	305
クラス 300、100A 逆止弁	620	356
クラス 300、100A 調節弁	1000	400
クラス 300、80A 玉形弁	500	318

注:保温材、ケイ酸カルシュームの重さ 2160、バルブは保温を含んだ重量とする。

などで、材料クラスは Group 1 に該当する。

Group 1 のクラス 150 の表を読むと、耐圧的に満足しないことがわかる。Group 1 のクラス 300 では、200℃ で、43.8 bar、250℃ で、41.9 bar が許容圧力となっている。これらの数値より 230℃ の許容圧力を比例計算すると、

$$220℃の許容圧力 = 43.8 - 1.9\frac{20}{50} = 43.0 \text{ bar}$$

$$= 4.3 \text{ MPa}$$

設計圧力 3.9 MPa であるから、弁類はクラス 300 を採用できる。

クラス 300 のバルブの重量をメーカのカタログあるいは、承認図から調べる。

ここでは、表 13.11 の値とする。

13.12.2 サポート荷重の計算

図 13.3 のポンプ出口管のスケルトン図に、13.11.2 項の①〜③に従いサポート点を決め、記入し、かつポイント番号を振ったのが図 13.10 である。

なお、調節弁のバルブステーションが込み入っているので、後弁を垂直管の方に移した。

サポート荷重計算にはエルボの重心位置が必

13.12 荷重を計算する

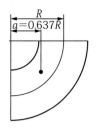

図 13.11 エルボの重心位置

要になるので、次のようにして求める。
90°ロングエルボの重心位置を図 13.11 に示すように a とすれば、

口径と厚さを無視すると、近似的に $a = 0.637\,R$、100A のロングエルボの R は 0.152 m なので $a ≒ 0.1$ m

以下の荷重計算においては、100A のエルボ面間寸法 (0.15 m) を e、エルボ端部よりエルボ重心位置までの距離 (0.1 m) を a の記号で表す。

なお、バイパスの小区画にある 80A の管は、ここでは簡略化して直角曲がりとして計算した。

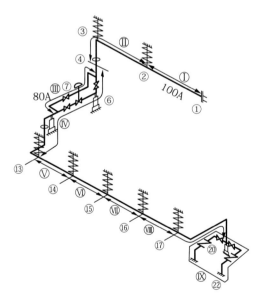

図 13.12 静定梁分割図

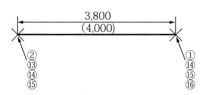

図 13.13 区画Ⅰ、Ⅴ、Ⅵ、＆Ⅶ

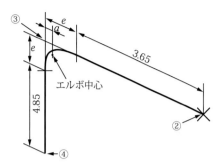

図 13.14 区画Ⅱ

サポート荷重計算をするために、ラインを静定梁に分割する。分割した区画はギリシャ数字とし、その分割区分を表 13.12、図 13.12 に示す。

サポートおよび固定点の番号はサポートなどのある点の番号の前に H をつけ、H_1 のように表し、またサポート、固定点および分岐点にかかる荷重は点番号の前に R をつけ R_1 のように表すものとする。

❶ 区画Ⅰの計算 (図 13.13)：同一管の一次元配管であるから、式 (13.21) を使う。①〜②の重量は $3.8 \times 285 = 1080$ N、したがって、

$$R_1 = R_2 = \frac{1080}{2} = 540 \text{ N}$$

❷ 点③と点⑥の間の垂直管の荷重は、サポート H_3 と H_6 で分担するものとする。分担の境界は、③から下へ 5 m のところの点④とし、点④より上の荷重は区分Ⅱ、点④から下の荷重は区画Ⅲに入れるものとする。

❸ 区画Ⅱの計算 (図 13.14)：この区画は平面的には一次元である。区画Ⅱの点②のまわりのモーメントの釣合式をたてる。

$$3.8 \times R_3 = (3.8 - 0.15)^2 \frac{285}{2} + (3.8 - 0.1) 68$$
$$+ 3.8 \times (5.0 - 0.15) 285$$
$$= 7483$$

∴ $R_3 = 1950$ N

区画Ⅱの総重量 W を求める。

$W = (3.8 + 4.85) 285 + 68 = 2530$ N

したがって、$R_2 = W - 1950$ N $= 580$ N
したがって、サポート H_2 の荷重は区画ⅠとⅡの

13. ポンプ・配管系を実際に設計する

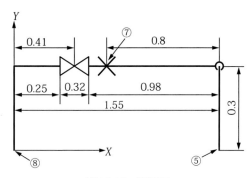

図 13.15　区画Ⅲ

$\sum R_2 = 540 + 580 = 1120 \text{ N}$　となる。

❹ 区画Ⅲの計算（図 13.15）：80A のバイパス管の区画であるが、ここでは簡略化して、便宜上、曲がりはエルボでなく直管を 90°折り曲げた形状で計算する。

$W = 200(0.3 + 0.25 + 0.982 + 0.812 + 0.3)$
$\quad + 500 = 1028 \text{ N}$

X 軸まわりのモーメント釣合いの式 (13.13) は、

$0.3R_7 = 200(0.15 \times 0.3 + 0.3 \times 0.25 + 0.3 \times 0.982$
$\quad + 0.3 \times 0.812 + 0.15 \times 0.3) + 0.3 \times 500$
$R_7 = 970 \text{ N}$

Y 軸まわりのモーメント釣合いの式 (13.14) は、

$1.55R_5 = 200(0.125 \times 0.25 + 1.059 \times 0.982$
$\quad + 1.55 \times 0.812 + 1.55 \times 0.3) + 0.409$
$\quad \times 500 - 0.75 \times 970 = 37$

$\therefore R_5 = 24 \text{ N}$

したがって、式 (13.12) は、

$R_8 = 1028 - 970 - 24 = 34 \text{ N}$

❺ 区画Ⅳの計算（図 13.16）：ここの区画では、エルボの重量はエルボの重心にあるとしてモーメントの釣合いを考える。

まず、区画Ⅳの全重量を計算する。

$W = 285 \{(5.5 - 0.3 - e) + (1.9 - 2e + 0.3 - 0.4)$
$\quad + (4.8 - 2e) + (0.8 - 2e) + (0.4 - e)\}$
$\quad + 4 \times 68 \times 2 \times 770 + 1000 + R_5 + R_8$
$= 3190 + 270 + 1540 + 1000 + 24 + 34$
$= 6060 \text{ N}$

Y 軸まわりのモーメントの釣合いの式 (13.14) は、

$2.7R_6 + 1.0R_9$
$= 2.7\{285(5.5 - 0.3 - e) + 770\} + 68(2.7 - a)$
$\quad + 2.43 \times 285 \times 0.15 + 2.2 \times 1000$
$\quad + 1.85 \times 285 \times 0.3 + 1.55 \times 770$
$\quad + 1.17 \times 285 \times 0.45 + (0.8 + a)68$
$\quad + 0.8 \times 285(4.8 - 2e) + (0.8 - a)68$
$\quad + 0.4 \times 285 \times 0.5 + a \times 68$
$= 5960 + 110 + 100 + 2200 + 160$
$\quad + 1190 + 150 + 60 + 980 + 40 + 60 + 10$
$= 11020$

X 軸まわりのモーメントの釣合いの式 (13.13) は、

$0.4(R_6 + R_9) = 0.4(6060 - 68 - 285 \times 0.25)$
$\quad + 68 \times 0.39 + 0.15 \times 285(0.4 - a)$
$= 2370 + 30 + 10 = 2410$

$2.7R_6 + R_9 = 11020$
$0.4R_6 + 0.4R_9 = 2410$

上式を解いて、

$R_6 = 2840 \text{ N}$, $R_9 = 3350 \text{ N}$

式 (13.14) より、

$R_{13} = 6060 - (2410 + 3350) = 300 \text{ N}$

❻ 区画Ⅴ，Ⅵ，Ⅶの計算（図 13.13）：
式 (13.21) より

区間Ⅴ：$R_{13} = R_{14} = \dfrac{1}{2} \times 285 \times 3.8 = 540 \text{ N}$

区間Ⅵ：$R_{14} = R_{15} = \dfrac{1}{2} \times 285 \times 4.0 = 570 \text{ N}$

区間Ⅶ：$R_{15} = R_{16} = \dfrac{1}{2} \times 285 \times 4.0 = 570 \text{ N}$

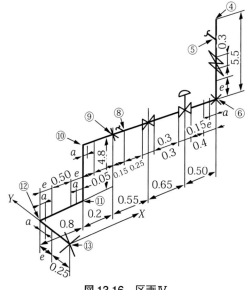

図 13.16　区画Ⅳ

13.12 荷重を計算する

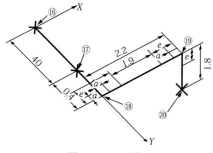

図 13.17　区間Ⅷ

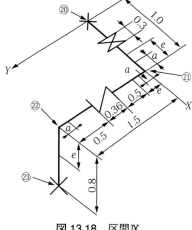

図 13.18　区間Ⅸ

❼ 区間Ⅷの計算（図 13.17）：
区間Ⅷの全重量を計算する。

$$W = 285\{(4.4-e+2.2-2e+1.8-e)+2\times 68$$
$$= 2220+140 = 2360\ \text{N}$$

X 軸まわりのモーメントの釣合い

$$4.4R_{20}+4R_{17} = 285\{4.4(1.8-e+2.2-2e)$$
$$+2.2(4.4-0.15)\}+4.4\times 68$$
$$+(4.4-0.1)68$$
$$= 285(15.6+9.35)+300+290$$
$$= 7700$$

Y 軸まわりのモーメントの釣合い、

$$2.2R_{20} = 2.2\times 285(1.8-e)+(2.2-0.1)68$$
$$+1.0\times 285\times 1.9+0.1\times 68$$
$$= 1030+140+540+10$$
$$= 1720$$

$R_{20} = 1720/2.2 = 860\ \text{N}$

❽ 区間Ⅸの計算（図 13.18）：
この区間は Y 軸に対し対称形をしているから、Y 軸まわりのモーメントは 0。したがって、片側だけの X 軸まわりのモーメントの釣合い式をたてる。R_{20} は 2 倍する。

区間Ⅸの全重量の 1/2：

$$W = 285\{(0.8-e)+(1.5-0.36-2e)$$
$$+(1.0-0.3-e)\}+620+770+2\times 68$$
$$= 580+620+770+136 = 2106$$

X 軸まわりのモーメントの釣合い、

$$1.5R_{22} = 285\{1.5(0.8-e)+1.1\times 0.5$$
$$+0.4\times 0.5\}+1.4\times 68+0.83\times 620$$
$$+0.1\times 68$$
$$= 490+100+510+10 = 1110$$

$R_{22} = 740\ \text{N}$、R_{22} は 2 箇所あるので、

$$R_{20} = 2(2106-740) = 2730\ \text{N}$$

13.12.3　計算結果のまとめ

以上の計算より、各サポートの荷重は以下のようになる。

$H_1 = R_1 = 540\ \text{N}$（固定点）
$H_2 = R_2 = 1120\ \text{N}$
$H_3 = R_3 = 1970\ \text{N}$
$H_6 = R_6 = 2410\ \text{N}$
$H_7 = R_7 = 970\ \text{N}$
$H_9 = R_9 = 3350\ \text{N}$
$H_{13} = R_{13} = (300+540) = 840\ \text{N}$
$H_{14} = R_{14} = (540+570) = 1110\ \text{N}$
$H_{15} = R_{15} = (570+570) = 1140\ \text{N}$
$H_{16} = R_{16} = (570+520) = 1090\ \text{N}$
$H_{17} = R_{17} = 980\ \text{N}$
$H_{20} = R_{20} = (860+2730) = 3590\ \text{N}$
$H_{22} = H_{23} = R_{22} = 740\ \text{N}$（固定点）

全重量約 21 kN、サポート全荷重約 21 kN、でほぼ一致する。

参考 / 引用文献

①："Process Piant Laiout and Piping Design" Ed Bausbacher, Roger Hunt 共著 PRENTICE HALL 刊
②："Design of Piping System" The M.W.Kellog Company 刊
③："Technical Paper No.410M Flow of Fluids Through Valves, Fittings, and Pipe" Metric Edition Crane Co. 1999 edition
④："Technical Paper No.410M Flow of Fluids Through Valves, Fittings, and Pipe" Metric Edition Crane Co. 2009 edition
⑤：水道協会誌 Vol.53 No.3 1984 年
⑥：P-SCC Ⅱ-4 配管減肉管理法の改良・実用化に向けた調査研究分科会成果報告書 2014 年 3 月 日本機械学会
⑦：技術基準による鋼構造の設計 佐藤邦昭著 鹿島出版会 2011 年
⑧：配管系の振動 千代田化工建設㈱ 鈴木延明 雑誌 配管技術 1985 年 3 月号
⑨：流体関連振動と対策② 千代田化工建設㈱ 松井博行 配管技術 1998 年 5 月号
⑩：事例に学ぶ流体関連振動 日本機械学会編 技報堂出版 改定版 2008 年発行
⑪：Flow assisted corrosion in carbon steel piping parameters and influences, Proc. 4th Int. Sym. Enviromental Degradation of Materials in Nuclear Power Systems Water Reactors, 9-1（1989）
⑫：配管技術 100 のポイント 西野悠司著 日刊工業新聞社
⑬：改訂版 配管設計講座 成瀬 廸、日本工業出版 1965 年刊（絶版）
⑭：配管便覧 678, 679 頁 化学工学社 1971 年刊（絶版）
⑮：同上 589 頁
⑯："Piping Design Handbook" JOHN MAcKETTA 編 831 頁 MARCEL DEKKER, INC 1992 刊
⑰："Piping and Pipeline Engineering" George A,Antaki 著
⑱："Piping Handbook" 第 7 版 McGRAW HILL 2000 年刊 B445〜449 頁
⑲：絵ときバルブ基礎のきそ 小岩井 隆著 日刊工業新聞社
⑳：Standards of Expansion Joint Manufacturers Association Inc.（米国）
㉑：配管技術研究協会誌 2006 年夏号、秋山忠司著「フレキシブルホースについて」

その他の参考文献
ASME B31.1 Power Piping
ASME B31.3 Process Piping
JPI 7S-77 石油工業プラントの配管基準
JIS B8201 鋼製構造陸上ボイラ
JIS B8252 ベローズ形伸縮管継手

図表掲載頁一覧

図・表名	掲載頁	図表番号
90°のエルボ	81	図5.4.3
API610のポンプ許容荷重（抜粋）	58	表3.7.1
CS 0%、応力緩和なしの応力の変化	103	図6.4.2
CS 100%、応力緩和なしの反力の変化	103	図6.4.3
CS 50%、応力緩和なしの反力の変化	103	図6.4.4
C寸法とその長所・短所	14	表1.4.1
FACのメカニズム	148	図9.5.1
fが影響を受けるもの	28	表2.5.1
Fを読むチャート	84	図5.5.4
JIS材料のファミリーリストの例	18	表1.6.1
JISとJPIの相違点（穴の補強計算）	85	表5.5.1
Lポート式の流路切替（ボール弁）	161	図10.4.6
NPSHAとNSPH3	54	図3.5.2
NPSHを考えたドラムまわりの配管	69	図4.5.4
SFD、BMDを描くためのルール	108	図7.2.1
SwRIの配管振動　判定基準	131	図8.4.5
Tポート式の流路切替	161	図10.4.7
Uループとオフセット配管のたわみ	96	図6.2.1
Yピース（耐圧強度）	82	図5.4.7

あ		
アッパリングとロアリング	171	図10.9.6
圧力‐温度基準のイメージ	90	図5.8.1
圧力クラスのある主な配管コンポーネント	88	表5.7.1
圧力クラス別の弁箱内径と壁厚さ	91	図5.8.3
圧力差により閉トルクが働く	163	図10.5.5
圧力調整弁の構造例	169	図10.8.5
圧力脈動による強制振動	131	図8.4.2
圧力ランク別のヘッダを設ける	40	図2.12.6
圧力をバランスさせるベントライン	43	図2.4.2
穴のある応力が長手方向に変化する管	78	図5.2.1
穴のある管の耐圧強度	83	図5.5.1
穴の補強に必要な面積と有効な面積	84	図5.5.3
油タンクとオイルサイト間のバランス管	44	図2.4.5
アメリカのASTM材料のファミリーリストの例	19	表1.6.2
ある簡易水道の場合（水力勾配線）	24	図2.2.1
安全弁入口管におけるキャビティトーン	134	図8.5.6
安全弁と逃し弁	170	図10.9.1
安全弁の作動特性	171	図10.9.4
安全弁の背圧	39	図2.12.3
安全弁放出管合流部	172	図10.9.10
異種金属接触腐食の分極	143	図9.2.3
異種金属接触腐食の模式図	142	図9.2.2
一次と二次隔離の方法（バルブ）	155	図10.1.2
一般的な電流通路（異種金属接触腐食）	144	図9.3.3
一般のボール弁の絞りは不可	161	図10.4.4
雨水の浸入しやすい箇所（管の保温）	151	図9.7.2
液体流体の埋設管の電気絶縁	145	図9.3.9
液柱分離と再結合によるハンマ	136	図8.6.1

液滴エロージョンとその対策	150	図 9.6.3
円管開水路の輸送能力	31	図 2.6.5
円筒の荷重	113	図 7.4.4
応力緩和のある場合の応力の変化	104	図 6.4.5
大きさの異なる応力範囲がある場合	100	図 6.3.2
オーステナイト系ステンレス鋼の応力腐食割れ（SCC）条件	147	図 9.4.3
屋外配管の CUI イメージ	151	図 9.7.1
錘の付いたばねの振動	126	図 8.2.1
音響振動（脈動）	124	図 8.1.2
オンサイトのプロットプラン	60	図 4.1.1
温調トラップ	190	図 11.6.6

か

開先部応力集中のイメージ図	138	図 8.7.4
回転機器から伝わる強制振動	130	図 8.4.1
ガイド付き片持ち梁	199	図 12.3.3
外部電源電気防食の分極	143	図 9.2.5
外部電源による電気防食	143	図 9.2.4
開放形安全弁出口	173	図 10.9.11
開放形と密閉形（安全弁）	170	図 10.9.3
隠された電流通路	144	図 9.3.4
各種のレストレイント	205	図 12.9.1
各部材の材質、許容応力と寸法	86	表 5.6.1
各偏心バルブの弁棒位置と着座角度	163	図 10.5.3
荷重のある梁の SFD、BMD を求める	109	図 7.2.2
ガス流体の埋設管の電気絶縁	145	図 9.3.8
架台上に設置された熱交換器の例	69	図 4.5.3
課題の配管系の配管線図	208	図 13.1
片持ち棒の横振動	126	図 8.2.2
壁がどのような曲面であっても、$F=AP$ が成り立つ	77	図 5.1.3
カルマン渦と対称渦	133	図 8.5.5
簡易解析で同じ結果でも	97	図 6.2.3
感温液の温度特性	190	図 11.6.5
管材料の S-N 曲線（例題）	138	図 8.7.3
管台の取付け方式	83	図 5.5.2
管継手、バルブでできる渦のイメージ	32	図 2.7.1
管継手、バルブの種類と損失の大きさ	33	図 2.7.3
管内圧力が負圧になる	23	図 2.1.2
管の Sch 番号制	89	図 5.7.1
管の穴の補強	82	図 5.4.5
管の入口損失	33	図 2.7.4
管摩擦係数 f を読み取るムーディ線図	29	図 2.5.1
気液二相流による強制振動	131	図 8.4.3
機械的振動	124	図 8.1.1
機器接続が困難となる配管	64	図 4.2.7
機器の振動吸収のための取付け方（フレキシブルメタルホース）	187	図 11.5.5
気柱共振のモードと係数 α_n	129	図 8.3.2
球の面積補償法	80	図 5.4.1
曲管バランス式の設置例	182	図 113.2
曲管圧力バランス式の構造と原理	179	図 11.2.3
均一腐食	141	図 9.1.3
矩形断面開水路の輸送能力	31	図 2.6.4
繰返し応力のサイクル	137	図 8.7.1
傾斜部の応力	112	図 7.4.2
ケージ形調節弁	150	図 9.6.2

結果的にねじれを起こす場合	187	図11.5.7
建築衛生設備配管の通気管	44	図2.14.3
高温で応力緩和する場合(熱膨張応力範囲)	95	図6.1.5
鋼管と比較したプラスチック管の物性	13	表1.3.1
口径を変える管継手	15	図1.4.6
孔食の腐食が加速するメカニズム	146	図9.4.1
剛体である配管系に内圧がかかるとき	76	図5.1.1
合流・分岐する管継手	15	図1.4.5
コールドスプリングをとる	102	図6.4.1
コンスタントハンガによる不均衡力	201	図12.5.2
コンスタントハンガの機構	201	図12.5.1

さ

サージングの起こる条件と記号説明	56	図3.6.1
サージングのメカニズム	56	図3.6.2
最小曲げ半径をまもる(フレキシブルメタルホース)	187	図11.5.8
最大となる応力範囲の評価法	100	図6.3.4
サイホンブレーク用ベント	44	図2.14.6
材料グループ1.2のスタンダードクラス	91	図5.8.2
材料の長さL_b(横座屈)	116	図7.6.2
サポート間の管のたわみ	114	図7.5.2
サポート点と重心の関係	222	図13.8
サポートの種類と目的	182	表11.3.1
サポートの梁両端の回転	114	図7.5.1
酸性溶液に使える材料の脱不働態化pH	10	図1.1.2
残留応力の平準化	100	図6.3.5
仕切弁の異常昇圧	174	図10.10.1
仕切弁の全閉-全開(ハンドル高さ)	155	図10.1.3
仕切弁の全閉トルク切	167	図10.7.3
仕切弁の全閉リミット切	167	図10.7.4
仕切弁の特徴	156	図10.2.1
仕切弁弁体の形式	156	図10.2.2
軸直角方向の変位に対する取付け方(フレキシブルメタルホース)	186	図11.5.3
軸方向変位に対する取付け方(フレキシブルメタルホース)	187	図11.5.4
軸方向変位を軸方向で吸収(フレキシブルメタルホース)	182	図113.1
支持点反力を計算する	107	図7.1.4
システム抵抗曲線とポンプ全揚程曲線	48	図3.2.1
自然電位と電位差による腐食	141	表9.1.1
下向きバケットの作動原理	189	図11.6.2
実揚程Hの実際	213	図13.4
実揚程の変化	49	図3.2.3
弱軸まわり、強軸まわり	115	図7.6.1
自由水面のある流れ	43	図2.4.1
修正グッドマン線図	137	図8.7.2
蒸気-水系配管クラス区分の考え方	17	図1.5.1
蒸気凝縮によるハンマ	136	図8.6.3
ジンバル式の使用例	183	図113.4
〔図3.4.4〕の流量を求める	53	図3.4.5
推力以外にアンカにかかる力	180	図11.2.6
水力的関連寸法・仕様	208	図13.2
スイング式逆止弁の構造	164	図10.6.1
隙間腐食生成のメカニズム	147	図9.4.2
少ない高低差で方向を変える(配管レイアウト)	73	図4.7.4
スチームトラップの垂直配置	64	図4.2.5
スチームトラップの容量の例	39	図2.12.2

ストレーナ配管	67	図 4.4.2
スプリングサポートの形式	200	図 12.4.1
スプリングハンガの変動荷重	200	図 12.4.2
絶縁管を使った電気絶縁	145	図 9.3.5
設計圧力の区分	215	図 13.6
せん断有効面積	117	図 7.6.5
全揚程－システム抵抗曲線	213	図 13.5
相対粗さと完全乱気流域における f	29	図 2.5.2
層流と乱流の壁際の流れ	26	図 2.3.2
層流と乱流の性質の違い	25	表 2.3.1
損失水頭から配管系の仕様が決まる	27	図 2.4.1

た

ターボ式ポンプの種類	46	図 3.1.1
耐震用油圧防振器の性能線図	203	図 12.7.3
耐震用油圧防振器メカニズムの例	203	図 12.7.2
代表的なラックレイアウト	71	図 4.7.1
代表的なバルブとその特徴	154	表 10.1.1
代表的なバルブの構成	154	図 10.1.1
ダイアフラム式とベローズ式	190	図 11.6.4
ダイアフラム式の正作動形と逆作動形	169	図 10.8.4
タイロッドの球面座金	184	図 11.4.2
縦型ポンプケーシング上部のバランス管	44	図 2.4.4
玉形弁の種類と流量特性	158	図 10..3.2
玉形弁の全閉トルク切	167	図 10.7.5
玉形弁の特徴	158	図 10..3.1
ダルシーの式	28	図 2.4.2
タワーのプラットフォーム（平面）	70	図 4.6.2
タワーのプラットフォームとはしご	71	図 4.6.3
タワー配管と熱膨張	72	図 4.6.4
タワーまわりの系統図	70	図 4.6.1
断面が半円の棒とばねから成る自励振動系	133	図 8.5.2
断面二次モーメントを求める例題	111	図 7.3.3
断面二次モーメントのイメージ	110	図 7.3.1
断面二次モーメントを求める	111	図 7.3.2
チューブ継手	15	図 1.4.7
調整代のない配置	64	図 4.2.6
調整弁	168	図 10.8.2
調整弁の弁体、プラグの形状	169	図 10.8.3
調節弁	168	図 10.8.1
直管圧力バランス式の構造と原理	180	図 11.2.4
直列抵抗の合成抵抗曲線	50	図 3.3.3
直列運転の合成揚程曲線	51	図 3.3.6
チルチング逆止弁の閉鎖時間が短い理由	164	図 10.6.3
チルチング逆止弁の例	164	図 10.6.2
突合せ溶接の場合（例題）	118	図 7.6.8
低サイクル疲労と高サイクル疲労	99	図 6.3.1
定在波の2つの表し方	128	図 8.3.1
定在波の形成される過程	129	図 8.3.3
ディスク式トラップ	180	図 11.6.7
鉄－水のプールベイ線図	152	図 9.7.3
デュアルプレート式逆止弁	165	図 10.6.4
電気化学的腐食のメカニズム	140	図 9.1.1
電気絶縁の原理	144	図 9.3.1
電気絶縁フランジの例	144	図 9.3.2

項目	頁	図表番号
典型的な二次元の静定梁	223	図 13.9
典型的な配管ラックの断面の例	72	図 4.7.2
電池と異種金属接触腐食	141	図 9.1.2
電動アクチュエータの構造の例	166	図 10.7.1
電動アクチュエータのメカニズムの例	166	図 10.7.2
同心バタフライ弁の構造	162	図 10.5.1
同心レジューサの面積補償法	81	図 5.4.2
トラップ形式とドレン排出温度	191	図 11.6.8
トラニオン形ボール弁	160	図 10.4.2
トルクスイッチの構造	167	図 10.7.6
ドレン弁下に必要なスペース	63	図 4.2.3
ドレンポケットとベーパポケット	41	図 2.13.1
ドレンポケットのある気体ライン	42	図 2.13.4

な

内圧による長手方向応力と周方向応力、および推力	77	図 5.1.2
内圧のかかる径を変えた 3 つの、管の必要厚さ計算式	79	表 5.3.1
内圧を負担する壁が一部ない管継手	81	図 5.4.4
内径削りで起こり得るケース	14	図 1.4.2
流れにより生じる閉トルク	163	図 10.5.4
流れの相似（動粘性係数は同一）	25	図 2.3.1
流れの曲りと損失の大きさ	33	図 2.7.2
流れの曲りによる運動量変化	131	図 8.4.4
逃し弁の作動特性	171	図 10.9.5
二次元、微小部分の応力	112	図 7.4.1
入荷時の管端部の形状	14	図 1.4.1
熱交換器まわりの配管レイアウトの例	68	図 4.5.1
ノズルオリエンテーションで配管がすっきりする	65	図 4.3.1

は

背圧が高くなる理由	39	図 2.12.1
背圧上昇による機器へのドレン逆流	40	図 2.12.5
配管クラスの識別記号の例	17	図 1.5.2
配管鋼種と使用温度	10	図 1.1.1
配管に関連する振動の分類	125	表 8.1.1
配管に生じる 3 つの変位	176	図 11.1.1
配管によく使われるオーステナイト系ステンレス鋼管	12	表 1.2.1
配管熱膨張応力簡易評価用アイソメ図	216	図 13.7
配管用の主なクロムモリブデン鋼	11	表 1.1.1
配管ルート計画のポイント	62	図 4.2.1
配管レイアウト（側面）	61	図 4.1.3
パイプの断面積と寸法の関係	89	図 5.7.2
バイメタル式（スチームトラップ）	189	図 11.6.3
パイロット式（安全弁）	170	図 10.9.2
鋼製パイプの Sch 番号	88	表 5.7.2
ハーゼン・ウイリアムスの係数 C、マニングの係数 n	34	表 2.8.1
バタフライバルブの制御性	36	図 2.10.1
バタフライ弁の全閉 – 全開	155	図 10.1.4
バタフライ弁のバルブシート	162	表 10.5.1
ばね 2 個式防振器の性能	202	図 12.6.2
ばね式防振器の設置	202	図 12.6.3
ばね式防振器のメカニズム	202	図 12.6.1
ばねによる力と流力的力の位相差による振動	133	図 8.5.4
梁の強度　例題の図	116	図 7.6.4

バルブ下流のエロージョン	150	図9.6.1
バルブステーションの例	69	図4.5.2
バルブ直前の空間によるハンマ	136	図8.6.2
バルブのハンドル高さ	67	図4.4.4
バルブ類の自励振動の例	132	図8.5.1
ハンチング	172	図10.9.9
微小四方形の応力	113	図7.4.5
標準流速の例	35	表2.9.1
ヒンジ式やユニバーサル式を使う	183	図113.3
負圧の容器に接続する玉形弁	159	図10..3.6
負荷応力	94	図6.1.1
複数ある安全弁の吹出し設定圧力	172	図10.9.7
ふたはめ輪と逆座	157	図10.2.4
フライホイールとボールねじの関係	204	図12.8.3
フラッタ	172	図10.9.8
フラッタ時の流量、背圧、開度の変化	40	図2.12.4
フランジ継手の形式	15	図1.4.3
フランジレスバタフライ弁	163	図10.5.2
フリーフロート式（スチームトラップ）	188	図11.6.1
プリセット量の決め方	185	図11.4.4
フレキシビリティがあり過ぎる配管	194	図12.1.2
フレキシビリティの有無	96	図6.2.2
フレキシビリリティの不足する管	194	図12.1.1
フレキシブルメタルホースのオフセット	185	図11.4.5
フレキシブルメタルホースの構造	186	図11.5.1
フローティング形ボール弁	160	図10.4.1
分岐のある配管の例題	196	図12.2.1
分極図	142	図9.2.1
分力と合力	106	図7.1.1
並列、次に直列に抵抗を合成	52	図3.4.2
並列運転の合成揚程曲線	50	図3.3.2
並列抵抗と直列抵抗	51	図3.3.4
並列抵抗の合成抵抗曲線	51	図3.3.5
並列と直列の抵抗がある系	52	図3.4.1
並列ポンプと直列ポンプ	50	図3.3.1
並列ポンプと抵抗が直列	53	図3.4.4
ベーパの逆流による不安定流動	42	図2.13.5
ベルヌーイの式の意味と水力勾配線	22	図2.1.1
ベローズ形以外の伸縮管継手	176	図11.1.2
ベローズ形伸縮管継手	177	図11.1.3
ベローズ形伸縮管継手強度計算サンプル	181	表11.2.1
ベローズに発生する推力の計算	179	図11.2.2
ベローズのある配管の内圧による推力は何処で生じるか	178	図11.2.1
ベローズの座屈	184	図11.4.1
ベローズの自励振動	134	図8.5.7
変位応力	94	図6.1.2
弁開度による開弁／閉弁力の変化	165	図10.6.7
弁体と弁棒の関係	159	図10..3.5
弁体に働く開弁／閉弁力	165	図10.6.6
弁体に働く合力	107	図7.1.2
弁体に働く分力	107	図7.1.3
弁箱シートが弁体を押し付ける力	161	図10.4.3
弁箱シートの種類	157	図10.2.3
弁箱の形式	159	図10..3.4
弁棒とハンドル	157	図10.2.5
方向を変える管継手	15	図1.4.4

棒の共振モードと係数	127	図8.2.3
飽和水のポンプ吸込み管	67	図4.4.3
ボール調節弁と偏心回転ボール弁	161	図10.4.5
ボール弁の異常昇圧	174	図10.10.2
保温のあるフランジ付き配管	73	図4.7.3
補強リング、調整リング	184	図11.4.3
ポンプ入口管のベーパポケット	42	図2.13.3
ポンプ回転数の変化	49	図3.2.2
ポンプキャビテーション	54	図3.5.1
ポンプ性能曲線（イメージ）の例	47	図3.1.3
ポンプ全揚程を測定する	46	図3.1.2
ポンプ吐出管　サポート配管と点番号	224	図13.10
ポンプ吐出管　配管レイアウトの例	67	図4.4.5
ポンプのノズル向きとx、y、z	58	図3.7.1
ポンプ－配管系スケルトン	211	図13.3
ポンプまわりに必要なスペース	66	図4.4.1
ポンプをタンクの上と下に置く場合のNPSHAの差	55	図3.5.3

ま

埋設管と鉄筋とのマクロセル腐食	145	図9.3.6
曲げによる引張・圧縮応力	116	図7.6.3
曲げ変異に対する取付け方（フレキシブルメタルホース）	186	図11.5.2
右上がりの揚程曲線の場合	57	図3.6.3
右下がりの揚程曲線の場合	57	図3.6.4
短いスパンのマイタベンド	82	図5.4.6
水・蒸気系の配管材料選択例	11	図1.1.3
メカニカル防振器の全体構造図	204	図12.8.1
メカニカル防振器の特性	204	図12.8.4
眼でみる配管反力	104	図6.4.6
免振配管	187	図11.5.6
モールの応力円	112	図7.4.3

や・ら

油圧防振器の構造概念図	203	図12.7.1
溶接強度の評価（例題）	118	図7.6.9
溶接寸法と、のど厚投影寸法	119	図7.6.10
揚程曲線から最初に直列抵抗を相殺	53	図3.4.3
ラック上の配管レイアウト（平面）	61	図4.1.2
ラック配管のフレキシビリティ	73	図4.7.5
乱流、3つの様式の境界	26	図2.3.3
リジットハンガの各種形状	198	図12.3.1
リフト式逆止弁	165	図10.6.5
粒界応力腐食割れのメカニズム	147	図9.4.6
流速が同じで径が異なる流れ	30	図2.6.1
流体の重力流れの注意点	41	図2.13.2
流体平均深さと水力直径	30	図2.6.2
流体平均深さの意味	31	図2.6.3
流電陽極法による防食	145	図9.3.7
粒内応力腐食割れのメカニズム	147	図9.4.4
流量計に必要な直管長さ	63	図4.2.4
両側すみ肉溶接の場合（例題）	117	図7.6.7

索 引

英

Allievi の式	135
BMD（曲げモーメント図）	108
Cr 含有量の効果（FAC）	149
CUI	151
FAC	148
GRP 管	13
Joukouski の式	135
NPSH3	54
NPSHA	54
pH の影響（FAC）	149
Sch 番号	88
SFD（せん断力図）	108
SGP：配管用炭素鋼鋼管	11
S-N 曲線	137
STPL：低温配管用鋼管	11
STPT：高温配管用炭素鋼管	11
STPY：配管用アーク溶接炭素鋼鋼管	11
STS：高圧配管用炭素鋼管	11
U 字管	44
Y ピース（耐圧強度）	81、82

あ

アウトレット	87
圧縮性流体の流量概算方法	37
圧力クラス	88
圧力損失の計算式	37
圧力波による振動	128
圧力バランス式伸縮管継手	179
穴の補強	82、86
アノード反応	140
アンカ（サポート）	203
安全弁	170
安全弁入口管	172
安全弁放出管	172
異種金属接触腐食	141
異常昇圧（バルブ）	174
ウォータハンマ	135
液滴エロージョン	150
エルボの強度	80
エロージョン・コロージョン	148
塩素化ポリ塩化ビニル管（CPVC）	13
応力緩和	95
応力振幅	124
応力範囲係数	99
応力腐食割れ	146
オーステナイト・フェライト系（二相系）	12
オーステナイト系ステンレス鋼管	12
オフセット	185
錘の付いたばね	126
音響振動	124
温調式トラップ	190

か

開水路	31
ガイド（サポート）	203
ガイド付き片持ち梁	197
荷重変動率	200
カソード反応	141
火傷防止	218
カルマン渦	133
管継手の損失水頭	32
管継手（Fittings）の種類	14
管に生じる応力（内圧）	76
管の穴の補強	82
管の入口損失	33
管の強度計算（内圧）	216
管の出口損失	33
管摩擦係数	28
機械振動	124
気柱共振	128
気柱振動	125
逆座（バックシート）	157
キャビティトーン	134
球面座金	184
強軸まわり	115
強制振動の運動方程式	127
許容応力差の重みづけ	85

許容応力度（鋼構造設計基準）	115
均一腐食	141
グッドマン線図	137
組合せ応力度	115
経験式（損失水頭）	34
ケージ弁	168
鋼構造設計基準	115
高サイクル疲労	99
孔食	146
合力	106
コールドスプリング	102
コンスタントハンガ	199

さ

最大せん断応力説	112
サイホンブレーク	44
材料ファミリー	19
サポート荷重の計算	225
サポートスパン	194
サポート設置の考え方	194
サポートの設計手順	193
サポート配置（伸縮管継手）	182
残留応力	101
仕切弁	156
自己制限性（変位応力）	94
支持点反力の計算	107
システム抵抗曲線	213
自然電位	141
下向きバケット式トラップ	189
実揚程の変化	49
主アンカ（伸縮管継手）	182
自由振動	127
自由水面	43
自由体図	107
周方向応力	77
重力流れ	43
使用条件と材料	10
自励振動	125
伸縮管継手	176
振動に対する判定基準	132
振動の起こり方	125
振動の分類	124
ジンバル式伸縮管継手	177

推力（伸縮管継手）	178
推力以外に生じる力（伸縮管継手）	180
水力勾配線	24
水力直径	30
スイング逆止弁	106
隙間腐食	146
スケジュール番号	80
スチームトラップ	188
ステンレス鋼管の特徴	12
ストップ（サポート）	203
スプリングハンガ	198
セットオンタイプ	83
せん断応力度の計算	119
せん断ひずみエネルギー	115
せん断有効面積	117
層流	25
損失係数（バルブ、管継手）	32
損失水頭（管）	27

た

ダイアフラム（調節弁）	168
ダイアフラム式トラップ	189
タイロッド	184
玉形弁	158
玉形弁の流れ方向	159
タワーのプラットフォーム	70
タワーまわりの配管レイアウト	70
弾性等価応力	94
断熱流れ	37
断面二次極モーメント	111
断面二次モーメント	110
チャッタ（安全弁）	172
中間アンカ（伸縮管継手）	182
調整弁	168
調整リング	184
調節弁	168
調節弁のC_vをKに換算	36
調節弁の損失水頭と制御性	36
直列抵抗の合成（損失水頭）	51
直列配置のポンプ	50
チルチング逆止弁	164
継手（Joints）	14
低合金鋼鋼管	11

抵抗の直列と並列の組合せ（ポンプ配管系） ……… 52
低サイクル疲労 ……… 101
定在波のできる仕組み ……… 129
ディスク式トラップ ……… 190
デュアルプレート式逆止弁 ……… 165
電位差による腐食 ……… 141
電気絶縁 ……… 144
電気防食 ……… 143
等温流れ ……… 37
等温流れの流量計算 ……… 38
塔まわり配管のサポート計画 ……… 71
トラップサイズ ……… 191
トラニオン形（ボール弁） ……… 160
ドラム（配管レイアウト） ……… 69
トルク切 ……… 167
トルクスイッチの機構 ……… 167
ドレントラップ ……… 185
ドレンポケット ……… 41

な

内圧による力の発生 ……… 76
内圧を保持する壁 ……… 80
内力 ……… 106
長手方向応力 ……… 77
流れ加速腐食 ……… 148
流れの閉塞 ……… 41
逃し弁 ……… 171
ニードル弁（玉形弁） ……… 158
熱交換器（配管レイアウト） ……… 68
熱伝達率 ……… 218
熱伝導率 ……… 218
熱膨張許容応力範囲 ……… 99
熱膨張変位 ……… 95
粘性底層 ……… 26
ノズルオリエンテーション ……… 65
のど断面の転写（すみ肉溶接） ……… 117

は

ハーゼン・ウィリアムスの式 ……… 34
背圧の問題点 ……… 39
配管応力解析 ……… 97
配管クラス ……… 16

配管サイズの選定手順 ……… 35
配管材料（水・蒸気系） ……… 10
配管振動 ……… 124
配管フレキシビリティ ……… 96
配管ルート計画 ……… 62
配管レイアウト ……… 60
バイメタル式トラップ ……… 189
パイロット式（安全弁） ……… 170
バタフライ式逆止弁 ……… 164
バタフライ弁 ……… 162
ばね式防振器 ……… 200
パラボリック形（玉形弁） ……… 158
梁溶接部の強度 ……… 117
バルク材 ……… 14
バルブアクチュエータ ……… 166
バルブ圧力‐温度基準 ……… 90
バルブステーション ……… 69
ハンガ形式の選定 ……… 194
半球形鏡板 ……… 80
ハンチング（安全弁） ……… 172
ハンチング（逆止弁） ……… 165
標準流速 ……… 35
表面粗さ（管内面） ……… 26
ヒンジ式伸縮管継手 ……… 177
プールベイ線図 ……… 152
フェイルオープンとフェイルクローズ ……… 169
フェライト系ステンレス ……… 12
負荷応力 ……… 94
吹き下がり ……… 171
吹出し圧力 ……… 171
吹き出し反力 ……… 173
複数の運転モード ……… 100
腐食のメカニズム ……… 140
ふたはめ輪 ……… 157
不働態皮膜 ……… 146
吹止まり圧力 ……… 171
プラスチック管の特徴 ……… 13
フラッタ（安全弁） ……… 72
フラッタ（スイング逆止弁） ……… 165
プラットフォームのEL、方向、形状 ……… 71
フランジレスバタフライ弁 ……… 162
プリセット（伸縮管継手） ……… 185
フレキシビリティの簡易評価方法 ……… 97、216

フレキシブルメタルホース	177、186
プレッシャシールボンネット	159
フローティング形（ボール弁）	160
フロート式トラップ	188
分極	142
分力	106
並列抵抗（損失水頭）	51
並列配置のポンプ	50
ベーパポケット	41
ベクトル	106
ヘッダ背圧	40
ベルヌーイの定理	22
ベローズ形伸縮管継手強度計算書	180
ベローズ式トラップ	189
ベローズ単式伸縮管継手	177
ベローズの座屈	184
ベローズの流れによる振動	134
変圧室（ディスク式トラップ）	191
変位応力	94
弁座（バルブシート）	156
偏心バルブ（バタフライ弁）	162
弁体（仕切弁）	156
ベンド（耐圧強度）	80
ベント管（バランス管）	43
弁棒とねじ部	157
放散熱量	218
棒の横振動	127
ボール切替弁	161
ボール弁	160
ボール弁による絞り	161
保温厚さ	217
補強が必要な面積	84
補強に有効な面積	84
補強リング（伸縮管継手）	184
ポップ作動	171
ポリエチレン管	13
ポリ塩化ビニル管（PVC）	13
ポンプ回転数の変化	49
ポンプ許容荷重	58
ポンプサージング	56
ポンプ吸込み管（配管レイアウト）	66
ポンプ全揚程	48
ポンプで起こるキャビテーション	54
ポンプ吐出配管（配管レイアウト）	67
ポンプの性能曲線	47

ま

マイタベンド（耐圧強度）	82
マクロセル腐食	145
曲げモーメント	110
マニングの式	34
マルテンサイト系ステンレス	12
ムーディ線図	28
メカニカル防振器	202
面積補償法	78
モールの円	113

や

油圧防振器	201
ユニバーサル式伸縮管継手	177
溶存酸素（FAC）	149

ら

ラインストップ（サポート）	203
ラック上配管のレイアウト	72
ラック配管のフレキシビリティ	73
乱流	25
リジットハンガ	196
リフト式逆止弁	165
リミット切	167
リミットストップ（サポート）	203
リミットロッド（伸縮管継手）	184
粒界割れ腐食	147
流体平均深さ	30
流量特性（玉形弁の）	158
流路形状（FAC）	149
レイノルズ数	25
レジューサ（耐圧強度）	80
レストレイント	203
連続の式	23
ロッドレストレイント	203

◎著者略歴◎

西野　悠司（にしの　ゆうじ）

1963年　早稲田大学第1理工学部機械工学科卒業
1963年より2002年まで、現在の東芝エネルギーシステムズ株式会社京浜事業所、続いて、東芝プラントシステム株式会社において、発電プラントの配管設計に従事。その後、3年間、化学プラントの配管設計にも従事。
一般社団法人 配管技術研究協会主催の研修セミナー講師。
同協会誌元編集委員長ならびに雑誌「配管技術」に執筆多数。
現在、一般社団法人 配管技術研究協会監事。
　　　　西野配管装置技術研究所代表。

●主な著書
「絵とき 配管技術 基礎のきそ」日刊工業新聞社
「トコトンやさしい配管の本」日刊工業新聞社
「絵とき 配管技術用語事典」（共著）日刊工業新聞社
「トラブルから学ぶ配管技術」日刊工業新聞社
「絶対に失敗しない配管技術100のポイント」日刊工業新聞社
「わかる使える配管設計入門」日刊工業新聞社

「配管設計」実用ノート　　　　　　　　　　　NDC528

2017年3月30日　初版1刷発行
2024年12月26日　初版9刷発行
　　　　　　　　　　　　　　　　（定価はカバーに表示してあります）

　ⓒ著　者　　西野　悠司
　　発行者　　井水　治博
　　発行所　　日刊工業新聞社
　　　　　　　〒103-8548　東京都中央区日本橋小網町14-1
　　電　話　　書籍編集部　03（5644）7490
　　　　　　　販売・管理部　03（5644）7403
　　FAX　　　03（5644）7400
　　振替口座　00190-2-186076
　　URL　　　https://pub.nikkan.co.jp/
　　e-mail　　info_shuppan@nikkan.tech
　　企画・編集　エム編集事務所
　　印刷・製本　新日本印刷（株）（POD6）

落丁・乱丁本はお取り替えいたします。
2017 Printed in Japan
ISBN 978-4-526-07682-4　C3043

本書の無断複写は、著作権法上の例外を除き、禁じられています。